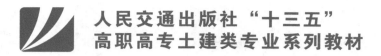

人民交通出版社"十三五"
高职高专土建类专业系列教材

建筑构造与识图（第三版）

主　编　张艳芳
副主编　王新华
主　审　张小平

U0294228

人民交通出版社股份有限公司
北　京

内 容 提 要

本书为高职高专土建类专业规划教材《建筑构造与识图》的第三版,内容实用、全面。此次修订根据新规范、新技术的要求对原内容进行了删减和补充,使之更加与时俱进,贴近工程实际,同时增加了更多的工程图片,突出了理论知识的"实践性、应用性"。全书共分为三篇:建筑识图基础篇、建筑构造篇和专业识图篇。建筑识图基础篇包括:建筑制图的基本知识、投影的基本知识、形体的投影、轴测投影、剖面图与断面图、建筑图样的其他画法;建筑构造篇包括:建筑构造的基本知识、基础与地下室、墙体、楼地层、楼梯及其他垂直交通设施、屋顶、窗与门、工业建筑;专业识图篇包括:建筑施工图、建筑装饰装修施工图。

本书可作为高职高专院校工程造价、建筑工程技术、建筑工程管理等土建类专业的教学用书,也可作为其他职业教育、成人教育及相关培训机构的学习教材,同时可为有关工程技术人员提供参考。

图书在版编目(CIP)数据

建筑构造与识图 / 张艳芳主编. — 3 版. — 北京:
人民交通出版社股份有限公司,2017.8
ISBN 978-7-114-13979-6

Ⅰ.①建… Ⅱ.①张… Ⅲ.①建筑构造 – 高等职业教育—教学参考资料 ②建筑制图—识图—高等职业教育—教学参考资料 Ⅳ.①TU22 ②TU204

中国版本图书馆 CIP 数据核字(2017)第 155409 号

书　　名:	建筑构造与识图(第三版)
著 作 者:	张艳芳
责任编辑:	李　坤　李　娜
出版发行:	人民交通出版社股份有限公司
地　　址:	(100011)北京市朝阳区安定门外外馆斜街 3 号
网　　址:	http://www.ccpcl.com.cn
销售电话:	(010)59757973
总 经 销:	人民交通出版社股份有限公司发行部
经　　销:	各地新华书店
印　　刷:	北京虎彩文化传播有限公司
开　　本:	787×1092　1/16
印　　张:	24.25
字　　数:	554 千
版　　次:	2007 年 9 月　第 1 版
	2011 年 9 月　第 2 版
	2017 年 8 月　第 3 版
印　　次:	2023 年 8 月　第 3 版　第 2 次印刷　累计第 11 次印刷
书　　号:	ISBN 978-7-114-13979-6
定　　价:	49.00 元

高职高专土建类专业系列教材编审委员会

近年来我国职业教育蓬勃发展,教育教学改革不断深化,国家对职业教育的重视达到前所未有的高度。为了贯彻落实《国务院关于加快发展现代职业教育的决定》的精神,提高我国建设工程领域的职业教育水平,培育出适应新时期职业要求的高技术技能人才,人民交通出版社股份有限公司深入调研,周密组织,在全国高职高专教育土建类专业教学指导委员会的热情鼓励和悉心指导下,发起并组织了全国四十余所院校一大批骨干教师,编写出版本系列教材。

本套教材以《高等职业教育土建类专业教育标准和培养方案》为纲,结合专业建设、课程建设和教育教学改革成果,在广泛调查和研讨的基础上进行规划和展开编写工作,重点突出企业参与和实践能力、职业技能的培养,推进教材立体化开发,鼓励教材创新,教材组委会、编审委员会、编写与审稿人员全力以赴,为打造特色鲜明的优质教材做出了不懈努力,希望能够以此推动高职土建类专业的教材建设。

本系列教材已先后推出建筑工程技术、建设工程监理和工程造价三个土建类专业,共计六十余种主辅教材,随后将在全面推出土建大类中七类方向的全部专业教材的同时,对已出版的教材进行优化、修订,并开发相关数字资源。最终出版一套体系完整、特色鲜明、资源丰富的优秀高职高专土建类专业教材。

本系列教材适合高职高专院校、成人教育、继续教育学院和民办高校的土建类各专业学生使用,也可作为相关从业人员的培训教材。

人民交通出版社股份有限公司

2017 年 1 月

前言 PREFACE

　　新材料、新技术、新工艺在建筑工程中的应用和新技术规范的落实,刺激着建筑工程技术的不断进步。"建筑构造与识图"作为实践性、应用性非常强的一门专业基础课,必须随着建筑工程技术的进步而变化,因此,我们按照最新的标准和规范对教材相关内容做了修订。本教材按照全国高职高专教育土建类专业指导委员会编制的《高等职业教育工程造价专业教学基本要求》组织编写,本次修订依照人民交通出版社高职高专土建类专业"十三五"系列教材修订的要求进行,并着力体现《国家中长期教育改革和发展规划纲要(2010—2020年)》中提出的"职业教育要着力培养学生的职业技能和就业创业能力"的要求。

　　修订后的教材职业教育特色鲜明,选图具有典型性,内容深入浅出,便于学生理解和学习,主要特色为:

　　(1)教材内容根据新技术、新规范的要求做了修订,与时俱进,贴近工程实际。

　　(2)教材内容组织以培养和提高学生职业素养和基本技能为主线,删减了一些理论难度大、实用性差的内容,增加了常用的、新型的工程做法。

　　(3)建筑构造部分,增加了对应的工程图片,理实结合,突出了理论知识的"实践性、应用性"。

　　(4)教材投影部分中的图样尽量选用有代表性的建筑构配件,代替了难度过大、形状怪异、建筑工程无法实现的形体。

　　(5)对教材配套习题集也进行了修订,修订后习题的难易适中,符合工程管理及其相关专业的能力培养要求,每章习题后增加了适量的实训项目,帮助学生课后及时理解、掌握和巩固课堂内容。

　　另外,建筑制图尺寸单位以毫米计,标高单位以米计,本书不另做说明。

　　本书由山西建筑职业技术学院张艳芳主编,由山西建筑职业技术学院张小平主审。本版的修订工作由山西建筑职业技术学院张艳芳和王新华负责。在修订过程中,参考了部分同学科书籍(见书后参考文献),引用了一些标准构造图例,并得到各编者所在院校的大力支持,在此一并表示衷心的感谢。

　　由于作者理论水平、实践经验及资料所限,虽经努力,但书中难免存在疏漏和不足之处,敬请读者批评指正。

编者

2017 年 1 月

课 程 说 明

一、本课程的性质

建筑工程图样是工程建设过程中，工程技术人员表达设计意图、组织工程施工、完成工程预算不可缺少的重要技术资料，是建筑工程界的语言。能够绘制和识读建筑工程图样是对建筑工程从业者最基本的技能要求。

本课程是学生开始职业学习的第一门专业基础课程，学生从此开始认识建筑、熟悉建筑术语、了解专业内容，为学习后续专业课程和增强专业工作技能奠定基础。课程内容基于一定的理论基础，又有较强的实践性，学习过程中要特别注意理论与工程实际的联系。

二、本课程的主要内容

(1)建筑识图基础：介绍建筑制图的基本知识、投影的基本理论和建筑工程图样常用的作图类型。

(2)建筑构造：介绍民用与工业建筑的组成部分、各组成部分的构造原理和构造方法。

(3)识读建筑与装饰装修施工图：介绍建筑施工图、装饰装修施工图的图示内容和识读方法。

三、本课程的学习方法

(1)在学习"建筑识图基础"时，通过上课认真听讲，掌握《房屋建筑制图统一标准》(GB/T 50001—2010)的相关规定，掌握投影的基本原理，经过独立思考和从物到图、从图到物的反复训练，逐步掌握投影作图的方法和思路。

(2)在学习"建筑构造"时，在保证课堂认真听讲，掌握建筑构造理论知识的基础上，还要注意加强以下几方面的学习：一要注意将教材内容与周围的建筑物相联系，理解并记忆标准、规范中的相关规定；二要利用环境条件随时随地观察建筑实物，增强感性认识，积累构造做法的实例，掌握常用的构造做法；三要阅读相关的专业资料，了解建筑工程中的新工艺、新技术。

(3)学习"识读建筑与装饰装修施工图"时，注意掌握建筑与装饰装修施工图的形成方法、图示内容和识读方法；正确处理好画图与识图的关系，画图是手段，识图是目的，通过识读具体建筑与装饰装修施工图的训练，提高识读建筑工程图样的速度和准确度。

CONTENTS

第一篇　　建筑识图基础

第二篇　建 筑 构 造

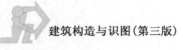

第三篇　专业识图

第一篇 建筑识图基础

本篇从要求具备绘制和识读建筑工程图样基本技能的角度出发,主要介绍了《房屋建筑制图统一标准》(GB/T 50001—2010)的相关规定,投影的基本理论和形体投影图、剖断面图、轴测投影图的形成及手工绘图方法,为识读建筑工程施工图奠定必要的知识和技能基础。

第一章
建筑制图的基本知识

【学习目标】

了解常用绘图工具与用品的维护方法;熟悉常用绘图工具与用品的使用方法和绘制图样的基本步骤;掌握《房屋建筑制图统一标准》(GB/T 50001—2010)的相关规定和常用的几何作图法。

【职业能力目标】

具备绘制和识读建筑工程图样的基本技能,养成科学严谨的工作方法、耐心细致的工作作风和严肃认真的工作态度。

第一节 建筑制图标准

一 图纸幅面尺寸与格式内容

(一)图纸幅面尺寸

图纸幅面尺寸简称图幅尺寸,是指图纸的尺寸规格。建筑工程中常用的图幅尺寸见表 1-1,小号图幅由比它大一号图幅的长边对折后裁割形成,如图 1-1 所示。

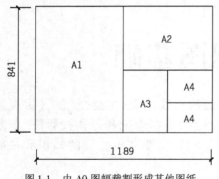

图 1-1　由 A0 图幅裁割形成其他图纸

图幅和图框尺寸(mm)　　表 1-1

尺寸代号	图幅尺寸				
	A0	A1	A2	A3	A4
$b \times l$	841 × 1189	594 × 841	420 × 594	297 × 420	210 × 297
c	10				5
a	25				

如果图纸幅面不够,可将图纸长边加长,但短边不宜加长,长边加长的尺寸应符合制图标准的规定。为了便于图纸的装订整理,一套工程图的图幅应该尽量统一,以不超过两种为宜。

(二)图幅格式内容

图幅格式有横式和立式两种形式。横式是以长边作为水平边使用的图幅,立式是以短边作为水平边使用的图幅,如图 1-2 和图 1-3 所示。A0 ~ A3 可为横式或立式使用,A4 则只能立式使用。

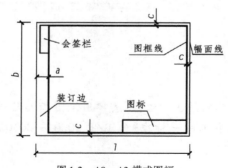

图 1-2　A0 ~ A3 横式图幅

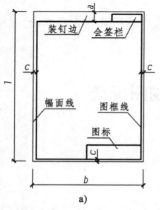
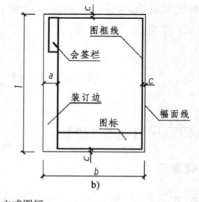

a)　　　　　　　　　　　　b)

图 1-3　立式图幅

a)A0 ~ A3 立式图幅;b)A4 立式图幅

图纸中一般应包含图框、标题栏、会签栏和装订边等格式内容。幅面线确定了图纸的规格尺寸,图框限定了图纸中作图的区域,幅面线和图框线间的装订边是图纸装订位置,标题栏、会签栏可以使读图人员快速从图纸中了解相关信息。

标题栏位于图纸右下角,主要填写设计单位名称、工程名称、图名、图号及设计、制图、校对、审核等人员签名等内容,格式一般如图 1-4 所示。本课程教学中,学生作业标题栏推荐使用如图 1-5 所示的格式。

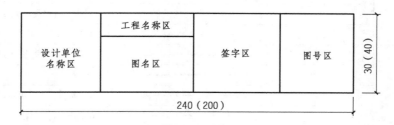

图 1-4 标题栏格式

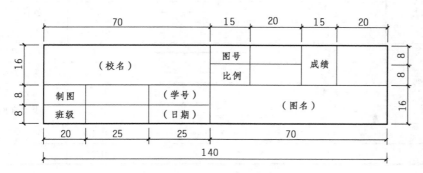

图 1-5 学生作业标题栏格式

一套建筑工程图往往包含若干专业图样,会签栏是各专业负责人的签字区(在校学生制图作业不用会签栏),一般位于图纸的左上角,其格式如图 1-6 所示。

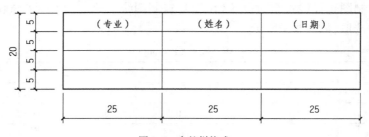

图 1-6 会签栏格式

㉑ 图线及其画法

(一)图线的类型和用途

图线是形成工程图样的基本元素,要把图样中丰富的内容表达出来,就需要采用不同的图

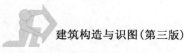

线类型。《房屋建筑制图统一标准》(GB/T 50001—2010)中对各种图线的用途做了统一规定(表1-2),作图时按照图线的用法规定作图,才能保证图样表达的内容准确、统一。

各种图线的用途　　　　表 1-2

名 称		线 型	线 宽	用 途
实线	粗		b	主要可见轮廓线
	中粗		$0.7b$	可见轮廓线
	中		$0.5b$	可见轮廓线、尺寸线、变更云线
	细		$0.25b$	图例填充线、家具线
虚线	粗		b	见各有关专业制图标准
	中粗		$0.7b$	不可见轮廓线
	中		$0.5b$	不可见轮廓线、图例线
	细		$0.25b$	图例填充线、家具线
单点长画线	粗		b	见各有关专业制图标准
	中		$0.5b$	见各有关专业制图标准
	细		$0.25b$	中心线、对称线、轴线等
双点长画线	粗		b	见各有关专业制图标准
	中		$0.5b$	见各有关专业制图标准
	细		$0.25b$	假想轮廓线、成型前原始轮廓线
折断线	细		$0.25b$	断开界线
波浪线	细		$0.25b$	断开界线

画图时,应根据图样的复杂程度与绘图比例选定基本线宽 b,较复杂的、绘图比例较小的图样选择较细的图线,反之选择较粗的图线。

基本线宽即粗线 b 确定后,中粗线为 $0.5b$,细线为 $0.25b$,粗、中粗、细线形成一组,称为线宽组。房屋建筑制图选择线宽组时可从《房屋建筑制图统一标准》(GB/T 50001—2010)中规定的线宽系列中选取,如表1-3所示。

线 宽 组 (mm)　　　　表 1-3

线 宽 比	线 宽 组					
b	2.0	1.4	1.0	0.7	0.5	0.35
$0.5b$	1.0	0.7	0.5	0.35	0.25	0.18
$0.25b$	0.5	0.35	0.25	0.18	—	—

绘制图纸格式时,图框、标题栏、会签栏的图线宽度按表1-4选用。

图纸格式线的宽度(mm)　　　　表 1-4

幅面代号	图框线	标题栏外框线	标题栏分格线、会签栏线
A0、A1	1.4	0.7	0.35
A2、A3、A4	1.0	0.7	0.35

(二)图线的画法

绘制图线时应注意以下几点：

(1)同一张图纸内,相同比例的各图样应选用相同的线宽组。

(2)相互平行的两条线,其间隙不小于图内粗线的宽度,且不小于0.7mm。

(3)单点长画线、双点长画线端部不应是点。

(4)虚线、单点长画线、双点长画线的线段长度和间隔宜各自相等,虚线的线段长度宜为3~6mm,单点长画线、双点长画线的线段长度宜为10~20mm,如图1-7a)所示。

(5)虚线与虚线相交或虚线与其他图线相交时,应交于线段处,虚线为实线的延长线时,不得与实线相连,如图1-7b)所示。

(6)在较小的图形中,单点长画线、双点长画线可用细实线代替,如图1-7c)所示。

(7)图线不得与文字、数字或符号重叠,不可避免时应优先保证文字、数字或符号的清晰。

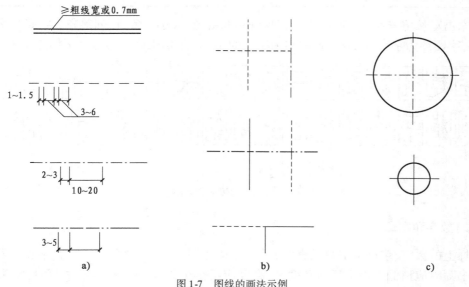

图1-7 图线的画法示例

a)图线标准画法;b)图线相交;c)大小圆的中心线

三 字体

建筑工程图样中除了图线外,还需要注写汉字、数字、字母等,对图形尺寸、构造做法及要求做必要的说明。这些文字必须做到书写工整、笔画清晰、间隔均匀、排列整齐,否则不仅影响图纸的清晰和美观,而且容易产生表达上的错误。

(一)汉字

图样中的汉字应采用长仿宋字体,字的大小用字号表示,字号一般为字体的高度。建筑工程图中常用的字号有20、14、10、7、5、3.5六种,各字号的宽度和高度的关系如表1-5所示。

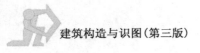

长仿宋字高度与宽度的关系（mm）　　　　　　　表1-5

字高	20	14	10	7	5	3.5
字宽	14	10	7	5	3.5	2.5

长仿宋字书写时要求做到笔画横平竖直、起落分明、笔锋满格，字体结构匀称、间隔均匀、排列整齐。其基本笔画的写法如表1-6所示。

长仿宋字的基本笔画　　　　　　　表1-6

名称	横	竖	撇	捺	挑	点	钩
形状	一	丨	丿	㇏	✓ ✓	八	几
笔法	一	丨	丿	㇏	✓ ✓	八	几

初学书写长仿宋字前，应先打格，以保证书写规范、大小一致、排列整齐。字高与字宽之比取10:7，字距约为字高的1/4，行距约为字高的1/3。长仿宋体字书写示例如图1-8所示。

图1-8　长仿宋体字书写示例

(二)数字和字母

图样上的数字、字母可书写成直体或斜体，但同一张图纸上必须统一。数字和字母与中文字混合书写时应稍低于仿宋字的高度，但高度应不小于2.5mm。斜体字书写时，字头应向右倾斜，并与水平基准线成75°。字母和数字的书写示例如图1-9所示。

a)

b)

图1-9　数字和字母的书写示例
a)拉丁字母；b)阿拉伯数字

四 比例

比例是指图形与实物相对应的线性尺寸之比。比值大于 1 的比例,称为放大比例;比值小于 1 的比例,称为缩小比例。建筑工程图上一般采用缩小比例,如 1:100 的绘图比例就是将实物图样缩小到百分之一进行绘制的。

表 1-7 中列出了绘图所用的比例,绘制图样时,应根据所绘形体的复杂程度、图纸大小、图样的用途等因素选取,并优先选用常用比例。

绘图所用的比例 表 1-7

常用比例	1:1、1:2、1:5、1:10、1:20、1:50、1:100、1:150、1:200、1:500、1:1000、1:2000、1:5000、1:10000、1:20000、1:50000、1:100000、1:200000
可用比例	1:3、1:4、1:6、1:15、1:25、1:30、1:40、1:60、1:80、1:250、1:300、1:400、1:600

比例一般注写在图名的右侧,所用的字高比图名字高小 1 或 2 号,下部与图名基准线取平,如图 1-10 所示。

平面图 1:100　　　⑦ 1:20

图 1-10　比例的注写

五 尺寸标注

在建筑工程图中,图形只能表示形体的形状,而形体的真实大小则由图样上所标注的尺寸来确定,所以图中必须标注尺寸。

(一)尺寸的组成

尺寸由尺寸界线、尺寸线、起止符号和尺寸数字组成,如图 1-11 所示。标注尺寸时尺寸数字应做到正确、齐全、清晰,书写规范工整,并严格遵守国家标准有关尺寸标注的规定。

1. 尺寸界线

尺寸界线表示尺寸的范围,应与图中要标注长度的图线轮廓相垂直,用细实线绘制。尺寸界线的起始端离开图样轮廓线不小于 2mm,另一端宜超出尺寸线 2~3mm。图样轮廓线可用作尺寸界线,如图 1-12 所示。

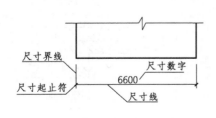

图 1-11　尺寸的组成

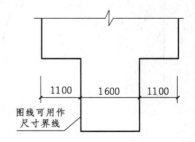

图 1-12　图线用作尺寸界线示例

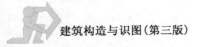

2. 尺寸线

尺寸线用细实线绘制,应与被标注长度平行,不宜超出尺寸界线。尺寸线必须专门绘制,不能用其他图线代替。

尺寸线与图样最外轮廓线的间距不宜小于 10mm。平行排列的尺寸,小尺寸在内,大尺寸在外,尺寸线的间距宜为 7～10mm,如图 1-13 所示。

3. 尺寸起止符号

尺寸起止符号简称尺寸起止符,表示尺寸的起止位置。尺寸起止符一般绘制成长度为 2～3mm 的中粗短斜线,倾斜方向应与尺寸界线成顺时针 45°夹角。

半径、直径、角度和弧长的尺寸起止符,宜用箭头表示,箭头的画法如图 1-14 所示。

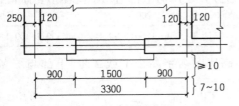

图 1-13 尺寸线的位置

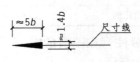

图 1-14 箭头的画法

4. 尺寸数字

尺寸数字必须用阿拉伯数字注写,表示的是形体的实际尺寸,与绘图所用的比例或绘图的准确度无关,施工应按照图中标注的尺寸数字进行。建筑工程图上的尺寸数字除标高和总平面图以米(m)为单位外,其余一律以毫米(mm)为单位,标注尺寸时只写数字不注写单位。

标注尺寸时,若尺寸线是水平线,尺寸数字应写在尺寸线的上方,字头朝上;若尺寸线是竖线,尺寸数字应写在尺寸线的左方,字头向左。当尺寸线为其他方向时,其注写方向如图 1-15a)所示;若尺寸数字在 30°斜线区内,可按图 1-15b)中所示的形式注写。

尺寸数字应注写在靠近尺寸线的中部位置。如果没有足够的注写空间,最外边的尺寸数字可注写在尺寸界线的外侧,中间相邻的尺寸数字可错开注写,也可引出注写,如图 1-16 所示。

尺寸数字必须保证清晰,不得被图线穿过。当不可避免时,应将尺寸数字处的图线断开,如图 1-17 所示。

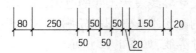

图 1-16 尺寸数字的注写位置

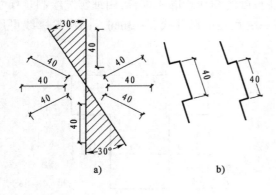

图 1-15 尺寸数字的读取方向与标注方法

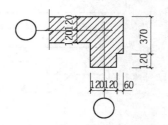

-17 尺寸数字与图线冲突时的处理

（二）圆、圆弧及球体的尺寸标注

圆及圆弧的尺寸标注，通常标注其直径和半径。标注直径时，应在直径数字前加注字母"ϕ"，如图 1-18a)所示；标注半径时，应在半径数字前加注字母"R"，如图 1-18b)所示。

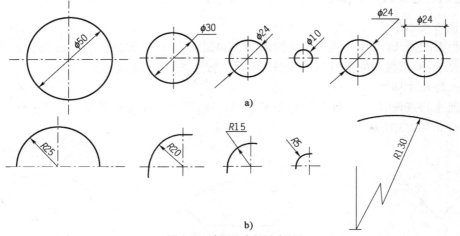

图 1-18　直径和半径尺寸注法

a)直径的尺寸标注；b)半径的尺寸标注

球体的尺寸标注应在其直径和半径前加注字母"S"，如图 1-19 所示。

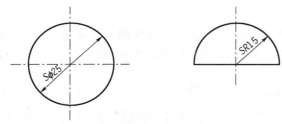

图 1-19　球体的尺寸标注

（三）坡度和角度的尺寸标注

1. 坡度的尺寸标注

坡度的大小可采用百分数、比值和直角三角形的形式标注。标注坡度时，在数字下面应画单面箭头表示标注的坡度方向，箭头应指向下坡方向，如图 1-20 所示。

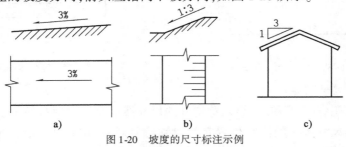

图 1-20　坡度的尺寸标注示例

a)百分数标注；b)比值标注；c)直角三角形标注

2. 角度的尺寸标注

标注角度的尺寸线应以圆弧表示,该圆弧的圆心为角的顶点,尺寸界线为角的两条边,起止符应以箭头表示,角度数字应水平标注,如图 1-21 所示。

(四)弧长、弦长的尺寸标注

1. 弧长的尺寸标注

标注圆弧的弧长时,尺寸线为与该圆弧同心的圆弧线,尺寸界线垂直于该圆弧的弦,起止符用箭头表示,弧长数字的上方应加注圆弧符号"⌒",如图 1-22 所示。

2. 弦长的尺寸标注

标注圆弧的弦长时,尺寸线为平行于该弦的直线,尺寸界线垂直于该弦,起止符用中粗斜短线表示,如图 1-23 所示。

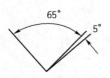

图 1-21　角度的标注方法

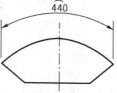

图 1-22　弧长的尺寸标注

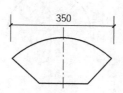

图 1-23　弦长的尺寸标注

(五)尺寸的简化标注

1. 单线图的尺寸标注

有些图样,如桁架简图、钢筋简图、管线图等画的是单线图,在单线图上标注各部分长度时,可直接将尺寸数字注写在单线的一侧,而不需要再绘制尺寸线、尺寸界线、尺寸起止符,如图 1-24 所示。

2. 连续排列等长尺寸的标注

连续排列的等长尺寸一般用"个数×等长＝总长"的形式标注,如图 1-25 所示。

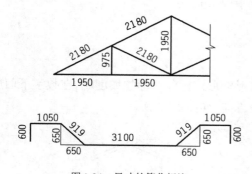

图 1-24　尺寸的简化标注

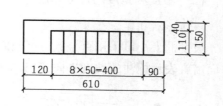

图 1-25　连续排列等长尺寸的标注

3. 对称构件的尺寸标注

当对称构件采用省略画法时,该对称构件的尺寸线应略超过对称符号,仅在尺寸线的一端画尺寸起止符。尺寸数字的注写位置宜与对称符号对齐,按整体全长尺寸注写,如图 1-26 所示。

外形为非圆曲线的构件,可采用坐标形式标注尺寸,如图1-26所示。

4.相同构造要素的尺寸标注

当构件内的构造要素(如孔、槽、铆等)相同时,可只标注其中一个要素的尺寸,并注出个数,如图1-27所示。

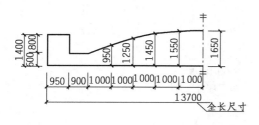

图1-26 外形为非圆曲线对称构件的尺寸标注

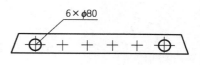

图1-27 空心楼板中空洞的尺寸标注

第二节 手工制图工具及用法

初次学习制图时,必须使用专业制图工具,因此掌握各种制图工具的性能及使用方法是保证制图质量和速度的前提。

 图板

图板一般是用木质边框和胶合板板面制成的长方形案板,规格有0号(900mm×1200mm)、1号(600mm×900mm)、2号(420mm×600mm)、3号(300mm×420mm)等几种。

图板主要用来固定图纸,如图1-28所示。图板板面应光滑平整,四条侧边要平直,以使丁字尺能在边框上顺畅滑行。图板用后应妥善保存,防止水浸、曝晒、重压。板面上严禁刻画,并要保持平整、光洁。

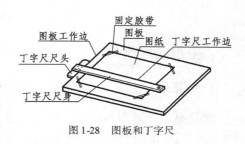

图1-28 图板和丁字尺

 丁字尺

丁字尺由互相垂直的尺头和尺身两部分组成,可用木材或有机玻璃等材料制作。根据尺身长度,丁字尺有600mm、900mm、1200mm等规格。

丁字尺的主要作用是绘制水平线。使用时左手握住尺头,使尺头内侧紧靠图板的左侧工作边,上下移动至需要画线的位置,然后沿丁字尺的工作边从左向右画水平线。丁字尺还可与三角板配合画垂直线及斜线,如图1-29所示。

丁字尺在使用中,要保持尺身平直、光滑,严禁用刀子沿尺身工作边刻画。丁字尺用后应挂起来,防止尺身变形。

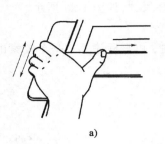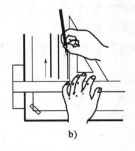

图1-29　丁字尺的使用
a)用丁字尺画水平线;b)丁字尺配合三角板画垂直线

三　三角板

三角板的作用是与丁字尺配合画垂直线和斜线。画线时,使丁字尺尺头与图板工作边靠紧,三角板靠紧丁字尺尺身,左手按住三角板和丁字尺,右手画竖线和斜线,如图1-30所示。

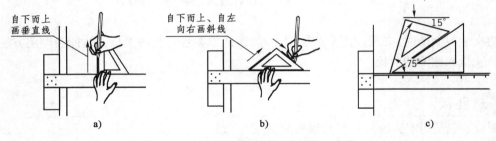

图1-30　三角板与丁字尺配合画垂直线及斜线

四　圆规和分规

(一)圆规

圆规是用来画圆和圆弧的绘图仪器。建筑工程制图所用的圆规为组合式的,其主体有两个脚,一个是固定针脚,另一个是可移动的铅笔脚,并附有铅笔插腿、钢针插腿、直线笔(鸭嘴笔)插腿、延伸杆等,如图1-31所示。

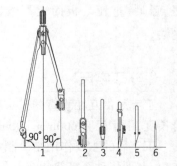

画圆时,首先将圆规两脚分开,并使其大小等于所画圆的半径,右手拿圆规,左手食指配合将钢针放到圆心上,再使铅笔芯接触纸面,用右手的食指和拇指转动圆规端杆,均匀地沿顺时针方向一笔画成,如图1-32a)所示;画较大半径的圆时,应使圆规的钢针和铅笔芯插腿垂直于纸面,需要时可接上延伸杆,如图1-32b)所示。

图1-31　组合式圆规
1-圆规主体;2-延伸杆;3-铅笔插腿;4-直线笔(鸭嘴笔)插腿;5-钢针插腿;6-钢针

用圆规画圆时,应使圆规主体略向运动方向倾斜,并应一次画完。若必须再次接画时,也应按上述方向转动,切勿往复旋转,以免使圆心孔眼扩大而影响图线质量。

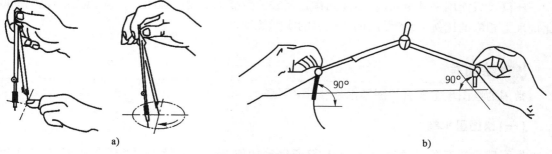

图 1-32　圆规的使用方法
a) 圆的画法；b) 画大圆时加延伸杆

(二) 分规

分规的形状与圆规相似，区别是两腿均装有尖锥形钢针，用来量取线段的长度，也可用来等分直线段或圆弧，如图 1-33 所示。

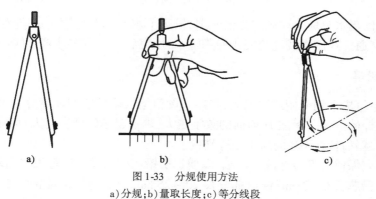

图 1-33　分规使用方法
a) 分规；b) 量取长度；c) 等分线段

五　比例尺

建筑工程图样一般按缩小比例来绘制，为了避免作图时需计算所画图线长度的麻烦，提高作图速度，可用比例尺来度量图线的长度。常用的比例尺有三棱比例尺和比例直尺，如图 1-34 所示。

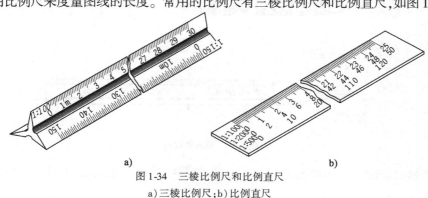

图 1-34　三棱比例尺和比例直尺
a) 三棱比例尺；b) 比例直尺

比例尺只能用来计量长度,不能当作直尺或三角板来画线。画图时,应根据绘图比例选取比例尺上相应的比例,直接量出图线代表的实际长度。

六 绘图笔

常用的绘图笔主要有绘图墨水笔、绘图铅笔等。

(一)绘图墨水笔

绘图墨水笔又称针管笔,其外形与普通钢笔相似,由笔尖、吸墨管和笔管组成,如图 1-35 所示。笔尖由钢质通针和针管组成,针管直径由小到大有 0.2 ~ 1.2mm 不同的规格,可画出粗细不同的图线。

图 1-35　绘图墨水笔

画线时,绘图墨水笔应略向画线方向倾斜,发现下水不畅时应上下晃动笔杆,使通针将针管内的堵塞物穿通。绘图墨线笔应使用专用墨水,用完后及时清洗针管,以防墨水堵塞针管。

(二)绘图铅笔

画图用的铅笔应采用专用绘图铅笔,专用绘图铅笔根据铅芯的硬度分为 H、B 和 HB 三种型号,标注在笔杆的一段。标注 H 前面的数字越大,表示铅芯的硬度越大;标注 B 前面的数字越大,表示铅芯越软;标注 HB 的属于中等硬度。

削铅笔时,应保留有型号标注的一端,以便识别铅笔的硬度。铅笔尖按图线的粗细可削成锥形或扁平形,铅芯长 6 ~ 8mm,锥形部分长 20 ~ 25mm。画图时,应使铅笔垂直纸面,向运动方向倾斜 75°,如图 1-36 所示。

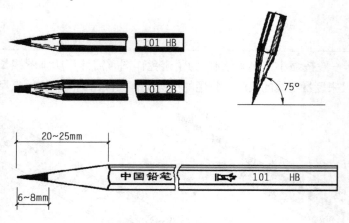

图 1-36　铅笔的使用

绘制底稿时一般选用稍硬的 H 或 2H 铅笔,加深图线时选用稍软的 HB 或 B 铅笔,写字常用 HB 铅笔。

七 绘图辅助工具

（一）曲线板

曲线板是用来画非圆弧曲线的绘图工具,其形状如图1-37a)所示。

若要用曲线板将不在一条直线上的1、2、3、4、5点连接成光滑的曲线,先徒手将这些点轻轻地连成曲线,然后观察曲线板上的弯曲趋势和曲率大小,找出与所画曲线相吻合的一段,沿曲线板描出这段曲线,如图1-37b)所示。一般一条曲线需要分段描出,并应使前后描出的两段曲线应有一小段(至少三个点)是重合的,这样描绘的曲线才会圆滑光洁。

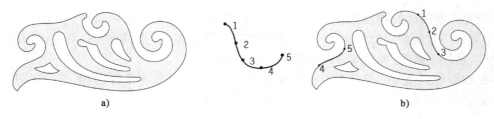

图1-37　曲线板与曲线板的使用
a) 曲线板;b) 曲线板的使用

（二）建筑制图模板

建筑工程图样上会经常出现一些专业符号、图例等,手工绘制这些符号、图例会影响制图速度,也不易保证制图质量。为此,生产厂商把这些专业符号、图例等刻在透明的塑料板上,制成模板来使用。建筑制图模板按照专业分类有建筑模板、结构模板、装饰模板等,可根据所绘制图纸的专业类型选用。

图1-38所示为建筑模板的样式,使用时找到模板中对应的孔,用笔在孔内画一周,就可画出相应的图例。

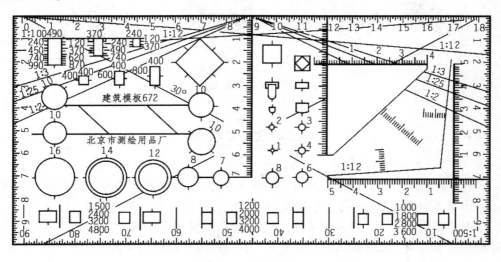

图1-38　建筑模板

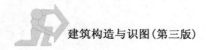
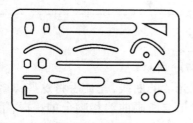

图 1-39　擦图片

（三）擦图片

擦图片用于修改画错的图线，如图 1-39 所示。使用时，将画错的图线在擦图片上适当的模孔内露出，再用橡皮擦拭，这样可避免擦图时对相邻图线的影响。

八　制图用品

（一）图纸

图纸是工程图样的物质载体，其大小要符合《房屋建筑制图统一标准》（GB/T 50001—2010）中各种图号所规定的规格尺寸。一般绘图纸上可画铅笔图和墨线图，纸面应洁白平细、质地坚实、耐擦不起毛，画墨线时以不洇为好。

图纸在图板上用透明胶带纸固定，位置要适当，一般应稍靠左下方，但图纸边到图板左边缘和下边缘的距离以不小于丁字尺尺身的宽度为宜，如图 1-28 所示。

（二）绘图墨水

绘图墨水有碳素墨水和化学墨水，一般宜用碳素墨水。

（三）其他用品

制图还需要的用品有：用于写字的小钢笔，修复图样的单面和双面刀片，绘图橡皮，固定图纸的透明胶带纸，磨铅笔用的砂纸，弹图面灰尘用的排笔或刷子等，这些都是绘图过程中经常使用的用品，如图 1-40 所示。

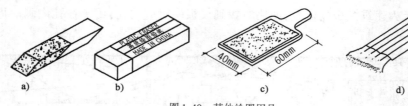

图 1-40　其他绘图用品
a）硬橡皮；b）软橡皮；c）砂纸板；d）排笔

◀ 本 章 小 结 ▶

1.《房屋建筑制图统一标准》（GB/T 50001—2010）是正确绘制建筑工程图样的基础。初学时一定要掌握制图标准对图纸、比例、图线、字体、尺寸标注等的相关规定。

2. 学习正确使用制图工具和用品，这是保证绘图质量和速度的前提。

3. 绘制图样时应先做好绘图前的准备工作，并按照绘图步骤进行。

第二章
投影的基本知识

【学习目标】

了解投影、投影法的概念;熟悉三面正投影图的形成方法和形体投影图中的方位关系;掌握形体基本元素——点、线、面的投影规律和图示方法。

【职业能力目标】

理解并逐渐掌握正投影的原理和方法,提高空间想象力、空间思维能力和空间几何问题的图解能力,能够准确判断出空间点、线、面的方位关系。

第一节　投影及正投影图

一　投影的概念和分类

(一)投影的概念

1. 影子的形成

在日常生活中,形体在日光或灯光的照射下,会在地面和墙面上产生影子,而这种影子混沌一片,只能反映形体的轮廓形状,不能真正反映形体的内部构造,如图 2-1 所示。

2. 投影的概念

在工程制图中,人们根据自然界光线照射形体会留下影子的现象,将其进行科学抽象:假想形体是透明的,光线具有穿透力,这样得到的影子就会反映形体真实的形状,即为投影,如图 2-2 所示。在形成投影的过程中,把光源称为投影中心,光线称为投射线,光线的投射方向称为投影方向,落影的平面(如地面、墙面等)称为投影面,影子的轮廓称为投影。

产生投影必须具备三个要素,即投影线、形体、投影面。

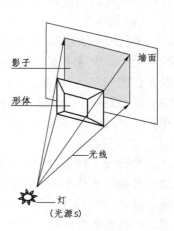

图 2-1　形体的影子

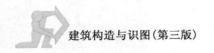
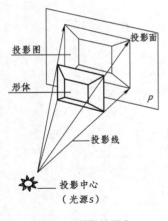

投影图
形体
投影线
投影中心
（光源s）

图2-2　投影的形成

(二)投影的分类

根据光源所产生的投影线不同,投影分为中心投影和平行投影两大类。根据平行投影中光线与投影面的关系,平行投影又分为斜投影和正投影,如图2-3所示。

1. 中心投影

由点光源放射的投射线所形成的投影称为中心投影,如图2-3a)所示。按中心投影法画出的图形称为透视投影图,简称透视图。透视图的主要优点是图形逼真,直观性强,能够形象直观地表达形体的形状特征;缺点是作图复杂,形体的尺寸不能直接在图中度量。因此透视图不能作为施工依据,仅用于建筑设计方案的比较及工艺美术和宣传广告画等。透视投影图如图2-4所示。

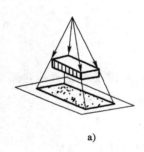
a)

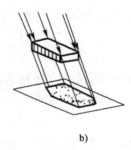
b)

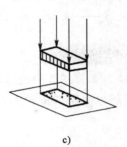
c)

图2-3　投影的分类
a)中心投影；b)斜投影；c)正投影

2. 平行投影

由相互平行的投影线所产生的投影称为平行投影,平行投影又分为斜投影和正投影。

(1)斜投影。

平行投影线倾斜于投影面所作的投影称为斜投影,如图2-3b)所示。用斜投影方法绘制的图形称为轴测投影图。斜投影作图简单,但是不能准确反映形体的形状,视觉上会产生变形和失真。设备施工图中,经常用轴测图表达设备系统布置,如图2-5所示为一给水管道布置系统图。

(2)正投影。

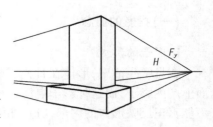

图2-4　透视投影图

平行投影线垂直于投影面所作的投影称为正投影,如图2-3c)所示。用正投影方法绘制的图形称为正投影图,正投影图可以准确反映形体的真实大小和形状,具有制图简单、度量方便等特点,如图2-6所示。所以在工程界,一般均用正投影图作为施工和构配件生产加工的依据。在后面的形体投影图中,没有特别说明,一般为正投影。

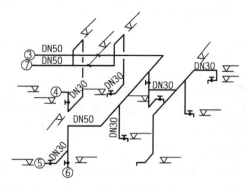

图 2-5　管道轴测图

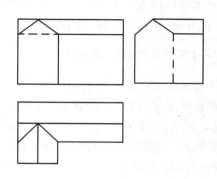

图 2-6　正投影图

二　正投影的基本特性

正投影的基本特性是真实性、积聚性、类似性,如图 2-7 所示。

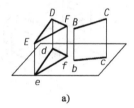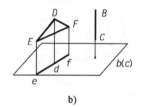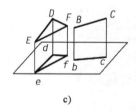

a)　　　　　　　　　　b)　　　　　　　　　　c)

图 2-7　正投影的基本特性
a)真实性;b)积聚性;c)类似性

1.真实性

当直线或平面图形平行于投影面时,它们在该投影面上的投影反映线段的实长或平面图形的实形,这种投影特性称为真实性。

2.积聚性

当直线或平面图形垂直于投影面时,它们在该投影面上的投影积聚成一点或一直线,这种投影特性称为积聚性。

3.类似性

当直线或平面图形倾斜于投影面时,它们在该投影面上的投影为该直线或平面图形的类似形。注意:类似形并不是相似形,它和原图形只是形状类似、边数相同(如圆的投影为椭圆)。这种投影特性称为类似性。

三　三面正投影图

如图 2-8 所示,四个不同形状的空间形体,它们在同一个投影面上的正投影完全相同。可见,仅依据一个投影图是不能完整、唯一、准确

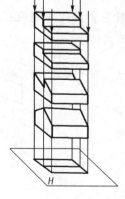

图 2-8　空间不同形体的一面投影

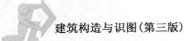

地把形体的形状表达清楚的,必须增加由不同的投影方向、在不同的投影面上所得到的几个投影,互相补充,才能将形体表达清楚。

(一)三面正投影图的形成

一般采用三个相互垂直的平面作为投影面,构成三投影面体系,如图2-9所示。水平位置的平面称作水平投影面,用 H 表示;与水平投影面垂直相交呈正立位置的平面称为正立投影面,用 V 表示;位于右侧与 H、V 面均垂直相交的平面称为侧立投影面,用 W 表示。H、V、W 三个投影面两两相交,交线 OX、OY、OZ 称为投影轴,三轴交于原点 O。

将形体置于 H 面之上,V 面之前,W 面之左的空间,如图2-10所示,按箭头所指的投影方向分别向三个投影面作正投影。由上往下向 H 面上投影得到的为水平投影图(简称平面图),由前往后向 V 面投影得到的为正立投影图(简称正面图),由左往右向 W 面投影得到的为侧立投影图(简称侧面图)。

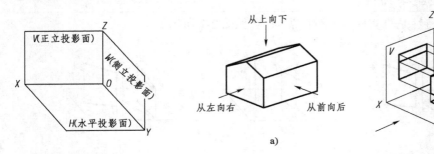

图2-9　三投影面的建立

图2-10　三面正投影图的形成

a)形体与投射线的投射方向的确定;b)形体在三投影面体系中的投影

(二)三面正投影图的展开

为了把空间三个投影面上所得到的投影画在一个平面上,需将三个相互垂直的投影面展开摊平。一般方法是,V 面保持不动,H 面绕 OX 轴向下翻转 $90°$,W 面绕 OZ 轴向右翻转 $90°$,使它们与 V 面处在同一平面上,如图2-11所示。

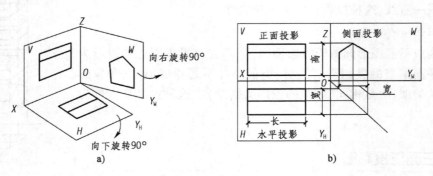

图2-11　投影面展开

a)三投影面体系展开的方法和过程;b)展开后的三面投影图

这时 Y 轴分为两条,一条随 H 面旋转到 OZ 轴的正下方与之在同一直线上,用 Y_H 表示;一条随 W 面旋转到 OX 轴的右方与之在同一直线上,用 Y_w 表示。

展开后的 H、V、W 三投影面的位置是固定的,三投影面的大小随意。当投影知识掌握娴熟后,在绘图时不必画出投影面的边框,也不必注写 H、V、W 字样,投影轴 OX、OY、OZ 和投影面的边框也不必画出。

(三)三面正投影图的分析

1. 三面投影图反映的方位关系

形体在三投影面体系中的位置确定后,相对于观察者,它的上、下、左、右、前、后六个方位关系如图 2-12 所示。正面投影反映形体的上下和左右关系,水平投影反映形体的左右和前后关系,侧面投影反映上下和前后关系。

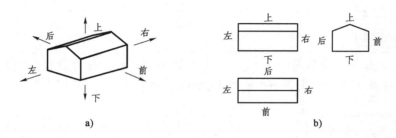

图 2-12　三面投影的方位关系

2. 三面正投影图的投影规律

分析图 2-11 就会发现:水平投影图和正面投影图在 X 轴方向都反映形体的长度,它们的位置左右应对正,即"长对正";正面投影图和侧面投影图在 Z 轴方向都反映形体的高度,它们的位置上下应对齐,即为"高平齐";水平投影图和侧面投影图在 Y 轴方向都反映形体的宽度,这两个宽度一定相等,即"宽相等"。

"长对正、高平齐、宽相等"是三面投影之间重要的投影对应关系,称"三等"关系,是画图和读图时必须遵守的投影规律。

(四)三面正投影图的作图方法与步骤

在绘制三面正投影图时,一般先绘制正面投影图和水平投影图,然后再绘制侧面投影图,具体绘制步骤如下。

(1)先画出水平和垂直十字相交线表示投影轴,如图 2-13a)所示。

(2)根据"三等"关系作图。正面图和平面图的各个相应部分用铅垂线对正(等长),正面图和侧面图的各相应部分用水平线平齐(等高),如图 2-13b)所示。

(3)利用平面图和侧面图的等宽关系,从 O 点作一条向右下斜的 45°线,然后在平面图上向右引水平线,与 45°线相交后再向上引铅垂线,把平面图中的宽度反映到侧面投影中去,如图 2-13c)所示。

(4)最后检查修正,投影图的图线加深,不可见的轮廓用虚线表示,如图 2-13d)所示。

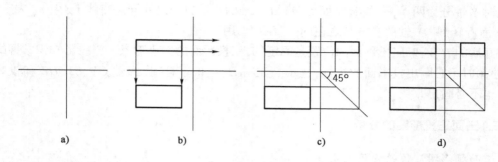

图 2-13　三面正投影图作图步骤

第二节　　形体基本元素的投影

将空间点 A 置于三投影面体系中,自点 A 分别向三个投影面作垂线(即投射线),三个垂足 a、a'、a'' 就是点 A 在三个投影面上的投影,如图 2-14 所示。

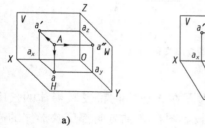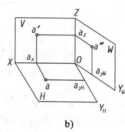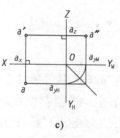

图 2-14　点的三面投影
a)点 A 在三投影面体系中的投影;b)点 A 三面投影的展开;c)点 A 三面投影的关系

在投影法中,空间点用大写字母表示,其在 H 面的投影用相应的小写字母表示,在 V 面的投影用相应的小写字母的右上角加一撇表示,在 W 面的投影用相应的小写字母的右上角加两撇表示。如点 A 的三面投影分别用 a、a'、a'' 表示,点 B 的三面投影分别用 b、b'、b'' 表示。在以后学习线、面、体的投影中,点的投影均按此规定标注。

(一)点的投影规律

点的投影规律有以下四点,如图 2-14c)所示。

(1)点的正面投影 a' 和水平投影 a 的连线必垂直于 X 轴,即 $aa' \perp OX$。

(2)点的正面投影 a' 与侧面投影 a'' 的连线必垂直于 Z 轴,即 $a'a'' \perp OZ$。

(3)点的水平投影 a 到 OX 轴的距离等于其侧面投影 a'' 到 OZ 轴的距离,即 $aa_x = a''a_z$。

(4)点在任何投影面上的投影仍然是点。

【例 2-1】　已知点 A 的两面投影 a'、a,求作点 A 的侧面投影 a''。

解　根据点的投影规律,a'' 的求作方法如图 2-15 所示。

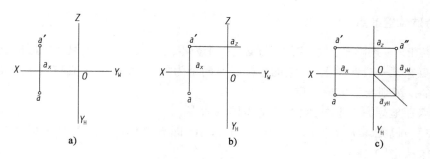

图 2-15 已知点的两投影作第三投影

a)已知点 A 的两投影 a、a';b)过 a' 作 OZ 轴的垂直线 a'、a_z;c)在 $a'a_z$ 的延长线上截取 $a''a_z = aa_x$,a'' 即为所求

(二)点的坐标

把三投影面体系看作空间直角坐标系,投影轴 OX、OY、OZ 相当于坐标轴 X、Y、Z 轴,投影面 H、V、W 相当于坐标平面,投影轴原点 O 相当于坐标系原点。如图 2-16 所示,空间点 A 到三个投影面的距离,就可以用坐标形式 $A(x, y, z)$ 来表示,即点 A 到 W 面、V 面和 H 面的距离。也就是说,根据点的坐标就能较容易地求作点的投影及确定空间点的位置。

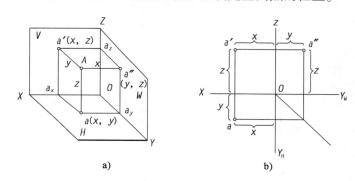

图 2-16　点的坐标

【例 2-2】　已知点 A 的坐标 $x = 18$、$y = 10$、$z = 15$,即 $A(18, 10, 15)$,求作点 A 的三面投影图。
解　作法如图 2-17 所示。

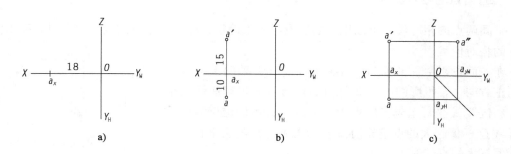

图 2-17　根据点的坐标作投影图

a)在 OX 轴上取 $Oa_x = 18$mm;b)过 a_x 作 OX 轴的垂直线,使 $aa_x = 10$mm、$a'a_x = 15$mm,得 a 和 a';c)根据 a 和 a' 求出 a''

(三)特殊位置的点

(1)当点在某一投影面上时,它的坐标必有一个为零,三个投影中必有两个投影位于投影轴上。

(2)当点在某一投影轴上时,它的坐标必有两个为零,三个投影中必有两个投影位于投影轴上,另一个投影则与坐标原点重合。

(3)当点在坐标原点上时,它的三个坐标均为零。

【例2-3】 已知点 B 的坐标 $x=20,y=0,z=10$,即 $B(20,0,10)$,求作点 B 的三面投影图。

解 作法如图 2-18 所示。

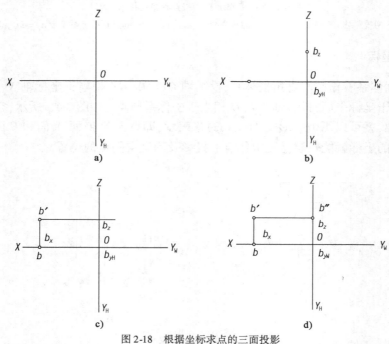

图 2-18 根据坐标求点的三面投影

a)画出投影轴;b)量取 $Ob_x=x=20,Ob_z=z=10,Ob_{yH}=y=0$;c)过 b_x 作 OX 轴垂线,过 b_z 作 OZ 轴垂线,得交点 $b、b'$;
d) $Ob_{yH}=Ob_{yW}=0$,所以 b'' 与 b_z 重合

(四)两点的相对位置

空间两点的相对位置可以用三面正投影图来确定,反之,根据点的投影也可以判断出空间两点的相对位置。

在三面投影中,OX 轴向左、OY 轴向前、OZ 轴向上为三条轴的正方向。在投影图中,x 坐标可确定点在三投影面体系中的左右位置,x 坐标值越大的点越靠左;y 坐标可确定点的前后位置,y 坐标值越大的点越靠前;z 坐标可确定点的上下位置,z 坐标值越大的点越靠上。

【例2-4】 试判断 $C、D$ 两点的相对位置。

解 如图 2-19 所示。

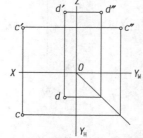

图 2-19 判断两点的相对位置

24

（1）因 C 点的 x 坐标值比 D 点的大，则 C 点在 D 点的左侧。

（2）因 D 点的 z 坐标值比 C 点的大，则 D 点在 C 点的上方。

（3）因 C 点的 y 坐标值比 D 点的大，则 C 点在 D 点的前方。

结论：C 点在 D 点左、前、下方。

（五）重影点及可见性

如果两点位于同一投射线上，则此两点在相应投影面上的投影必重叠，重叠的投影称为重影，重影的空间两点称为重影点。H 面上的重影点，在上方的点为可见点；V 面上的重影点，在前方的点为可见点；W 面上的重影点，在左侧的点为可见点。重影点的投影进行标注时，可见点在前，不可见点在后，并在不可见点字母外加括号。

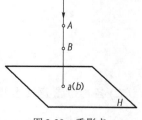

图 2-20　重影点

如图 2-20 所示，A、B 是位于同一投射线上的两点，它们在 H 面上的投影 a 和 b 相重叠。因 A 点在上方，在 H 面上为可见点，B 点在下方，为不可见点。

【例 2-5】　已知点 C 的三面投影如图 2-21a）所示，且知点 D 在 C 的正右方 5mm，点 B 在 C 的正下方 10mm，求作 D、B 两点的投影，并判别重影点的可见性。

解　（1）因 x 坐标确定点的左右位置，现点 D 在点 C 的正右方 5mm，过 c' 向右作 X 轴平行线 $c'd'$，使 $c'd'=5$mm；d'' 与 c'' 重合，D 点不可见；根据"三等"关系作出 d，如图 2-21b）所示。

（2）过 c'、c'' 铅直向下作 $c'b'=c''b''=10$mm；两点的水平投影 b、c 重合，D 点在下不可见，如图 2-21c）所示。

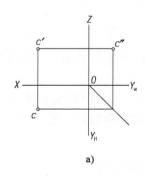

a)

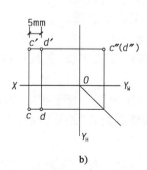

b)

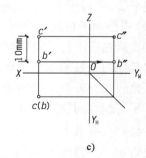

c)

图 2-21　作点的投影并判别可见性

（3）不可见的投影加括号以示区别。

二　线的投影

（一）直线投影的作图方法

直线的长度是无限的，一般取直线上两点来决定直线的空间位置。因此作直线的投影时，只要作出直线上两点的三面投影，连接该两点在同一投影面上的投影，即可得空间直线的三面投影，如图 2-22 所示。

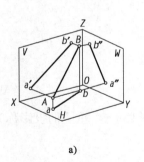 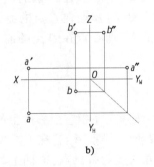 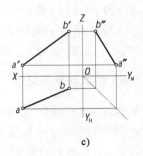

a)   b)   c)

图 2-22　直线投影的作图方法

a）直线投影的直观图；b）作两点的三面投影；c）同面投影连线

（二）各种位置直线及投影特性

空间直线按照其相对于投影面的位置关系，可分为三种：投影面平行线、投影面垂直线和投影面倾斜线。前两种称为特殊位置直线，后一种称为一般位置直线。

1. 投影面平行线

平行于一个投影面，而倾斜于另外两个投影面的直线，称为投影面平行线。

（1）投影面的平行线的类型。

正平线：平行于 V 面，倾斜于 H、W 面的直线。

水平线：平行于 H 面，倾斜于 V、W 面的直线。

侧平线：平行于 W 面，倾斜于 H、V 面的直线。

（2）投影面平行线的投影特性（表 2-1）。

①直线在所平行的投影面上的投影反映实长，并且该投影与投影轴的夹角（α、β、γ）等于直线对其他两个投影面的倾角。

②直线在另外两个投影面上的投影分别平行于相应的投影轴，但其投影长度缩短。

③平行线空间位置的判别：**一斜两直线，定是平行线；斜线在哪面，平行哪个面。**

2. 投影面垂直线

垂直于一个投影面，而平行于另外两个投影面的直线，称为投影面垂直线。

（1）投影面垂直线的类型。

正垂线：垂直于 V 面，平行于 H 面和 W 面的直线。

铅垂线：垂直于 H 面，平行于 V 面和 W 面的直线。

侧垂线：垂直于 W 面，平行于 H 面和 V 面的直线。

（2）投影面垂直线的投影特性（表 2-2）。

①直线在所垂直的投影面上的投影积聚成一点。

②直线在另外两个投影面上的投影同时平行于相应的投影轴，且均反映实长。

③垂直线空间位置的判别：**一点两直线，定是垂直线；点在哪个面，垂直哪个面。**

26

投影面平行线的投影特性

表 2-1

水 平 线	正 平 线	侧 平 线
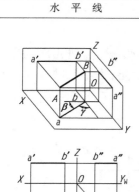	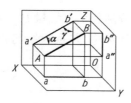 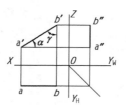	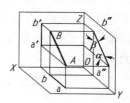 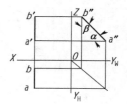
1. 水平线的 H 投影反映实长,水平投影与 OX 的夹角为 β,与 OY 轴的夹角为 γ,分别反映出直线对 V 面和 W 面的倾角; 2. 水平线的 V 投影 $a'b'//OX$,W 投影 $a''b''//OY$,且不反映实长	1. 正平线的 V 投影反映实长,正面投影与 OX 的夹角为 α,与 OZ 轴的夹角为 γ,分别反映出直线对 H 面和 W 面的倾角; 2. 水平线的 H 投影 $ab//OX$,W 投影 $a''b''//OZ$,且不反映实长	1. 侧平线的 W 投影反映实长,侧面投影与 OY 的夹角为 α,与 OZ 轴的夹角为 β,分别反映出直线对 H 面和 V 面的倾角; 2. 侧平线的 V 投影 $a'b'//OZ$,H 投影 $ab//OY$,且不反映实长

投影面垂直线的投影特性

表 2-2

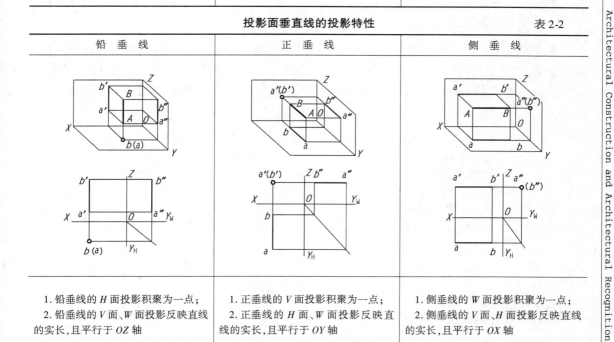

铅 垂 线	正 垂 线	侧 垂 线
1. 铅垂线的 H 面投影积聚为一点; 2. 铅垂线的 V 面、W 面投影反映直线的实长,且平行于 OZ 轴	1. 正垂线的 V 面投影积聚为一点; 2. 正垂线的 H 面、W 面投影反映直线的实长,且平行于 OY 轴	1. 侧垂线的 W 面投影积聚为一点; 2. 侧垂线的 V 面、H 面投影反映直线的实长,且平行于 OX 轴

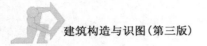

3. 一般位置线

倾斜于三个投影面的直线为一般位置线。

(1) 一般位置线的投影图。

如图 2-23 所示,直线 AB,α、β、γ 分别表示直线对 H、V 和 W 面的倾角。直线 AB 在 H、V、W 三个投影面上的投影均为斜线,且小于实长,并且投影与投影轴的夹角,也不反映直线 AB 对投影面的倾角。

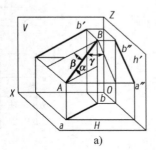

图 2-23　一般位置线的投影

(2) 一般位置线的投影特性。

① 一般位置线的三个投影均为斜线,且小于实长。

② 一般位置线的三个投影与投影轴的夹角,不反映直线对投影面的倾角。

③ 一般位置线的判别:**三个投影三斜线,定是一般位置线。**

三　平面的投影

(一) 平面投影的形成

平面可以由不在一条直线上的三点、点与直线、两相交或平行直线所确定。因此,求作平面的投影,实质上可以转化为求点、线的投影。如图 2-24 所示,空间平面三角形 ABC,若将其三个顶点 A、B、C 的投影作出,再将各点同面投影连接起来,即为三角形 ABC 平面的投影。

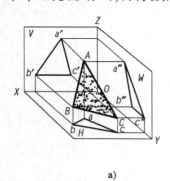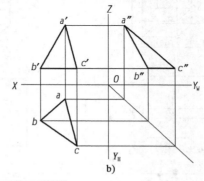

图 2-24　三角形 ABC 的三面投影

(二) 平面分类及投影特性

空间平面按与三个投影面的位置关系不同可分为三种,即投影面平行面、投影面垂直面和一般位置平面。一般将投影面平行面、投影面垂直面称为特殊位置平面。

1.投影面平行面

平行于一个投影面,同时垂直于另两个投影面的平面,称为投影面平行面。

（1）投影面平行面的类型。

正平面:平行于 V 面,垂直于 H、W 面的平面。

水平面:平行于 H 面,垂直于 V、W 面的平面。

侧平面:平行于 W 面,垂直于 V、H 面的平面。

（2）投影面平行面的投影特性（表2-3）。

①平面在所平行的投影面上的投影反映实形。

②平面在另外两个投影面上的投影积聚成直线,且分别平行于相应的投影轴。

③平行面空间位置的判别:**一框两直线,定是平行面;框在哪个面,平行哪个面。**

投影面平行面的投影特性

表2-3

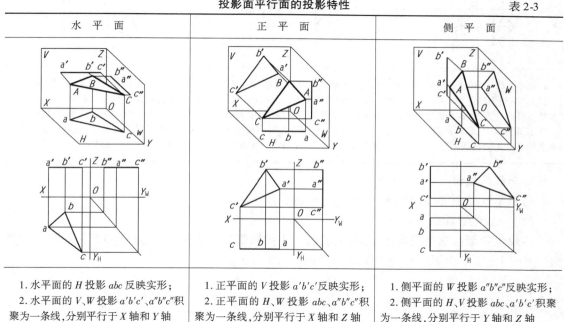

水 平 面	正 平 面	侧 平 面
1.水平面的 H 投影 abc 反映实形; 2.水平面的 V、W 投影 $a'b'c'$、$a''b''c''$ 积聚为一条线,分别平行于 X 轴和 Y 轴	1.正平面的 V 投影 $a'b'c'$ 反映实形; 2.正平面的 H、W 投影 abc、$a''b''c''$ 积聚为一条线,分别平行于 X 轴和 Z 轴	1.侧平面的 W 投影 $a''b''c''$ 反映实形; 2.侧平面的 H、V 投影 abc、$a'b'c'$ 积聚为一条线,分别平行于 Y 轴和 Z 轴

2.投影面垂直面

垂直于一个投影面,同时倾斜于另外两个投影面的平面,为投影面垂直面。

（1）投影面垂直面的类型。

正垂面:垂直于 V 面,倾斜于 H 面、W 面的平面。

铅垂面:垂直于 H 面,倾斜于 V 面、W 面的平面。

侧垂面:垂直于 W 面,倾斜于 H 面、V 面的平面。

（2）投影面垂直面的投影特性（表2-4）。

①平面在所垂直的投影面上的投影,积聚成一条倾斜于投影轴的直线,且此直线与投影轴之间的夹角等于空间平面对另外两个投影面的倾角。

②平面在与它倾斜的两个投影面上的投影为缩小了的类似线框。

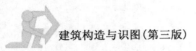

③投影面垂直面空间位置的判别:**两框一斜线,定是垂直面;斜线在哪面,垂直哪个面。**

投影面垂直面的投影特性　　　　　　　　表2-4

正 垂 面	铅 垂 面	侧 垂 面
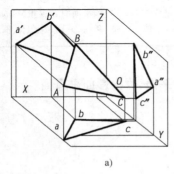	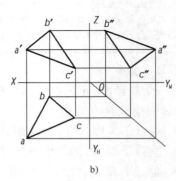	
1. 正垂面的 V 面投影 a'b'c' 积聚为一条斜直线;积聚线与 OX、OZ 轴的夹角反映了平面对 H 面、W 面的倾角; 2. 正垂面的 H 面、W 面投影 abc、a"b"c" 为空间平面 ABC 的类似形	1. 铅垂面的 H 面投影 abc 积聚为一条斜直线;积聚线与 OX、OY 轴的夹角反映了平面对 V 面、W 面的倾角; 2. 铅垂面的 V 面、W 面投影 a'b'c'、a"b"c" 为空间平面 ABC 的类似形	1. 侧垂面的 W 面投影 a"b"c" 积聚为一条斜直线;积聚线与 OY、OZ 轴的夹角反映了平面对 H 面、V 面的倾角; 2. 侧垂面的 H 面、V 面投影 abc、a'b'c' 为空间平面 ABC 的类似形

3.一般位置面

与三个投影面均倾斜的平面,称为一般位置面。

(1)一般位置面的投影图。

一般位置面对三个投影面都倾斜,它的三个投影都没有积聚性,且都反映原平面图形的类似形状,但比原平面图形本身的实形小,如图 2-25 所示。

a)　　　　　　　　　　　　　　　　　b)

图 2-25　一般位置面

(2)一般位置面的投影特性。

①一般位置面的三个投影既没有积聚性,也不反映实形,而是原平面图形的类似形。

②一般位置面的判别:**三个投影三个框,定是一般位置面。**

【例2-6】 如图2-26a)所示，求侧垂面的水平面投影。

解 由图示可知,该平面为侧垂面,其投影规律为:W面投影为倾斜于坐标轴的一条直线,H、V面投影为小于实形的类似形,则可断定H面投影与V面投影相似,根据"三等"关系即可作出H面投影如图2-26b)所示。

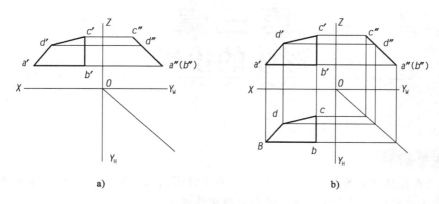

图2-26　作侧垂面的水平投影

◀ **本 章 小 结** ▶

1. 在平面上表达空间形体是以投影法为基础的,建筑工程图样一般采用正投影法绘制。

2. 三投影面的展开是由三维空间转向二维平面图的过程。只有投射线与投影面相垂直时才会形成正投影。

3. 点的三面投影规律:点的正面投影与水平投影连线垂直于OX轴,点的正面投影与侧面投影的连线垂直于OZ轴,点的水平投影到OX轴的距离等于侧面投影到OZ轴的距离。

4. 一般位置线的投影特性:一般位置直线的三个投影均为小于实长的直线,都倾斜于各投影轴,且各投影与相应的投影轴所成的夹角都不反映直线对投影面的真实倾角。

5. 投影面平行线的投影特性:投影面平行线在所平行的投影面上的投影反映实长,且该投影与相应投影轴所成之夹角,反映直线对其他两投影面的倾角;其他两投影平行于相应的投影轴,且均小于实长。

6. 投影面垂直线的投影特性:投影面的垂直线在所垂直的投影面上的投影积聚成一点;其他两投影与相应的投影轴垂直,并都反映实长 。

7. 投影面平行面的特性:平面在所平行的投影面上的投影反映实形,其他两个投影都积聚成与相应投影轴平行的直线。

8. 投影面垂直面的特性:平面在所垂直的投影面上的投影积聚成一条斜线,该斜线与相应投影轴的夹角,即为该平面对其他两个投影面的倾角,其他两投影为该平面的类似图形,并小于实形。

第三章 形体的投影

【学习目标】

了解空间形体的组合方式;熟悉平面体、曲面体投影图的作图步骤和尺寸标注的方法;掌握平面体、曲面体的投影规律及组合体投影图的识读方法。

【职业能力目标】

在熟练掌握形体投影规律的基础上,提高空间想象力和读图能力,能够根据直观图作出形体的三面投影图、根据两面投影图补绘第三面投影图,能够快速识读三面投影图并判别出形体的空间方位。

第一节 基本体的投影

建筑形体复杂多样,这些形体可以看作是由简单形体按照一定方式组合而成的。通常把组成建筑最简单的几何体叫作基本几何体,简称基本体。常见的基本体分为平面体和曲面体。

一 平面体的投影

平面体的表面由若干平面围成,常见的有棱柱、棱锥、棱台等。作平面体的投影,实质就是作出组成平面体的各平面的投影。

(一)棱柱的投影

1. 棱柱的形成

有两个互相平行的底面,其余各侧面都是四边形,并且每相邻两个四边形的公共边都互相平行,由这些面所围成的多面体叫作棱柱。棱柱有正棱柱和斜棱柱之分,在此只研究正棱柱的投影。正棱柱是由两个相互平行的底面和若干与底面垂直的侧面围成,相邻两侧面的交线称为侧棱线,简称棱线,如图3-1所示。当底面为三边形、四边形、八边形时,所组成的棱柱分别为三棱柱、四棱柱、八棱柱,如图3-2所示。

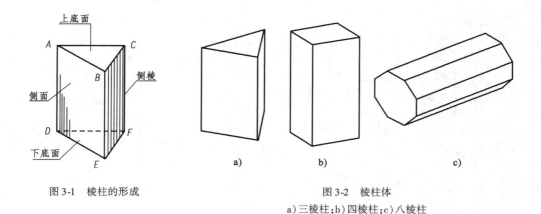

图 3-1　棱柱的形成

图 3-2　棱柱体
a)三棱柱;b)四棱柱;c)八棱柱

2. 棱柱的投影分析

现分析一横放的正三棱柱(可以看作两坡屋顶),如图 3-3 所示。其侧面投影是一个三角形,三角形的三条边分别是前、后、下三个棱面的投影(有积聚性);水平投影中两个矩形是三棱柱前、后两侧面的投影(有类似性),外轮廓则是三棱柱下侧面的投影(有真实性);正面投影中矩形是三棱柱前、后侧面的投影(有类似性)。结论:三棱柱的三个投影中,有一个投影为三角形,而另外两个投影的轮廓为矩形。同样做出五棱柱(类似于两坡屋顶房屋)的投影,如图 3-4 所示。结论:三面投影中有一个投影为五边形,另外两个的投影轮廓也为矩形。

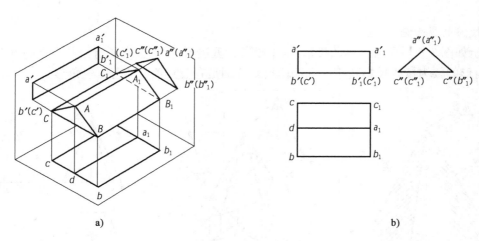

图 3-3　三棱柱的投影
a)三棱柱投影直观图;b)投影图

3. 棱柱的投影规律

棱柱的一个投影为多边形,另两个投影为矩形。反之,当一个形体的三面投影中有一个为多边形,另两个投影为一个或若干个矩形时,可以判定该形体为棱柱体,从多边形的边数可以读出棱柱体的棱数。

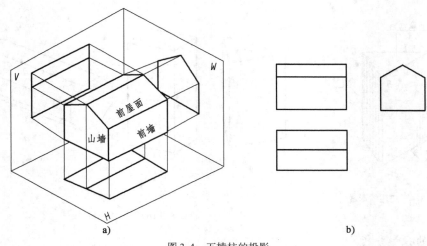

图 3-4 五棱柱的投影

a)五棱柱投影直观图;b)五棱柱投影图

(二)棱锥的投影

1.棱锥的形成

由一个多边形底面与多个有公共顶点的三角形侧平面所围成的几何体称为棱锥。棱锥分为正棱锥和斜棱锥,在此只研究正棱柱的投影。正棱锥的底面是正多边形,顶点在底面的投影位于底面的中心。根据棱锥底面边数,棱锥有三棱锥、四棱锥、五棱锥等,图 3-5 所示为三棱锥。

2.棱锥的投影分析

分析如图 3-6 所示五棱锥的投影:水平投影为五边形,内部包含了有公共顶点的五个三角形(三角形的腰为棱线投影),正面和侧面投影分别是有公共顶点的若干三角形。

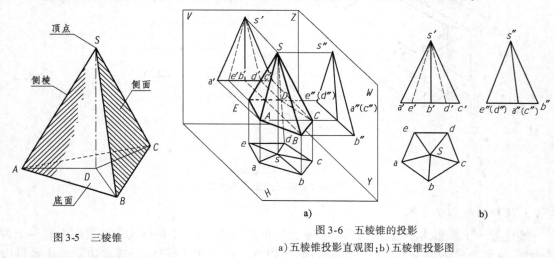

图 3-5 三棱锥

图 3-6 五棱锥的投影

a)五棱锥投影直观图;b)五棱锥投影图

3.棱锥的投影规律

棱锥的一个投影外轮廓为多边形,内部包含了与多边形边数相同的且有公共顶点的三角形,三角形的底边是多边形的各边,另两个投影是有公共顶点的一个或若干三角形。反之,当一个形体的三个投影中,其中一个投影的外轮廓是多边形,且内部包含了以该多边形的各边为底边的三角形,另外两个投影是有公共顶点的三角形,则可以判断该形体是棱锥,多边形的边数是棱锥的棱数。

(三)棱台的投影

1. 棱台的形成

用平行于棱锥底面的平面切割棱锥,底面和截面之间的部分称为棱台。由几棱锥切得的棱台就称为几棱台,如图 3-7 所示为由四棱锥切得的四棱台。

2. 棱台的投影分析

分析如图 3-8 所示四棱台的投影:其水平投影为有两个相似四边形,将相似四边形对应顶点相连后,构成梯形;正面投影和侧面投影为梯形。

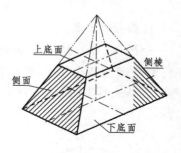

图 3-7 四棱台

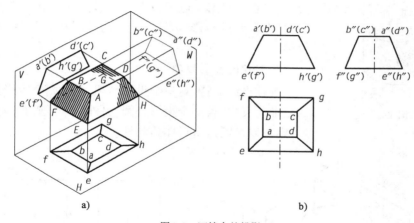

图 3-8 四棱台的投影

a)四棱台投影直观图;b)四棱台投影图

3. 棱台的投影规律

棱台的一个投影中有两个相似的多边形,且每个相应的顶点相连,构成梯形,另两个投影为一个或者若干个梯形。反之,若一个投影中有两个相似的多边形,且个相应的顶点相连,构成梯形,另两个投影为一个或者若干个梯形,则可以判断这个形体为棱台。

综合上述平面体投影分析,得出平面体的投影特点如下:

(1)平面体的投影,实质就是点、直线和平面投影的集合。

(2)投影图中的线条,可能是直线的投影,也可能是平面的积聚投影。

(3)投影图中线段的交点,可能是点的投影,也可能是直线的积聚投影。

(4)投影图中任何一封闭的线框都表示立体上某平面的投影。

(5)向某投影面作投影时,凡看得见的直线用实线表示,看不见的直线用虚线表示。在一般情况下,当平面的所有边线都看得见时,该平面才看得见。

二 曲面体的投影

表面由曲面或由平面和曲面围成的形体叫作曲面体。常见的曲面体有圆柱、圆锥、圆台和球体等。

(一) 圆柱的投影

1. 圆柱的形成

矩形 AA_1OO_1 绕 OO_1 旋转，AA_1 旋转后形成圆柱面，AO、A_1O_1 两线段旋转后形成圆平面，圆柱面与两个圆平面构成圆柱体。直线 AA_1 称为母线，母线处于曲面上任一位置时，称为素线。圆柱面是所有素线的集合，两圆平面之间的距离称为圆柱体的高，如图 3-9 所示。

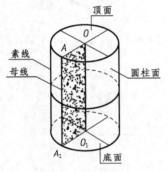

图 3-9　圆柱的形成

2. 圆柱的投影分析

图 3-10 所示圆柱体的顶面与底面平行于水平投影面，其水平投影为圆，是上、下底面的投影，反映实形，也是圆柱面的积聚投影；其正面投影与侧面投影为矩形，$a'b'$、$c'd'$ 分别是圆柱面最左、最右素线的投影，$g'h'$、$e'f'$ 分别是圆柱面最后、最前素线的投影。

3. 圆柱的投影规律

圆柱投影的特点：一个投影是圆，另外两个投影是两个全等的矩形。反之，若一个投影是圆，另外两个投影是两个全等的矩形，则可以判断这个形体为圆柱。

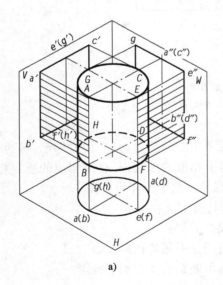

a)

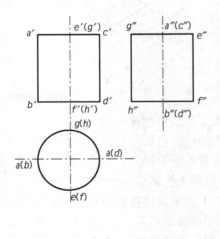

b)

图 3-10　圆柱的投影

a)圆柱投影直观图；b)圆柱投影图

（二）圆锥的投影

1. 圆锥的形成

将直角三角形 *SAO* 的直角边 *SO* 处于铅垂状态,三角形 *SAO* 绕 *SO* 旋转一周时,*SA* 旋转形成的轨迹是圆锥面,*AO* 旋转得到的是平面圆,圆锥面与平面圆围合成圆锥体。一般将直线 *SA* 称为母线,圆锥面可看做是由无数条相交于一点并与轴线 *SO* 保持一定角度的素线的集合。*S* 叫作圆锥体的顶点,圆平面叫作圆锥体的底面,顶点 *S* 到底面的距离叫作圆锥体的高,如图 3-11 所示。

图 3-11 圆锥的形成

2. 圆锥的投影分析

图 3-12 所示圆锥体的底面平行于水平投影面,其水平投影为圆,圆锥顶点投影与圆心重合,圆内为圆锥面素线的投影;其正面投影与侧面投影为全等的等腰三角形,*s′a′*、*s′c′* 分别是圆锥面最左、最右素线的投影,*s′d′*、*s′b′* 分别是圆锥面最后、最前素线的投影。

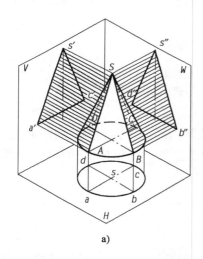

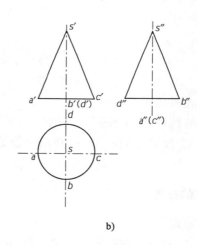

a)　　　　　　　　　　　　　　　b)

图 3-12 圆锥的投影

a)圆锥投影直观图;b)圆锥投影图

3. 圆锥的投影规律

圆锥的投影特点:一个投影是圆,另外两个投影是全等的等腰三角形。反之,若一个投影是圆,另外两个投影是全等的等腰三角形,则可以判断这个形体为圆锥。

（三）圆台的投影

1. 圆台的形成

圆台可以看作是用平行于圆锥底面的平面切割圆锥,截面和底面之间的部分就是圆台,截面和底面之间的距离为圆台的高,如图 3-13 所示。

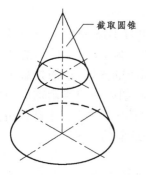

图 3-13 圆台的形成

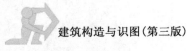

2. 圆台的投影分析

将圆台置于三投影面体系中,底圆平行于水平投影面,其投影如图 3-14 所示。上、下底圆平行于水平投影,水平投影反映实形,是两个直径不等的同心圆;正面投影和侧面投影都是等腰梯形。梯形的高为圆台的高,梯形的上底长度和下底长度是圆台上、下底圆的直径。

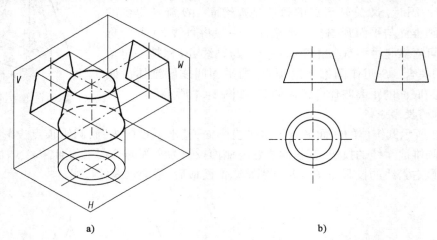

a) b)

图 3-14 圆台的投影
a)圆台投影直观图;b)圆台投影图

3. 圆台的投影规律

圆台投影的特点:一个投影反映的是上下底圆的同心圆,另外两个投影是全等的等腰梯形。反之,若一个投影是同心圆,另外两个投影是全等的等腰梯形,则可以判断这个形体为圆台。

(四)球体的投影

1. 球体的形成

一圆周绕其一直径旋转,所得轨迹为球面,球面所围成的立体称为球体,如图 3-15 所示。直径为回转轴线,圆周为母线(曲母线),母线在球面上任一位置时的轨迹称为球面的素线。

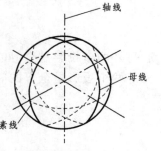

图 3-15 球体的形成

2. 球体的投影分析

将球体置于三投影面体系中,如图 3-16 所示。球体的三面投影均为圆,水平投影圆为将球体分为上、下半球体的 A 圆投影,圆内为上半个球面与下半个球面的投影;正面投影圆为将球体分为前、后半球体的 B 圆投影,圆内为前半个球面与后半个球面的投影;侧面投影圆为将球体分为左、右半球体的 C 圆投影,圆内为左半个球面与右半个球面的投影。

3. 球体的投影规律

球体的三个投影是三个直径相等的圆,这三个圆实质上分别是球体表面平行于三个投影面的最大直径圆的投影。反之,若三个投影均是直径相等的圆,则该形体为球体。

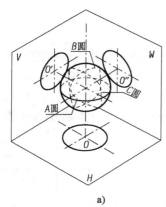

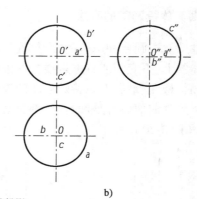

图 3-16　球体的投影

a）球体投影直观图；b）球体投影图

三　基本体投影图的画法

（一）平面体投影图的画法

　　画平面体投影图时应先画水平投影（或反映实形的投影），再按投影关系，作另两个投影，如图 3-17 和图 3-18 所示。

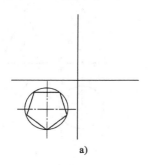

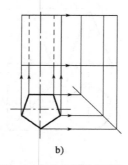

图 3-17　棱柱投影图的画法

a）画轴线、中心线及水平投影；b）按投影关系画其他两个投影；c）检查底图，加深图线

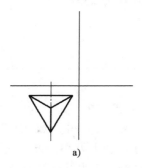

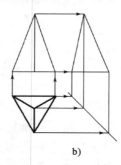

图 3-18　棱柱投影图的画法

a）画轴线及水平投影；b）按投影关系画其他两个投影；c）检查底图，加深图线

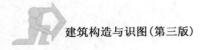
(二) 曲面体投影图的画法

从圆柱、圆锥、圆台和球体的投影可以看出,曲面体的投影均为其轮廓线的投影,而这些轮廓线为形体的上、下底圆或特殊素线。如圆柱、圆锥的水平投影为底圆的投影,正面、侧面投影是最前、最后、最左、最右四条特殊素线的投影,球体的三个投影是平行于三个投影面的最大圆周的投影。另外曲面体都是回转体,都有对称轴,作图时应先作出形体轴线的投影,作图方法如图 3-19 和图 3-20 所示。

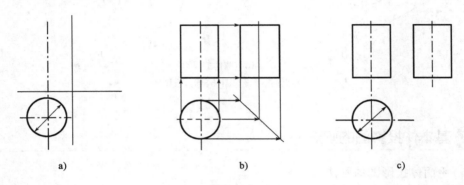

图 3-19　圆柱投影图的画法
a)画轴线及水平投影;b)按投影关系画其他两个投影;c)检查底图,加深图线

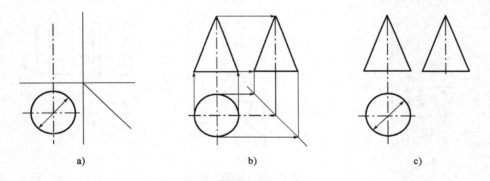

图 3-20　圆锥投影图的画法
a)画轴线及水平投影;b)按投影关系画其他两个投影;c)检查底图,加深图线

四 基本体投影图的尺寸标注

(一) 平面体的尺寸标注

平面体只要标出它的长、宽、高的尺寸,就可以确定基本体的大小。尺寸一般注在反映实形的投影上,尽可能集中标注在两个投影的下方和右方,必要时才注在上方和左方。一个尺寸只需标注一次,尽量避免重复。正多边形(如正五边形、正六边形)的尺寸可标注其外接圆的直径尺寸。平面体的尺寸标注如表 3-1 所示。

平面体的尺寸标注		表 3-1

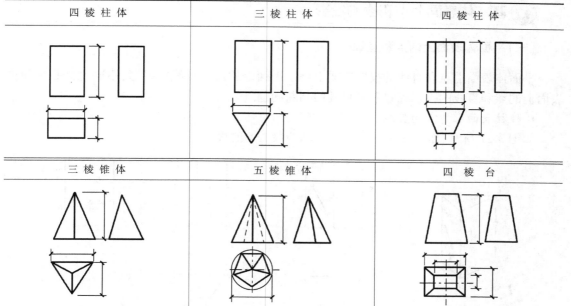

四棱柱体	三棱柱体	四棱柱体
三棱锥体	五棱锥体	四棱台

(二) 曲面体的尺寸标注

曲面体的尺寸标注和平面体相同,只要注出曲面体圆的直径和高即可,如表 3-2 所示。

曲平面体的尺寸标注	表 3-2

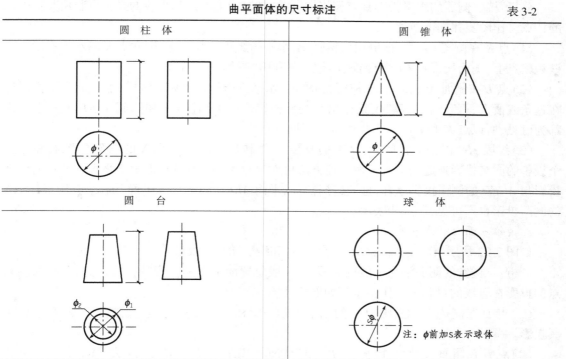

圆柱体	圆锥体
圆台	球体

注:ϕ 前加 S 表示球体

41

Architectural Construction and Architectural Recognition Graph

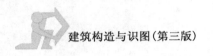
五 基本体表面上点和线的投影

(一)平面体表面上的点和直线

平面体表面上点和直线的投影实质上就是平面上的点和直线的投影,不同之处是平面体表面上的点和直线的投影存在着可见性的判断问题。

1.棱柱表面上的点和直线

如图 3-21 所示,作在三棱柱上点 K、L 和线段 MN 的投影。

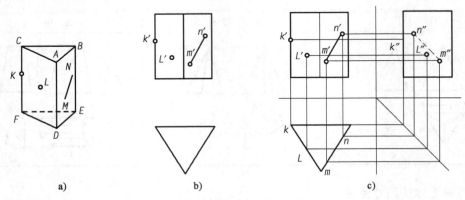

图 3-21　三棱柱表面上点和直线

a)直观图;b)已知条件;c)作图

分析:棱柱侧面的水平投影具有积聚性,作棱柱表面上的点和直线的投影可利用其积聚性的特点。作图步骤如下所列。

(1)点 K 在侧棱 CF 上,该侧棱为铅垂线,水平投影积聚为一点,因此点 K 的水平投影也在该积聚点上,侧面投影在 CF 的侧面投影上,可利用"三等"关系作出。

(2)点 L 在侧面 $ACFD$ 上,$ACFD$ 为铅垂面,水平投影积聚成为一线段,点 L 的水平投影应在这条线段上,可利用"三等"关系作出其侧面投影。由于侧棱 CF 和侧面 $ACFD$ 的三个投影都为可见,所以点 K 和 L 的三个投影也都可见。

(3)线段 MN 在 $ABED$ 上。作 MN 的投影,只要作出首尾点 M 和 N 的三个投影,再将这三个投影的同名投影连起来即可。用上述方法可作出点 M、N 的投影,但由于平面 $ABED$ 的侧面投影与 $ACFD$ 的侧面投影重合,且被遮挡,所以平面 $ABED$ 为不可见平面,因此,其中线段 MN 的侧面投影也不可见,用虚线表示。

2.棱锥表面上的点和直线

如图 3-22 所示,作三棱锥 $SABC$ 上点 D、E 和线段 MN 的投影。

分析:三棱锥的侧面均为一般位置面,作一般位置面上点的投影需作过该点直线的投影,点的投影在直线的投影上。作图步骤如下所列。

(1)点 D 在侧棱 SA 上,则 D 点的三个投影一定在 SA 的三个投影上,按"三等"关系作出其投影。

(2)点 E 在侧面 SAB 上,该平面为一般位置面。先在平面 SAB 上过点 E 和 S 作一辅助直

线与 AB 交于 K 点,则点 E 成为 SK 线上的一点。作出 SK 的三面投影 sk、sk'、sk''。再将点 E 的三面投影作在 SK 的三面投影上。由于侧棱 SA 与平面 SAB 的三个投影都可见,点 D 和 E 的三个投影也可见。

(3)线段 MN 在平面 SBC 上,先用上述方法作出点 M 和 N 的三面投影,再将同面投影连起来。由于平面 SBC 的侧面投影不可见,点 N 的侧面投影也不可见,应加括号,同样 MN 的侧面投影也不可见,用虚线表示。

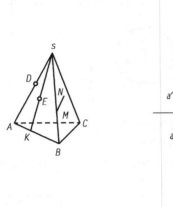 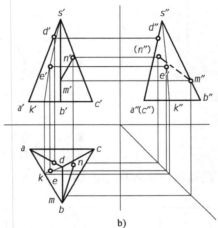

图 3-22　三棱柱表面的点和直线
a)直观图;b)作图

(二)曲面体表面上的点和直线

在作曲面体表面上点的投影时,可把点分为两种情况进行求作。一种是特殊位置的点,如圆柱、圆锥的最前、最后、最左、最右、底边和球体上平行于三个投影面的最大圆周等位置上的点,这些点可直接利用线上点的方法求得;另一种为其他位置的点,可利用曲面体投影的积聚性、辅助素线法和辅助纬圆方法求得。

1.圆柱体表面上的点和直线

(1)圆柱体表面上点的投影。如图 3-23 所示,作圆柱体表面上的点 M、N 的投影。

点 M 在圆柱的最左素线上,那么点 M 的三面投影应分别在该素线的同名投影上,该素线的水平投影积聚成为一点,则 M 的水平投影为圆柱水平投影——圆周的最左点。M 点的正面投影在圆柱正面投影的最左轮廓线上,侧面投影在圆柱侧面投影的中心线上。

点 N 不在轮廓素线上,而在圆柱面的右前方。我们知道,圆柱面是所有素线的集合,圆柱面上所有平行于圆柱轴线的线都是素线,因此,可以过点 N 作平行于轴线的直线,则该线为圆柱体的素线,作出该素线的投影,则点 N 按直线上求点的方法可得。由于点 N 在圆柱体的右前方,其侧面投影不可见。

(2)圆柱体表面上线的投影。作曲面体表面上线的投影时,应先分析线的空间形状,当线与圆柱、圆锥上的素线重合时为直线,否则为曲线。直线的投影根据素线的投影原理作出,作曲线的投影时,一般采用近似作图方法,即在该曲线上作几个点(至少三个点)的投影,再用光滑的曲线将这些点连起来,并判别可见性。

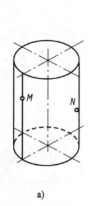 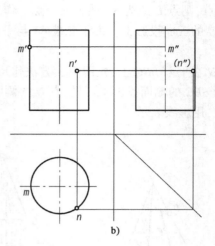

图 3-23 圆柱体表面的点

a）直观图；b）作图

【例 3-1】 已知圆柱体上两线段 *AB*、*KL* 的一个投影，如图 3-24a）所示，完成其另两个投影。

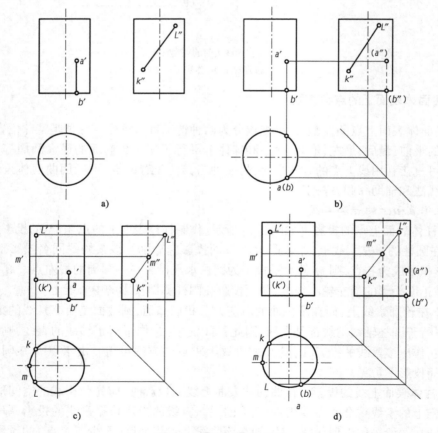

图 3-24 圆柱体表面上的线

a）已知条件；b）作 *AB* 的投影；c）作 *KL* 的侧面投影，作 *KL* 的正面投影；d）用直线连 *AB*，用光滑曲线连 *KL* 并判别可见性

解 作图步骤如下所列。

（1）从图中可以看出，AB 为圆柱体上素线的一部分，所以 AB 是直线段，其水平投影积聚在圆周的前半部分，将 A、B 两点的侧面投影作出。由于 A、B 两点位于圆柱体的右前方，侧面投影不可见，用虚线将 a″、b″连起来。

（2）KL 不与素线重合，是曲线，为了作图准确，在 k″l″上再取一点 m″（m″在最左素线上，是 KL 线段正面投影的转折点，其水平投影和正面投影可直接作出）。由于圆柱的水平投影积聚成圆，过 k″、l″作 OY 轴垂线与圆周左半部分的交点为 k、l，由 k″、l″、k、l 根据"三等"关系作其正面投影 k′、l′。由于 K 在圆柱的后半部分，所以 k′不可见，用光滑的曲线将（k′）m′l′连起来。注意：（k′）m′在圆柱体后半部分，用虚线连接，m′l′在前半部分用实线连接。KL 线段的水平投影与圆柱面水平投影重合。

2．圆锥体表面上的点和线

（1）圆锥体表面上点的投影。作圆锥体表面上点的投影的方法有素线法和纬圆法。如图 3-25 所示，圆锥体表面上两点 M、N，N 点在最右素线上，其三面投影应在该素线的同面投影上，该素线的侧面投影不可见，所以点 N 的侧面投影 n″应加括号。点 M 在左前方一般位置素线上。作图时，先作出过 M 点的素线 SA，将 SA 的三个投影作出，再将 M 点的三个投影作于 SA 的三个投影上即可。这种用素线作为辅助线求圆锥体表面上点的方法，叫作素线法。

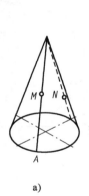
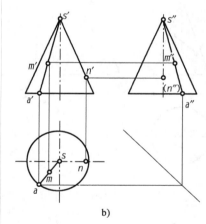

a)   b)

图 3-25　素线法作圆锥体表面点的投影

a）直观图；b）作点的投影

点的投影也可以采用纬圆法求得。如图 3-26 所示，圆锥体母线绕着轴线旋转，母线上任一点都随着母线转动，其转动的轨迹是垂直于圆锥体轴线的圆，这个圆叫做纬圆。纬圆水平投影是圆锥水平投影的同心圆，正面投影和侧面投影是平行于 OX 轴和 OY 轴的线，线长为纬圆的直径。当已知 M 的正面投影求其他两个投影时，可过 m′作平行于 OX 轴的线与圆锥左、右轮廓线交于 b′、d′，b′d′即为过 M 点的纬圆的正面投影。以 b′d′为直径，以 S 为圆心在圆锥水平投影中作圆，即为辅助圆（纬圆）的水平投影。过 m′作 OX 轴的垂线交纬圆水平投影于 m，再利用点的投影规律作出点的侧面投影。这种利用纬圆为辅助线作回转体曲表面上点的方法叫作纬圆法。

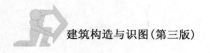

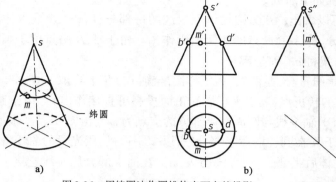

图 3-26　用纬圆法作圆锥体表面点的投影

a)直观图；b)作点的投影

（2）圆锥体表面上线的投影。作圆锥体表面上线的投影的作图方法和圆柱体一样，即先判断是直线还是曲线。若为直线，其投影根据素线的投影原理作出；若为曲线，其投影一般采用近似作图方法，即在该曲线上作几个点（至少三个点）的投影，再用光滑的曲线将这些点连起来，并判别可见性。

【例 3-2】　已知圆锥体表面上线 AB 的正面投影，如图 3-27 所示，作其水平投影和侧面投影。

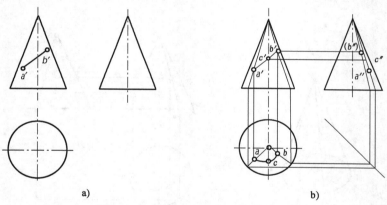

图 3-27　用纬圆法作圆锥体表面上线的投影

a)已知条件；b)作线的投影

解　线 AB 不与圆锥体的素线重合，是曲线，可在 AB 上取点利用素线法或纬圆法近似作图。作图步骤如下：

（1）AB 线穿过最前素线，取 AB 与最前素线交点 C（点 C 为线 AB 侧面投影的转折点），先作点 C 的侧面投影，再由侧面投影作水平投影。

（2）点 B 在右前侧面上，而点 A 在左前侧面上，它们均不在特殊素线上，用素线法或纬圆法作出其两面投影。

（3）用光滑的曲线将 A、B、C 三点连起来，注意 BC 线段的侧面投影不可见，用虚线表示。

3.球体表面上的点和线

由于球体的素线为曲线，其表面上点和线的投影只能利用纬圆法求得。

（1）球体表面上点的投影。如图 3-28 所示，用纬圆法作球体表面上点 M、N、K 的投影。

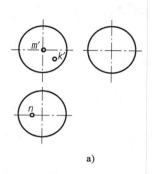
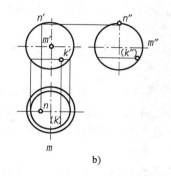

a)   b)

图 3-28　球体表面上点的投影

a)已知条件;b)作点的投影

点 *M* 在平行于水平投影面的最大圆周上,也在球体的最前一点,所以其水平投影和侧面投影都在球体水平投影和侧面投影的最前方。

点 *N* 在球体水平投影平行于 *OX* 轴的中心线上,该中心线是球体上平行于正立面的最大圆周的水平投影,所以点 *N* 在球体上平行于正立面的最大圆周上(并在左上位置),该圆周的正面投影是球体正面投影的圆,侧面投影在球体侧面投影的竖向中心线位置上。

点 *K* 在一般位置,且为球面的右前下方,可用纬圆法求得。

(2)球体表面上线的投影。球体表面上线的投影一定是曲线,可采用近似作图方法求得,即在该曲线上作几个点(至少三个点)的投影,再用光滑的曲线将这些点连起来,并判别可见性。

【例 3-3】　如图 3-29 所示,已知球体上点 *A* 和线段 *BC* 的一个投影,作另两个投影。

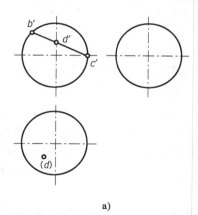
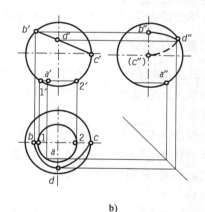

a)   b)

图 3-29　球体表面上的点

a)已知条件;b)作表面点、线的投影

解　作图步骤如下所列。

(1)点 *A* 不在球体的三个特殊圆周上,而在球面的左前下方,利用纬圆法可求该点的其他两面投影。

(2)在 *BC* 上取点 *D*,*D* 为 *BC* 与球体上平行与侧面投影的最大圆周的交点,其侧面投影在球体侧面投影的圆周上。点 *C* 在球体的最右方,水平投影在球体水平投影最右方,侧面投影在圆周的中心上,不可见。点 *B* 在平行于正立投影面的最大圆周上,该圆周的水平投影在球

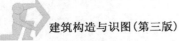

体水平投影的横向中心线上,侧面投影在球体侧面投影的竖向中心线上。将点 *B* 的水平投影和侧面投影直接作出即可。

(3)将 *B*、*D*、*C* 三点用光滑的曲线连起来。由于点 *C* 侧面投影不可见,所以 *DC* 的侧面投影应用光滑的虚线连接。

从上面作曲面体表面上的点和线的过程中可以看出,作图时应先分析点或线段所在曲面体表面上的位置,再进行作图,并应注意以下几点。

(1)如果点在曲面体的特殊素线上,如圆柱、圆锥、圆台的四条特殊素线和球体上三个特殊圆周,则按线上点作图。

(2)如果点不在特殊线上,则应用积聚性法(圆柱)、素线法(圆锥)、纬圆法(圆锥、圆台和球体)作图。

(3)如为曲面体上的线段,为了作图准确,应在曲线首尾点之间取若干点(一般至少应在特殊线上取一点或中间取一点),用光滑曲线连起来,并判别可见性。

第二节　组合体的投影

周围的建筑形体很少属于简单的基本形体,大多是由棱柱、棱锥、圆柱、圆锥、球体等基本体组合而成,一般把这类形体称为组合体。

一 组合体的组合方式

组合体的组合方式有叠加式组合、切割式组合和综合式组合。

(一)叠加式组合

叠加式组合就是将基本体重叠地摆放在一起的组合方式。形体叠加组合后,两基本体相邻面之间的关系有叠合、相切、相交、错位四种,如图 3-30 所示。

1. 叠合

叠合是指两基本体的相邻面相互重合,连成一个共同的表面。图 3-30a)所示的组合体,由两个四棱柱叠合而成,它们在连接处是共面关系,而不存在分界线。因此,在画投影图时不再画它们的分界线,即齐平处不画线。

2. 相切

相切是指两基本体的相邻面光滑过渡,形成相切组合。由于相切的地方没有分界线,因此在画视图时,形体间的切线不用画出,如图 3-30b)所示。

3. 相交

相交是指两基本体的相邻面相交,交线是它们的分界线,因此在画视图时,应该画出它们的交线,如图 3-30c)所示。

4. 错位

错位是指两基本体邻面的空间位置相互错开,即不平齐。不平齐处的分界线应该画出,如图 3-30d)所示。

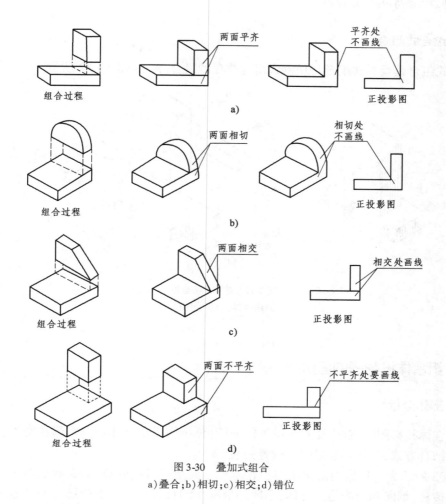

图 3-30　叠加式组合

a)叠合;b)相切;c)相交;d)错位

(二)切割式组合

切割式组合体是由一个大的基本形体经过若干次切割而成的形体,如图 3-31 所示。

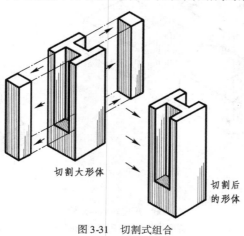

图 3-31　切割式组合

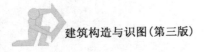

(三)综合式组合

综合式组合是叠加式组合与切割式组合并存的组合方式,如图 3-32 所示。

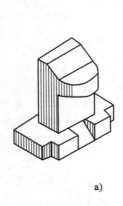

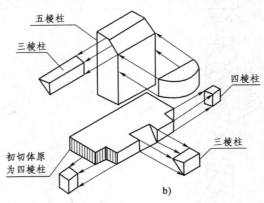

图 3-32 综合式组合体
a)组合体;b)组合过程

二 组合体投影图的画法

(一)形体分析

画组合体投影图时,首先要对形体进行分析,分析构成组合体的基本形体类型,分析各基本形体的结合方式,分析相互之间的位置关系。

图 3-33 所示为一房屋的简化模型。其基本组成是:屋顶、墙身、烟囱和烟囱一侧的小屋。屋顶是三棱柱,烟囱和墙身是长方体,小屋是带斜面的长方体。各组成部分的位置关系是:烟囱、小屋位于房屋主体的左侧,它们的底面都位于同一水平面上。

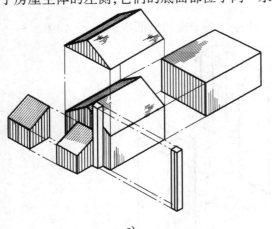

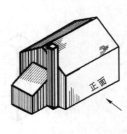

图 3-33 房屋的形体分析
a)形体分析;b)房屋直观图

(二)确定组合体的安放位置

作投影图前,应先正确地确定组合体的安放位置,以使投影图具有代表性,并且清晰,容易识读,能够完整地反映出形体来。确定组合体的安放位置时应注意下列问题。

（1）将最能反映组合体特征的一面作为正面投影的投影方向,并使之与投影面平行。如建筑形体,一般将有建筑物主要出入口、能够反映建筑物形象特征的面作为正立面。

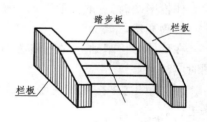

图 3-34　台阶的放置位置

（2）符合工作状况。图 3-34 所示台阶的放置位置,踏步板从大到小,按由下而上的顺序叠放,其箭头方向为正面投影方向,与通行时看到的方向一致,符合生活中使用台阶的情况。

（3）放置要平稳。作投影图时,要先让形体稳定下来,才能作出形体对应的投影图,否则作出的图样对于一个运动中的形体来说是没有意义的。生活中的组合体的位置一般是平稳的,这也符合生活实际情况。

（4）应使作出的投影图中尽量避免出现虚线,或少出现虚线。

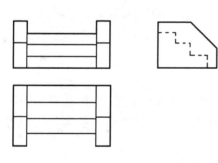

图 3-35　台阶三面投影图

(三)确定组合体投影图的数量

在确定组合体的投影图数量时应满足:配合正面投影图,在完整、清晰地表达形体形状的前提下,使投影图的数量尽量减少。一般建筑形体需要作出其三面投影图,图 3-35 所示台阶的三面投影图,在侧面投影图中可以清楚地反映出台阶的形状特征,所以在表达该组合体的投影图时,至少应该有正面投影图与侧面投影图相结合才能完整地表达该组合体特征。

(四)选择合适的比例和图幅

1. 选择合适的比例

根据组合体的大小及复杂程度,选定适当的比例。一般来说,比较复杂的图样应选择较大的比例,简单图样的比例可小些。

2. 选择合适的图幅

在确定了绘图比例后,计算出画出图样的实际总长、总宽、总高,根据图样的总尺寸,考虑投影图的布置位置和投影图之间应留出的间距(如标注尺寸、注写图名和图样之间的分隔空间等),选择适当的图幅。

(五)布图

布图时应根据图幅尺寸和图纸上要放置的图样内容通盘考虑,满足下列要求:

（1）布图要符合投影作图习惯,正面、水平、侧面图按照正投影图规定的位置布置。

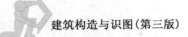
(2)图样布置要均匀,图与图、图与图框线之间要留合理的空隙。

(3)疏密有致、整体均衡、结构合理。

(六)作投影图

作投影图时,一般按照下列步骤进行。

1.画底图

在形体分析基础上,在已布置好的投影图的位置上,分别画出各形体投影图的底图。画底图时应注意:

(1)画图次序按照先主后次、先大后小,先画外面轮廓、后画细部,先画实体、后画孔和槽来进行。

(2)画底图时用 H 或 2H 铅笔,图线线型一律为细实线,线条应以细、淡为宜。

2.校核

将完成后的底图,对照形体仔细检查,如有错误,及时改正。

3.加深图线

当底稿无误后,按规定的线型加深、加粗。

4.复核

最后用形体分析法想象空间形体的形状,看投影图是否与给出的实际形体相符合,如果有错误,应立即改正。

三 组合体投影图的尺寸标注

组合体的三面投影图虽然清楚地表达了形体的形状和各部分的相互关系,但这样的投影图还不能用于施工生产中,图中还需标注尺寸,用尺寸准确表示形体的大小和各部分的位置关系。

(一)组合体投影图尺寸的组成

组合体投影图上所标注的尺寸包括:定形尺寸、定位尺寸和总尺寸。

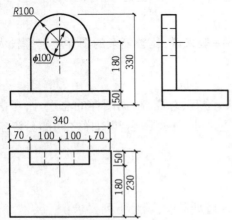

图 3-36　组合体投影图的尺寸标注

1.定形尺寸

定形尺寸是确定形体的各组成部分大小的尺寸,通常包括长、宽、高三项尺寸。由于建筑形体是由多个基本体进行组合而成的,因此,定形尺寸的标注应以基本体的尺寸标注为基础。图 3-36 所示的组合体三面投影图中,上部挖空的小圆柱的定形尺寸为正面投影显示直径 100,水平面投影显示宽 50,这个基本体通过两面投影就把长、宽、高表达清楚了。

2.定位尺寸

定位尺寸是确定形体各部分相对位置的尺寸。标注定位尺寸要有基准,通常把形体的底面、侧面、对称轴线、中心轴线等作为尺寸的基准。各种形体定位尺寸的标注方法如下所列。

（1）图3-37a）所示的形体是由两个四棱柱组合而成的，它们有共同的底面，所以高度方向不需标定位尺寸，但需要标注出前后和左右两个方向的定位尺寸 a 和 b。它们的基准可分别选后面长方体的后面和左侧面。

（2）图3-37b）所示的形体是由两个四棱柱叠加而成的，因它们有一个重叠的水平面，所以高度方向不需标注定位尺寸，但需要标注出前后和左右两个方向的定位尺寸 a 和 b。它们的基准可以分别选下面长方体的后面和左侧面。

（3）图3-37c）所示的形体，组成它的两个四棱柱前后对称，其前后位置可由对称线确定，不必标注前后方向的定位尺寸，只需标注左右方向的定位尺寸 b 即可，其基准为下面长方体的右侧面。

（4）图3-37d）所示的形体是由四棱柱切割掉一个圆柱而成的，由于切割时前后、左右对称，相互位置可由两中心线确定。因此不必标注任何方向的定位尺寸。

（5）图3-37e）所示的形体是由四棱柱上切割两个圆孔而成的，由于两圆孔上下贯通，因此需要标注两圆孔在四棱柱上的前后、左右位置，即圆心的定位尺寸。在前后方向上，以长方体的后面为基准，标注定位尺寸 a；在左右方向上，先以四棱柱的左侧面为基准标出左边圆孔的定位尺寸 b，再以左边圆孔的圆心为基准标出右边圆孔的定位尺寸 c。

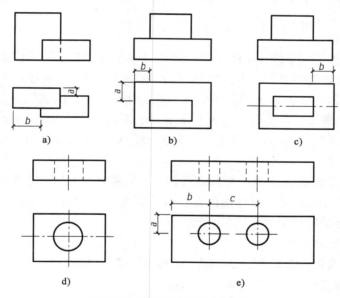

图3-37　各种形体定位尺寸的标注

3. 总尺寸

在组合体的投影图中，还需要标注出组合体的总长、总宽和总高，即为形体的总尺寸。如图3-36所示，组合体总长为340，总宽为230，总高为330。

（二）组合体投影图尺寸的标注方法

以如图3-38所示的肋式杯形基础三面投影图为例，说明组合体投影图尺寸标注的方法。

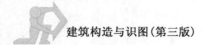

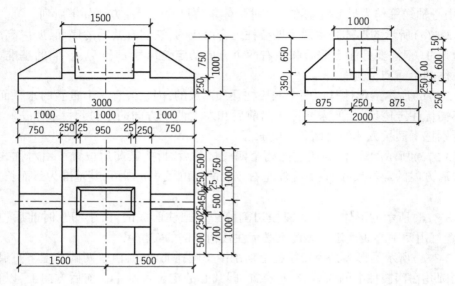

图 3-38　肋式杯形基础的尺寸标注

1. 形体分析

该肋式杯形基础由下部为底板(四棱柱),底板上部中间为杯口(中间挖去四棱锥的四棱柱),杯口的前后各两个肋板(四棱柱)、左右各一个肋板。

2. 标注定形尺寸

一般按从小到大的顺序进行标注,并把一个基本体的长、宽、高尺寸依次标注完之后,再标注其他形体的尺寸,以防遗漏。如图 3-38 所示,水平投影中四棱柱底板长 3000,宽 2000;中间挖去一个四棱锥的四棱柱长 1500,宽 1000;前后的肋板长均为 500,宽均为 250;左右肋板长均为 750,宽均为 250;楔形杯口上底长宽为 1000×500,下底长宽为 950×450;从正面投影图和侧面投影图中可以看到它们的高依次为 250、750、600、100、600、100、650、350 等。

3. 标注定位尺寸

先选定定位尺寸的基准,如杯口距离四棱柱的左右侧面的定位尺寸为 250,距四棱柱前后侧面尺寸为 250;杯口底距离四棱柱顶面 650;左右肋板定位尺寸为 875,高度方向定位尺寸 250;同理,前后肋板的定位尺寸为 750 和 250。

4. 标注组合体的总尺寸

该肋式杯形组合体的总长为 3000,总宽为 2000,总高为 1000。

5. 检查全图,看尺寸标注是否准确、齐全、合理

(三)标注组合体投影图尺寸时应注意的问题

(1)尺寸一般应布置在图形外,但又要靠近被标注的形体,以免影响图形清晰,还要方便对照识读。

(2)尺寸排列要注意大尺寸在外、小尺寸在内,并在不出现尺寸重复的前提下,使尺寸构成封闭的尺寸链。

(3)反映某一形体的尺寸,最好集中标注在反映这一形体特征轮廓的投影图上。

（4）将与两投影图相关的尺寸尽量标注在两图之间，以便对照识读。

（5）尽量避免在虚线上标注尺寸。

（6）某些局部尺寸允许注写在图样轮廓线内，但任何图线不得穿越尺寸数字。

（7）尺寸标注要齐全，即所标注的尺寸完整、不遗漏、不多余、不重复。

（四）组合体投影图的识读方法

由于组合体投影图是用三面正投影图来表达的，而三面正投影图中的每一个投影图，只能表达形体长、宽、高三个方向尺寸中的两个，所以识读图样时，要利用"三等"关系，整体识读三个投影图想象出形体的空间形状。

识读组合体投影图的方法有形体分析法和线面分析法。

（一）形体分析法

形体分析法就是在组合体投影图上通过分析其组合方式，把组合体分解成若干部分，分析各组成部分的形状及相对位置、组合关系后，综合想象出组合体的空间形状。

下面以图 3-39 所示的三面投影图为例，利用形体分析法说明读图的方法和步骤。

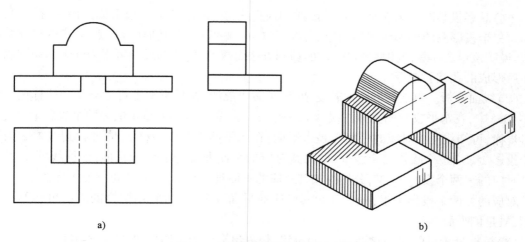

图 3-39　形体分析法识读组合体投影图

a）三面投影图；b）形体直观图

（1）分析投影图，判断组合体的组合方式。一般从反映形体形状特征比较明显的投影图进行分析，判断组合体的组合方式。如图 3-39a）所示的正立面投影可以清晰地看出，该形体采用了上下叠加组合方式，下部分又由左右两部分组合而成。

（2）分解组合体，分析组合体的各基本体的形状。对照三面投影图，将图 3-39a）反映的形体分解成三部分，即三个基本体，逐个分析基本体的形状。根据对应关系，分析反映上部分形体特征的正面投影图，想象该形体形状为四棱柱上方叠加半圆柱；根据下部分形体三面投影均为矩形，判断组合体下部分为左右各一个四棱柱。

（3）分析各基本部分的相互位置和组合关系，想象出形体的整体形状，如图 3-39b）所示。

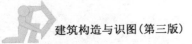
(4)想象出形体的整体形状后与投影图对照,检查两者是否吻合。

(二)线面分析法

线面分析法就是在掌握线、面投影特性的基础上,根据组合体投影图上的线段及线框所代表的空间意义,分析形体上各个面的空间形状和位置,最终想象出组合体的整体空间形状。线面分析法一般适用于构成比较复杂且又无法分解的组合体投影图。

下面以图3-40所示的组合体投影图为例,说明用线面分析法识读图样的方法与步骤。

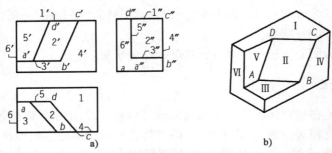

图3-40　线面分析法识读组合体投影图
a)三面投影图;b)形体直观图

(1)观察投影图。图3-40a)中的图线均为直线,无曲线,说明形成形体的面只有平面,无曲面。三个投影图的外形线框均为矩形,内部包含一些线段,并且形体长、宽、高度的尺寸两两对应,说明该组合体是四棱柱经过一定的切割方法而成的,内部的线条可视为若干面切割该长方体后形成的孔、洞、槽等。

(2)线面分析。由于投影图比较复杂,为了防止混淆,在投影图上可适当作一些标记。如图3-40a)中,在水平投影图上标注线框1,根据"三等"关系找到线框1的另两个投影1′、1″,由投影规律,可知线框1对应的平面Ⅰ是水平面;在水平面上标注线框2,同理找到线框2的另两个投影2′、2″,三个投影三个线框,说明其对应的平面Ⅱ是一般位置平面;根据线框3,可找到其对应的另两个投影3′、3″,分析得知其对应的平面Ⅲ也是水平面;在正立面上标注4′,可找到其对应的另两个投影4、4″,分析可知其对应的平面Ⅳ是正平面;用同样的方法可知Ⅴ是正平面,Ⅵ是侧平面。

(3)根据分析出的线、面类型的空间位置,想象出形体的整体形状,如图3-40b)所示。

(4)想象出形体的整体形状后,与投影图对照,检查两者是否吻合。

线面分析法和形体分析法有各自的特点,在识读投影图时,需根据投影图的特点来选择,常常是两种方法联合使用。只有在读图过程中灵活地穿插使用这两种方法,才能迅速、准确地想象出形体的空间形状。

五 识读组合体投影图的要点及步骤

(一)组合体投影图的识读要点

(1)联系各个投影想象。由三面投影图才能把形体唯一确定下来,所以读图时要把所给的几个投影图全部联系起来,想象空间形状,不能只识读局部投影图。如图 3-41 所示,若只把视线注意在 *V*、*H* 面投影上,则至少可得出右下方所列的三个答案,甚至更多。因此需要把三面投影联系起来识读,才能有唯一的答案。

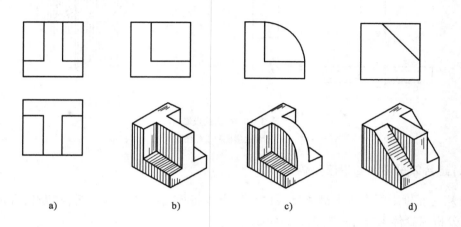

a)   b)   c)   d)

图 3-41   联系各个投影识读组合体投影
a)形体的 *V*、*H* 面投影;b)、c)、d)形体与对应的 *W* 面投影

(2)找出特征投影图。投影图中的特征投影图,一般能够比较直观地反映出形体或形体局部的空间形状。读图时,要先找出特征投影图,然后根据其在形体中的位置进行全面分析。如图 3-42 所示,特征投影为水平面正投影。

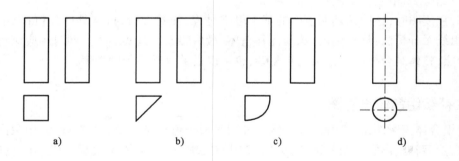

a)   b)   c)   d)

图 3-42   形体的特征投影
a)长方体;b)三棱柱;c)1/4 圆柱;d)圆柱体

(3)明确投影图中直线和线框的意义。利用线面分析法读图时,首先要知道直线和线框在投影图中的含义。如投影图中的线可能表示形体上具有积聚性的一个面,也可能表示两个面的交线或者曲面的轮廓素线;投影图中的线框可能表示一个平面,也可能表示一个曲面,还可能表示一个孔。

(4)注意投影图中虚线的含义。投影图中虚线具有和投影图中直线相同的含义,但它一定是被它前面、左侧或上方的形体所遮挡。如图 3-43 中柱头的投影,大梁底部的梁托在水平投影中是不可见的,因此用虚线表示。

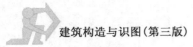
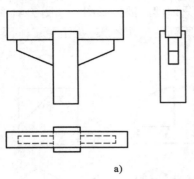
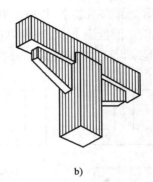

图 3-43　柱头的投影

a)三面投影图;b)直观图

(二) 组合体投影图的识读步骤

(1)从三面投影图中找出最能反映这个组合体特征的投影进行分析,判断组合体的组合方式,并分析组合体上方、左方、前方的特征。

(2)若判断出组合体的组合方式为叠加式的组合方式时,利用形体分析法对照相应投影,注意每个基本体的所在位置及表面连接关系。

(3)若判断出组合体的组合方式为切割式的组合方式或局部有切割时,利用线面分析法想象投影图中的线和线框的空间意义。如果想象有困难时,可在投影图中作出标记,仔细推敲,攻克难关。

(4)综合想象组合体的整体轮廓形状。

此外,在读图时,还应该遵循下面的基本思维过程:先看大概,再作具体分析;先用形体分析法,后用线面分析法;从外到内,从局部到整体,最后想象出真实形体。同时还应该将各投影图相互对照,整体结合想象。如果图形复杂,也可以借助直观图帮助理解。

六　补绘组合体投影图

补绘组合体投影图,包括补图和补线。补图是根据组合体已知的两个投影,想象出形体的空间形状,然后补绘出它的第三面投影图(又叫知二求三)。补线是根据不完整的、有缺陷的三面投影图,想象出形体的空间形状,然后补全它的三面投影图。补绘组合体投影常用到的方法是形体分析法、线面分析法或者直观图法。

下面通过例 3-4 和例 3-5 介绍补图和补线的方法与步骤。

【例 3-4】　已知图 3-44 所示的组合体的两面投影,补绘第三面投影图。

解　(1)根据两面投影图想象出形体的空间形状。

如图 3-44a)所示,形体投影图只有正面图和侧面图,采用形体分析法读图可以看出,该形体是由上下两部分叠加而成的,下部底板是一个长方体,上部是一个四棱台,而且四棱台的右上方切割掉一个水平四棱柱,图 3-44b)是该形体的直观图。

(2)由投影图之间的对应关系,补画出组合体的第三面投影图。

首先补画底板的水平投影,再画出上部的四棱台,最后画出四棱台的右上方切割掉部分的截交线,如图 3-44c)、d) 所示。

（3）处理虚线、实线的起止,擦除多余的线,并加深图线。

如图 3-44e) 所示,平面图上的四棱台顶面的两条水平直线,切割后,有一部分被切掉了,应该擦去。

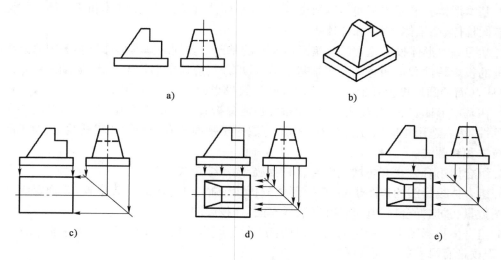

图 3-44　补绘第三面投影图

【例 3-5】　补绘出图 3-45a) 所示投影图上所缺的图线。

解　（1）观察给出的投影图并进行分析。

观察给出图中的正投影图和侧面投影图［图 3-45a)］发现,该组合体由两部分组成,后面是带有正垂面的四棱柱,四棱柱的前面还有一个高度较小的长方体,由图中的虚线可知,该长方体上方又被切去一个小长方体,形成一个凹形缺口。图 3-45b) 所示为该形体的直观图。

（2）补绘投影图上所缺图线。

由上述分析看出所给图中的水平投影图有缺失［图 3-45a)］,根据投影规律,先画后面四棱柱的水平投影,它是一个矩形线框,再画前方开槽的长方体的投影。

（3）检查、加深图线,完成补绘,如图 3-45c) 所示。

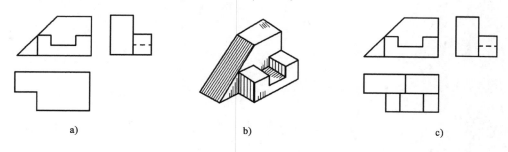

图 3-45　补绘组合体投影图上所缺的线

a)需补线的投影图;b)组合体直观图;c)补线完成的投影图

◀ 本 章 小 结 ▶

1. 基本形体分平面体和曲面体两类,常见的平面体有棱柱体、棱锥体和棱台体。常见的曲面体有圆柱体、圆锥体、圆台和球体等。

2. 学习基本形体投影是学习建筑形体投影的基础。要理解基本形体投影图中每条线和每个线框的投影特性和空间意义。在画基本形体投影时,应从实形投影开始,如轴线铅垂的圆锥体,应从 H 面的圆形投影开始,再在反映底圆积聚投影的 V、W 面上作图。

3. 在基本形体表面作点、线的投影图时,必须分析其所在的空间位置、形体表面特征和投影可见性,然后选用相应的方法作图。作图方法对于平面体有积聚性和辅助线法,对于曲面体有素线法和纬圆法。

4. 组合体组合方式有叠加式组合、切割组合式和综合式组合。

5. 组合体投影图的作图步骤是:①形体分析;②确定组合体的安放位置;③确定组合体的投影图数量;④选择合适的比例和图幅;⑤布图、作投影图。

6. 组合体投影图上所标注的尺寸包括:定形尺寸、定位尺寸和总尺寸。要掌握标注尺寸步骤,会识读带有尺寸的三面投影图。

7. 读组合体投影图和画组合体投影图是工程技术人员必须具备的思维过程,识读组合体投影图的方法有形体分析法和线面分析法等。

8. 在掌握了一定的识读技巧后,要掌握补绘组合体投影图的方法,补图常用的方法是:形体分析法、线面分析法和直观图法。

第四章
轴 测 投 影

【学习目标】

　　了解轴测投影图的形成和特点；熟悉轴间角和轴向伸缩系数的概念；掌握房屋建筑工程图中常用的轴测投影图的画法。

【职业能力目标】

　　能够识读用轴测图表达的工程图样。

第一节　轴测投影的基本知识

　　正投影图能够准确、完整地表达建筑形体的形状和大小，并且作图简便，但是缺乏立体感，需要经过专业训练后，具备一定识图能力才能够看懂，这就会给非专业人员交流带来困难，如图 4-1a）所示，在工程上，可以采用能同时反映形体的长、宽和高，接近于人们视觉习惯的轴测图作为辅助图样进行交流与沟通，如图 4-1b）所示。轴测图虽然比较直观，但不能准确地反映形体的实形与大小。

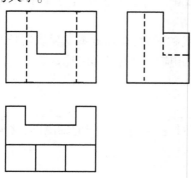
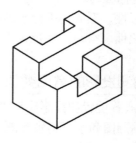

a)　　　　　　　　　　　　　　　　b)

图 4-1　形体的正投影图和轴测图
a）正投影图；b）轴测图

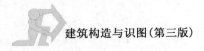
一 轴测投影的形成

如图 4-2 所示,将长方体连同确定形体长、宽、高三个尺度的直角坐标轴,沿不平行于任一坐标面的方向,用平行投影的方法一起投影到一个投影面 P 上所得到的投影,称为轴测投影。

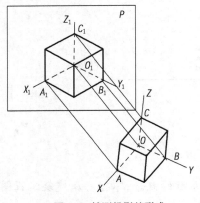

图 4-2　轴测投影的形成

用轴测投影的方法绘制的投影图叫作轴测图,平面 P 就是轴测投影的投影面,直角坐标轴 OX、OY、OZ 在轴测投影面上的投影 O_1X_1、O_1Y_1、O_1Z_1 为轴测轴,三条轴测轴的交点 O_1 为原点。

二 轴间角与轴向伸缩系数

在轴测投影中,确定形体长、宽、高三方向尺度的直角坐标轴 OX、OY、OZ 在轴测投影面上的投影 O_1X_1、O_1Y_1、O_1Z_1,称为轴测轴,它们之间的夹角 $\angle X_1O_1Y_1$、$\angle Y_1O_1Z_1$、$\angle Z_1O_1X_1$ 称为轴间角,三个轴间角之和为 $360°$。

在轴测投影中,平行于空间坐标轴的线段,其投影长度与其空间长度之比,称为轴向伸缩系数,分别用 p、q、r 表示,即:

$$p = \frac{O_1X_1}{OX} ; q = \frac{O_1Y_1}{OY} ; r = \frac{O_1Z_1}{OZ}$$

三 轴测投影的特点

由于轴测投影属于平行投影,因此其具有平行投影的特点。

(1)平行性。形体上相互平行的线段,在轴测图中仍相互平行;形体上平行于坐标轴的线段,在轴测图中仍平行于相应的轴测轴,且同一轴向所有线段的轴向伸缩系数相同。

(2)类似性。形体上不平行于轴测投影面的平面图形,在轴测图中变成原形的类似形。如长方形的轴测投影为平行四边形、圆形的轴测投影为椭圆等。形体上不平行于坐标轴的线段,可以用坐标法确定其两个端点,然后连线画出。

(3)实形性。形体上平行于轴测投影面的直线和平面,在轴测图上反映实长和实形。

(4)定比性。空间两平行直线线段之比,等于相应的轴测投影之比。

四 轴测投影的常见类型

形体的放置位置和投影线与投影面的夹角不同,就会得到不同的轴测图,常见的有正等测图、正面斜轴测图和水平斜轴测图。

(一)正等测图

1. 正等测图的形成

令确定形体尺度的三条坐标轴与轴测投影面夹角相等,并使 OZ 轴保持铅直状态,所作的正轴测图称为正等测轴测图,简称为正等测图。

2. 正等测图的轴间角和轴向伸缩系数

正等测图的三个轴间角都是120°,三个轴向伸缩系数均相等,为 $p = q = r = 0.82$。为作图简便,实际画正等测图时取 $p_1 = q_1 = r_1 = 1$,即沿各轴向的所有尺寸都按形体的实际长度画图。这样简化后,只是图样稍有增大,但作图简便很多,不影响图样的立体效果,如图4-3所示。

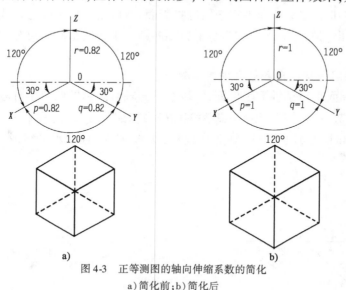

图4-3 正等测图的轴向伸缩系数的简化

a)简化前;b)简化后

(二) 正面斜轴测图

1. 正面斜轴测图的形成

形体放置成使其 XOZ 坐标面平行于轴测投影面,然后用斜投影的方法向轴测投影面进行投影,用这种方法画出的轴测图称为正面斜轴测图。正面斜轴测图分为正面斜等测图和正面斜二测图。

2. 正面斜轴测图的轴间角和轴向伸缩系数

由于 XOZ 坐标面平行于轴测坐标面,所以正面斜轴测投影的两个坐标轴 O_1X_1、O_1Z_1 互相垂直,轴向伸缩系数 $p = r = 1$,O_1Y_1 轴与 O_1X_1、O_1Z_1 轴成135°角。正面斜等测图的轴向伸缩系数 $q = 1$,正面斜二测图的轴向伸缩系数 $q = 0.5$,如图4-4所示。

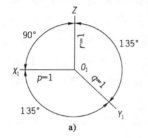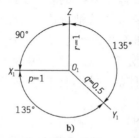

图4-4 正面斜轴测图的轴测轴、轴间角和轴向伸缩系数

a)正面斜等测;b)正面斜二测

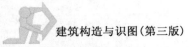

正面斜轴测图的最大优点就是正面形状能反映形体正面的真实形状,特别当形体正面有圆和圆弧时,画图简单方便。

(三)水平斜轴测图

1.水平斜轴测图的形成

形体放置成使其 XOY 坐标面平行于轴测投影面,然后用斜投影的方法向轴测投影面进行投影,用这种方法得到的轴测图被称为水平斜轴测图。水平斜轴测图可分为水平斜等测图和水平斜二测图。

2.水平斜轴测图的轴间角和轴向伸缩系数

由于 XOY 坐标面平行于轴测坐标面,所以水平斜轴测投影的两个坐标轴 O_1X_1、O_1Y_1 互相垂直,轴向伸缩系数 $p=q=1$。水平斜等测图的轴向伸缩系数 $r=1$,水平斜二测图的轴向伸缩系数 $r=0.5$。画图时,习惯上将 OZ 轴竖直放置,O_1X_1、O_1Y_1 轴与水平线成 $30°$、$45°$ 或 $60°$ 角,如图4-5所示。

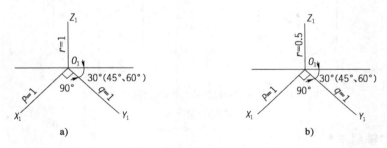

图4-5 水平斜轴测图的轴测轴、轴间角和轴向伸缩系数
a)水平斜等测图;b)水平斜二测图

第二节 轴测投影图的画法

一 正等测图的画法

画形体轴测图的基本方法有切割法、叠加法、坐标法。切割法适合于切割式的组合体,可先用坐标法画出形体切割前的轴测图,然后在轴测图中确定切割的位置,画出切去的形体后擦除。叠加式组合体的轴测图一般用叠加法绘制,方法是先作出一个形体的轴测图,然后根据组合体各部分的相对位置,逐个叠加作出它们的轴测投影。坐标法是根据形体表面上各点的坐标,确定它们在轴测图中的位置后连线,即得该形体的轴测图。在绘制轴测投影图时,需根据组合体的特点来选择合适的方法,对于复杂的形体通常是两种或几种方法同时使用。

画正等测图和其他轴测图的方法基本类似,区别在于轴间角和轴向伸缩系数的不同。

下面通过例题讲解正等测图的画图步骤。

【例4-1】 作四棱柱的正等测图,如图4-6a)所示。

解 四棱柱为基本体,宜用坐标法画其轴测图。应先画出轴测轴,选择四棱柱一个角点作为空间直角坐标系原点,并以过该角点的三条棱线为坐标轴,然后用各顶点的坐标分别定出四棱柱的八个顶点的轴测投影,依次连接各角点即可。

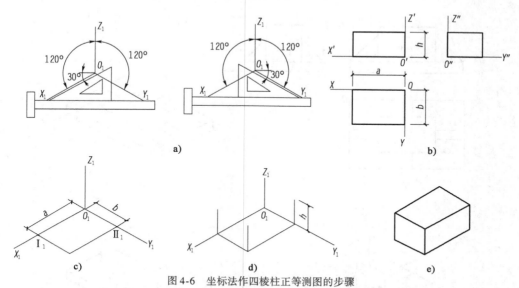

图 4-6 坐标法作四棱柱正等测图的步骤

a)画正等测图轴测轴;b)在正投影图上定出原点和坐标轴的位置;c)画轴测轴,在 O_1X_1 和 O_1Y_1 上分别量取 a 和 b,过 I_1、II_1 作 O_1X_1 和 O_1Y_1 的平行线,得长方体底面的轴测图;d)过底面各角点 O_1Z_1 轴的平行线,量取高度 h,得长方体顶面各角点;e)连接各角点,擦去多余的线,并描深,即得长方体的正等测图,图中虚线可不必画出

【例 4-2】 作形体的正等测图,如图 4-7a)所示。

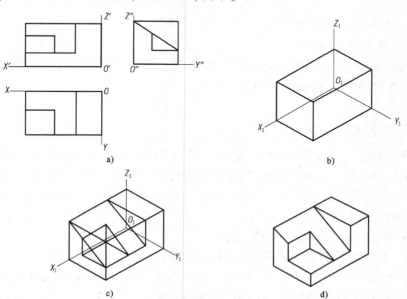

图 4-7 用切割法作形体正等测图的步骤

a)形体的正投影图;b)画四棱柱的轴测图;c)切切去的两个三棱柱;d)擦去多余图线,加深加粗,完成作图

Architectural Construction and Architectural Recognition Graph

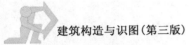

解 从该形体投影图判断该形体为切割式组合体,宜用切割法绘制其正等测图。

【**例 4-3**】 作基础的正等测图,如图 4-8a)所示。

解 从该基础投影图判断该基础为叠加式的组合体,宜用叠加法绘制其正等测图。

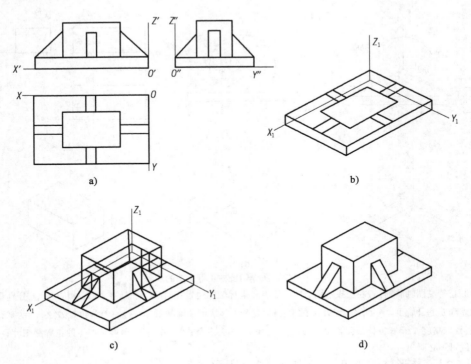

图 4-8 用叠加法作形体正等测图的步骤

a)形体的正投影图;b)画底板;c)叠加画出长方体和三棱柱;d)加深加粗,完成作图

【**例 4-4**】 作圆的正等测图。

解 作圆的正等测图方法通常是,先作出圆的外切正方形的轴测图作为辅助图形,再用四心圆弧近似法作出圆的正等测图,如图 4-9 所示。

二 斜二测图的画法

斜二测图的画法与正等测图的画法基本相似,区别在于轴间角不同及斜二测图沿 O_1Y_1 轴的尺寸只取实长的一半。在斜二测图中,形体上平行于 XOZ 坐标面的直线和平面图形均反映实长和实形,故应使形体的特征面(形状较为复杂的面)与轴测投影面平行,然后利用特征面法,作出形体的斜二测图。

下面通过例题讲解斜二测图的画图步骤。

【**例 4-5**】 作六棱锥的斜二测图,如图 4-10 所示。

解 根据六棱锥的特点,选择六棱锥的底面中心作为空间直角坐标系原点,并过该点以六棱锥的高为 Z 坐标轴,画出轴测轴,用坐标法画出棱锥底面的轴测图。然后在底面上用坐标法找到棱锥顶面的位置,向上量出六棱锥的高度位置,依次连接各顶点即可。

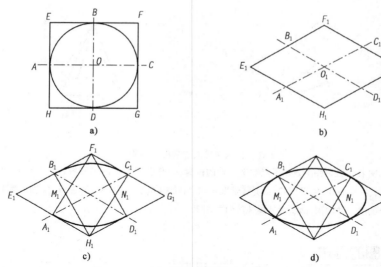

a)

b)

c)

d)

图 4-9 四心圆弧近似法作出圆的正等测图的步骤

a) 在正投影图上定出原点和坐标轴位置, 并作圆的外切正方形 $EFGH$; b) 画轴测轴及圆的外切正方形的正等测图; c) 连接 F_1A_1、F_1D_1、H_1B_1、H_1C_1, 分别交于 M_1、N_1, 以 F_1 和 H_1 为圆心, F_1A_1 或 H_1C_1 为半径作大圆弧 $\overset{\frown}{B_1C_1}$ 和 $\overset{\frown}{A_1D_1}$; d) 以 M_1 和 N_1 为圆心, M_1A_1 或 N_1C_1 为半径作小圆弧 $\overset{\frown}{A_1B_1}$ 和 $\overset{\frown}{C_1D_1}$, 即得平行于水平面的圆的正等测图

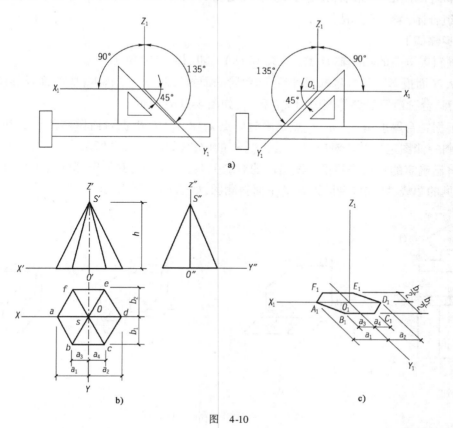

a)

b)

c)

图　4-10

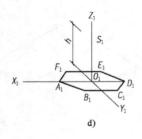 

d)　　　　　　　　　　　　　　　e)

图 4-10　作六棱锥斜二测图的步骤

a)画斜二测图轴测轴;b)在正投影图上定出原点和坐标轴的位置;c)作斜二测图的轴测轴,沿 O_1X_1 量取 a_1、a_2 得 A_2、D_2,沿 O_1X_1 量取 a_2、a_3,并作 O_1Y_1 轴平行线,沿此线量取 $b_1/2$、$b_2/2$ 得 B_1、C_1、E_1、F_2;d)在 O_1Z_1 轴上量取 h 得 S_1;e)依次连接各点,擦去多余的线条并加深,即得六棱锥体的斜二测图

三　斜等测图的画法

斜等测图的画法与斜二测图的画法相似,区别在于斜等测图沿 O_1Y_1 轴的尺寸取实长。下面通过例题讲解斜等测图的画图步骤。

【例 4-6】　作台阶的斜等测图,如图 4-11a)所示。

解　斜等测图的各轴向伸缩系数均为 1,则在斜等测图中台阶的各向尺寸取实长。台阶为叠加式组合体,采用叠加法绘制。

作图步骤如下:

(1)画斜等测图的轴测轴 O_1X_1、O_1Z_1 和 O_1Y_1,如图 4-11b)所示。

(2)从 H 面投影图直接量取尺寸后,画台阶底面斜等测图 $a_1b_1c_1O_1$;从 V 面投影图直接量取尺寸后,画台阶最后面斜等测图 $O_1c_1l_1m_1n_1$,如图 4-11b)所示。

(3)根据花台厚度由 n_1、m_1、l_1 点定出对应点 k_1、j_1、i_1 点;根据台阶踏步的位置和高度,由台阶底面斜等测图定出踏步对应点 h_1、g_1、f_1、e_1 的位置,如图 4-11c)所示。

(4)将已确定的各点按照投影图给出的对应关系连接起来,并保留形体可见部分的图线,去掉不可见的图线,即完成台阶形体的正面斜测图,如图 4-11d)所示。

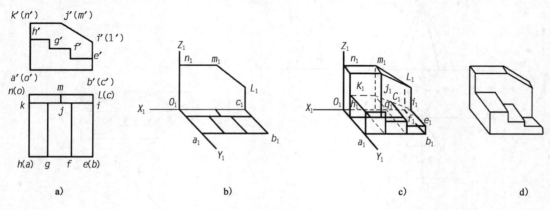

a)　　　　　　　　b)　　　　　　　　c)　　　　　　　　d)

图 4-11　作台阶斜等测图的步骤

1. 将形体放置成使它的三个坐标轴与轴测投影面具有相同的夹角,然后用正投影方法向轴测投影面投影,就可得到该形体的正等测图。

2. 将形体放置成使它的 *XOZ* 坐标面平行于轴测投影面,然后用斜投影的方法向轴测投影面进行投影,用这种方法画出的轴测图称为斜轴测图。斜轴测图可分为斜二轴测图和斜等轴测图。

3. 在画轴测图时,形体上平行于坐标轴的线段(轴向线段),可按其原来尺寸乘以轴向伸缩系数后,再沿着轴测轴定出其投影长度。对于非轴向线段,需要用坐标法定出其两端点在轴测坐标系中的位置,然后再连接线段成轴测投影图。

4. 轴测投影图的基本作图方法有坐标法、叠加法、切割法。

第 五 章
剖面图与断面图

了解剖面图和断面图的形成原理;熟悉剖面图与断面图的类型及其特点;掌握剖面图和断面图的绘制方法。

【职业能力目标】

能够根据形体投影图正确绘制出剖面图和断面图,为识读和绘制建筑构造图奠定基础。

画形体投影图时,如果形体内部构造比较复杂,会因为投影图中的虚线过多,导致实线、虚线重叠交错、混淆不清,既影响读图,又会给标注尺寸带来不便,如图 5-1 所示。

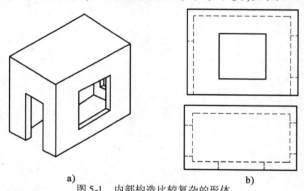

a)   b)

图 5-1　内部构造比较复杂的形体

a)直观图;b)投影图

为了清晰地表达出形体的内部构造和便于标注尺寸,应该尽量减少图中的虚线。这时,可将形体剖切后作投影,用剖面图或断面图来表达。

第一节　剖　面　图

 剖面图的形成

剖面图是假想用一剖切平面在形体的适当位置将形体剖开,移去剖切平面与观察者之间的部分,将剩余的部分向投影面作正投影,所得到的投影图。图 5-1 为一房间模型的图样,现假想用一水平剖切平面 1 剖切房间,移去上半部分,将下半部分向 H 面作投影,便会得到该房间的水平剖面图,如图 5-2 所示。

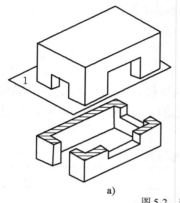
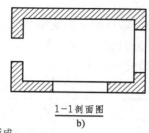

1−1剖面图
b)

图 5-2 剖面图的形成
a)房间被剖切直观图;b)剖面图

二 剖面图的画法

(一)确定剖切位置和剖视方向

为了使剖面图能够准确地表达清楚形体的内部构造,剖切位置应选择在能反映形体内部构造特征的部位,如有孔、洞、槽等的位置(应通过孔、洞、槽的对称中心),并使剖切平面平行于投影面。投影方向应根据要表达的内容需要来确定,并垂直于投影面。

如图 5-3 所示房间模型的剖切位置选在门窗洞口处,并使剖切平面 P 面平行于 V,对后半部分向 V 面投影,得到的剖面轮廓和后半形体投影均反映实形,该图形清晰地反映了形体的内外特征。

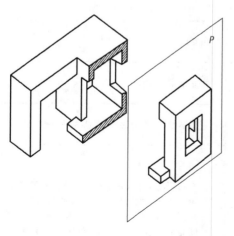
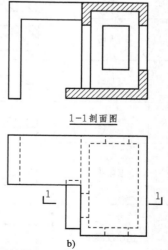

1−1剖面图

图 5-3 剖切位置和投影方向对剖面图的影响
a)剖切直观图;b)投影图

（二）剖面图中图线的运用

为了将被剖切到的部分和未剖切到的部分区分开，《房屋建筑制图统一标准》（GB/T 50001—2010）中规定，形体被剖切到的部分的轮廓线用粗实线，未被剖切到的部分的投影轮廓用中实线绘制，不可见的部分在剖面图中一般不画。

（三）填充材料图例

剖面图中被剖切到的断面轮廓内，应用相应的材料图例填充，以表达该形体的制作材料。

材料图例应按照《房屋建筑制图统一标准》（GB/T 50001—2010）中规定的常用建筑材料图例进行绘制，如表5-1所示。

常用建筑材料图例　　　　　　　　　　　　　　　　　　　　表5-1

序　号	名　称	图　例	说　明
1	自然土壤		包括各种自然土壤
2	夯实土壤		
3	砂、灰土		靠近轮廓线点较密的点
4	砂砾石、碎砖三合土	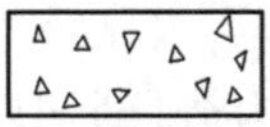	
5	石材	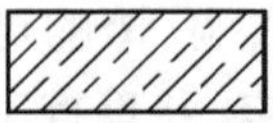	包括岩层、砌体、铺地、贴面等材料
6	毛石	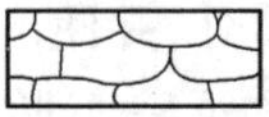	
7	普通砖	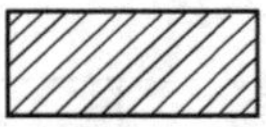	1.包括实心砖、多孔砖、砌块等砌体 2.断面较窄，不易画出图例线，可涂红
8	耐火砖	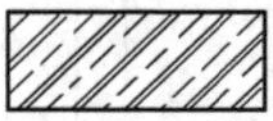	包括耐酸砖等
9	空心砖	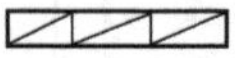	指非承重砖砌体
10	饰面砖		包括铺地砖、陶瓷锦砖、人造大理石等
11	混凝土	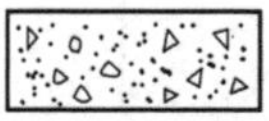	1.本图例适用于能承重的混凝土及钢筋混凝土 2.包括各种强度等级、骨料、添加剂的混凝土 3.在剖面图上画出钢筋时，不画图例线 4.断面图形小，不易画出图例线时，可涂黑
12	钢筋混凝土		

序 号	名 称	图 例	说 明
13	焦渣、矿渣	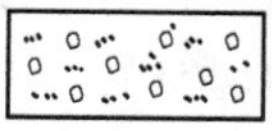	包括与水泥、石灰等混合而成的材料
14	多孔材料	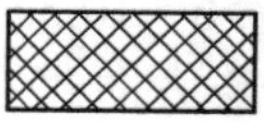	包括水泥珍珠岩、沥青珍珠岩、泡沫混凝土、非承重加气混凝土、蛭石制品、软木等
15	纤维材料	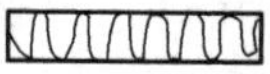	包括麻丝、玻璃棉、矿渣棉、木丝板、纤维板等
16	泡沫塑料材料	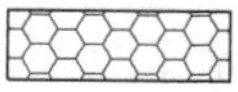	包括聚苯乙烯、聚乙烯、聚氨酯等多孔聚合物类材料
17	木材		1. 上图为横断面,左上图为垫木、木砖或木龙骨 2. 下图为纵断面
18	胶合板	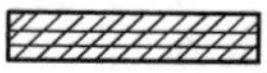	应注明×层胶合板
19	石膏板	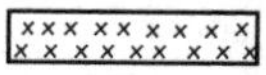	包括圆孔、方孔石膏板防水石膏板等
20	金属	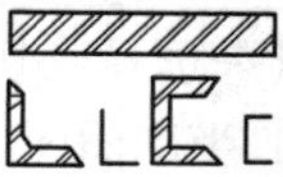	1. 包括各种金属 2. 图形小时,可涂黑
21	网状材料		1. 包括金属、塑料等网状材料 2. 应注明具体材料名称
22	液体	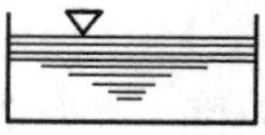	应注明具体液体名称
23	玻璃		包括平板玻璃、磨砂玻璃、夹丝玻璃、钢化玻璃、中空玻璃、夹层玻璃、镀膜玻璃等
24	橡胶		
25	塑料	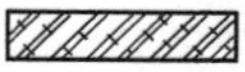	包括各种软、硬塑料、有机玻璃等
26	防水材料		构造层次多和比例较大时,采用上面图例
27	粉刷	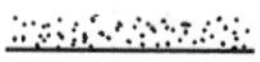	本图例采用较稀的点

材料图例应用细线绘制,图例线间隔应匀称、疏密适当。对于未指明材料的形体,可用同方向、等间距的45°细实线表示。如果断面较小时,材料图例可以涂黑表示。

(四) 标注剖切符号

不同的剖切位置和投影方向将会得到不同的剖面图,为了便于人们将剖面图与投影图对照起来识读,应在投影图中标注出剖面图形成时的剖切符号。剖切符号由剖切位置线和投影方向线组成。剖切位置线表示剖切平面的剖切位置,为一组长度为 6 ~ 10mm 粗实线,绘制时应注意不能与图线相交;投影方向线表示剖切后剩余形体的投影方向,为一组长度为 4 ~ 6 mm 的粗实线,绘制在剖切位置线的端部,并与之垂直,其指向即为投影方向。

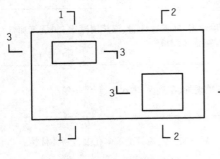

图 5-4 剖切符号的画法

当形体被多次剖切时,各个剖切符号应采用阿拉伯数字编号,编号数字按照由左至右、由下至上的顺序连续编写,水平书写在投影方向线的端部,如图 5-4 所示。

(五) 注写图名

剖面图一般用剖切符号中的编号来命名,如对形体作 1-1 剖切后得到的剖面图的图名为"1-1 剖面图"。

三 剖面图的类型

画剖面图时,应根据形体及其所表达内容的特点来选择剖切位置、剖切方法和剖切范围,因此就出现了不同类型的剖面图,常见的有全剖面图、半剖面图、阶梯剖面图、展开剖面图和分层局部剖面图。

(一) 全剖面图

用一个剖切平面将形体全部剖开后所得到的剖面图,称为全剖面图。如图 5-5 所示的 1-1 剖面图为台阶的全剖面图。

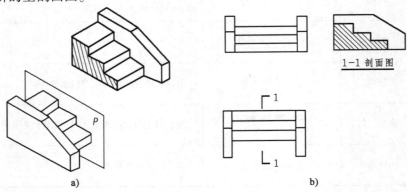

图 5-5 全剖面图

a) 全剖面图的形成;b) 投影图

全剖面图通常用于不对称的形体,或虽然对称,但是外形比较简单的形体。

(二)半剖面图

如果被剖切的形体具有对称性,并且形体外形和内外部构造比较复杂,画图时,一般以对称轴为界,一半画形体的外形投影图,一半画剖面图,这种用一个图样同时表达形体外形和内部构造的剖面图称为半剖面图。如图 5-6 所示为一个杯形基础的半剖面图。

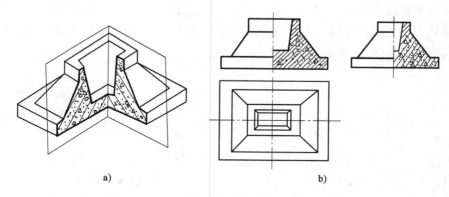

图 5-6 半剖面图
a)半剖面图的形成;b)投影图

画半剖面图时应注意:

(1)半剖面图应以对称轴线为外形图与剖面图的分界线,对称轴线用细单点长画线表示。

(2)当对称线为铅垂线时,剖面图画在对称线的右方;当对称线为水平线时,剖面图画在对称线的下方。

(3)半剖面图不画剖切符号,图名用原投影图的图名。

(三)阶梯剖面图

当形体上有较多的孔、洞槽等内部结构,并且用一个剖切平面不能完全剖到时,可假想用几个相互平行的剖切平面,分别通过孔、洞槽等部位将形体剖切,所得到的剖面图称为阶梯剖面图,如图 5-7 所示。

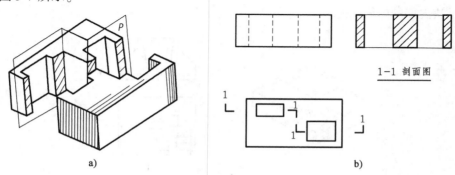

图 5-7 阶梯剖面图
a)阶梯剖面图的形成;b)投影图

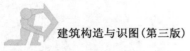

画阶梯剖面图时应注意:

(1)由于阶梯剖切是假想的,故因阶梯剖切所产生的形体轮廓线在阶梯剖面图中不画出。

(2)阶梯剖面图的剖切符号除了在图样外侧画出外,还应在两剖切位置的转折处用两个端部垂直相交的粗实线画出,线段长为4~6mm,并加注相同的编号。

(四)展开剖面图

当形体为相交组合而成时,可采用两个或两个以上相交剖切平面把形体剖开,将两相交的剖断面旋转展开后,再作正投影,所得到的剖面图称为展开剖面图,如图5-8所示。展开剖面图的图名后应加括号注写"展开"字样。

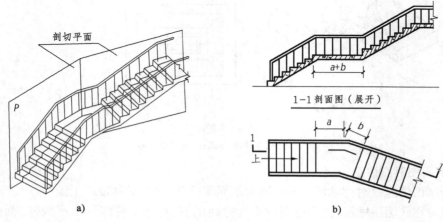

图 5-8　展开剖面图
a)展开剖面图的形成;b)投影图

(五)局部剖面图

当形体某局部的内部构造需要表达,但又没必要作出形体的全剖面图和半剖面图时,可以保留该形体投影图的大部分,用剖切平面将形体的局部剖切开而得到的剖面图称为局部剖面图。如图5-9所示的杯形基础,在画剖面图时,保留了该基础的大部分外形,仅将其一角画成剖面图,反映内部的配筋情况。

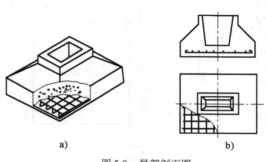

图 5-9　局部剖面图
a)局部剖面图的形成;b)投影图

局部剖面图不需标注剖切符号,但要用细波浪线与投影图隔开。注意波浪线不能与投影图中的轮廓线重合,也不能超出图形的轮廓线。

(六)分层剖面图

对于具有多层构造的工程形体,如楼地面、墙面、屋面等,为了表达出各层的构造做法,可对其进行分层剖切,作正投影后,用分层剖面图表达。分层剖面图中,各层次间以细波浪线分开,波浪线不应与任何图线重合,各层用引出线标注所用材料、厚度、配合比、强度等级等做法内容,如图 5-10 所示。

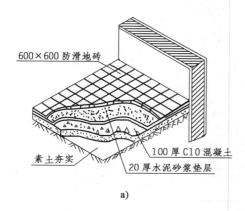
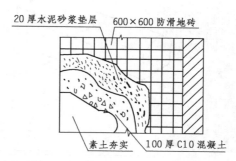

图 5-10　分层剖面图
a)多层构造直观图;b)分层剖面图

第二节　断　面　图

一　断面图的形成

用剖切平面将形体剖开后,剖切平面与形体接触的部分称为断面,只作出断面的投影图,该图形称为断面图,如图 5-11 所示。

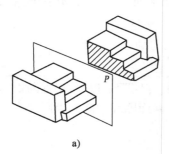
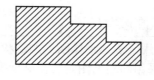

图 5-11　台阶断面图
a)剖切直观图;b)断面图

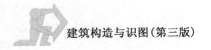

二 断面图与剖面图的区别

断面图与剖面图的区别如下:

(1)断面图只画出形体被剖开后断面的投影,是面的投影;而剖面图是要画出形体被剖开后剩余部分形体的投影,是体的投影,如图 5-12 所示。

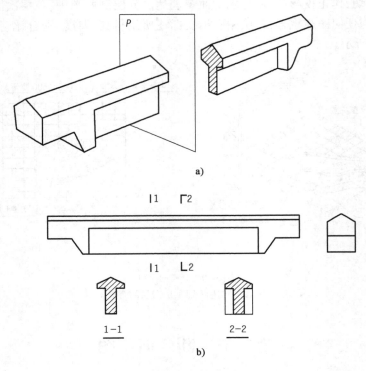

图 5-12　断面图与剖面图的区别
a)剖切直观图;b)断面图与剖面图的比较

(2)断面图与剖面图的剖切符号不同。断面图的剖切符号只有剖切位置线,为长度为 6 ~ 10mm 的粗实线,不画投影方向线,编号注写的一侧为投影方向。

(3)剖面图中的剖切平面可为两个以上,剖切平面可以平行、转折或相交,而断面图中的剖切平面只能为一个。

三 断面图的类型

断面图主要用于表达形体断面的形状和材料,在实际工程中,根据断面图在图样中所处位置的不同,通常采用的断面图有移出断面图、重合断面图和中断断面图。

(一)移出断面图

画在投影图外的断面图称为移出断面图。移出断面图一般绘制在靠近形体投影图的一侧或端部,并按顺序排列。移出断面图的轮廓线用粗实线绘制,内部用相应的材料图例填充。在移出断面图的下方应注写与剖断面编号一致的图名,如 1-1、2-2,但不必写出"断面图"字样。如图 5-13 所示。

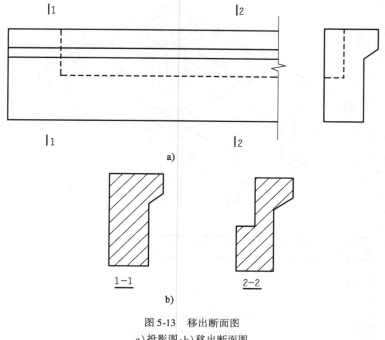

图 5-13　移出断面图
a)投影图;b)移出断面图

（二）重合断面图

将形体剖断面旋转 90°后重合在投影图中,这种画在投影图内的断面图称为重合断面图。重合断面图中,原投影图用细实线或中粗线绘制,断面图的轮廓线用粗实线绘制,其轮廓线可闭合,也可不闭合,如图 5-14 所示。如果投影图中的轮廓线与断面图中的轮廓线重叠时,则应将投影图的轮廓线完整地画出,不可间断。由于重合断面图与投影图重合,所以不画剖切符号。

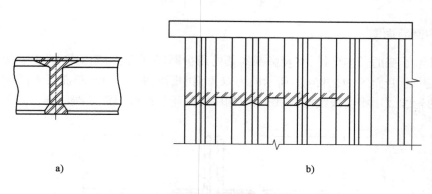

图 5-14　重合断面图
a)断面轮廓闭合;b)断面轮廓不闭合

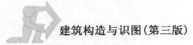

重合断断面图还经常用来表达薄片结构的建筑构件,如筏板基础、屋盖等。如图 5-15 所示为一现浇楼板的重合断面图,从图中可以看出该现浇楼板下方梁、柱的布置情况。

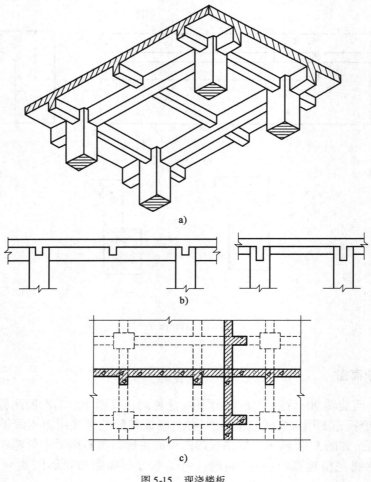

图 5-15 现浇楼板

a)直观图;b)投影图;c)重合断面图

(三) 中断断面图

对于外形不变的长向杆件,在投影图的某处用折断线断开,将断面图画在中断处的,这种断面图称为中断断面图,如图 5-16 所示的为双角钢中断断面图,中断断面图不画剖切符号,中断断面图的轮廓线用粗实线绘制,投影图中的中断处用折断线或波浪线绘制。

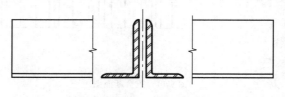

图 5-16 双角钢中断断面图

中断断面图与原投影图的比例是一致的,一般适用于外形不变的同种材料构件。如图 5-17 所示的钢屋架中断断面图,从图中看出该屋架的各杆件均由双角钢组合而成。

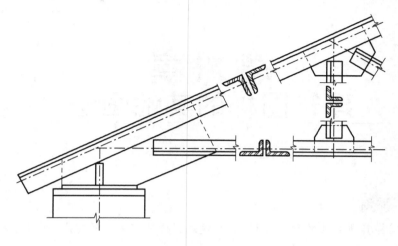

图 5-17　钢屋架中断断面图

◀ 本 章 小 结 ▶

1. 本章主要讲述了剖面图和断面图的形成、类型及画法。

2. 剖面图是假想用一剖切平面在形体的适当位置将形体剖开,移去剖切平面与观察者之间的部分,将剩下的部分投影到投影面上,所得到的投影图为剖面图。

3. 绘制剖面图时应注意的问题有:确定剖切位置和投影方向,注意剖切符号及其画法,并填充材料图例。

4. 剖面图的类型有:全剖面图、半剖面图、阶梯剖面图、分层剖面图、局部剖面图和展开剖面图。要求熟悉各类型剖面图的形成方法、图示特点,掌握其在工程上的应用。

5. 只作出剖切平面与形体接触的平面的投影图,不考虑其余部分,这种图形称为断面图。

6. 根据断面图所在的位置不同,断面图有移出断面图、重合断面图和中断断面图。

7. 断面图与剖面图的区别如下:

(1)断面图只画出形体被剖开后断面的投影,是面的投影,而剖面图是要画出形体被剖开后整个余下部分的投影,是体的投影。

(2)断面图与剖面图的剖切符号不同,断面图的剖切符号只画剖切位置线,不画投影方向线。

(3)剖面图中的剖切平面可为两个以上相平行、转折或相交的平面,断面图中的剖切平面则只有一个。

8. 常用的断面图有移出断面图、重合断面图和中断断面图。移出断面图可采用与投影图不同的比例绘制,而重合断面图和中断断面图的绘图比例须与投影图一致。

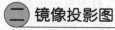

第六章
建筑图样的其他画法

了解建筑图样其他画法的形成过程;熟悉建筑图样其他画法的特点;掌握建筑图样其他画法的识读方法。

培养和提高识读建筑施工图的基本技能。

对于一般的建筑形体,作出其三面正投影图就可以将形体的形状和大小表达出来。而有些建筑形体的形状较复杂,就必须通过增加其投影图数量才能将形体表达清楚;有些形体由于其位置的特殊性,只有用特殊的投影作图方式作图才更方便识读;有些建筑形体呈规律性变化,用相应简单的作图方式既能提高作图速度,又方便识读。为此,建筑工程图样经常还用到其他表达方式,作图时可根据形体具体情况选择。

一 其他基本投影图

对一幢建筑物作三面正投影会得到该建筑物的水平投影图、正立投影图和侧立投影图,在工程图中分别叫作平面图、正立面图和侧面图。而大多数建筑物,由于其正面和背面不同,左侧面和右侧面也不相同,用三面正投影图很显然表达不清建筑物的真实形状。因此,在原三投影面(H、V、W)的正对面再增加三个投影面,然后将建筑形体向新增加的三个投影面作正投影,可得到建筑物的仰视图、背立面图、右侧立面图,这三个图样称形体的其他基本投影图,如图 6-1 所示。

在实际工程中,不必将形体的六个投影图全部画出,而应根据建筑形体的具体情况和要表达的内容,选择作出必要的投影图。

二 镜像投影图

在实际工程中,对有些形体如果作常规的水平投影,图中会出现过多的虚线,不便于标注尺寸,会影响表达的准确性,甚至容易出现读图结果与实际相反的情况,造成工程损失。这时如果对该形体作镜像投影则能很好地解决上述出现的问题。

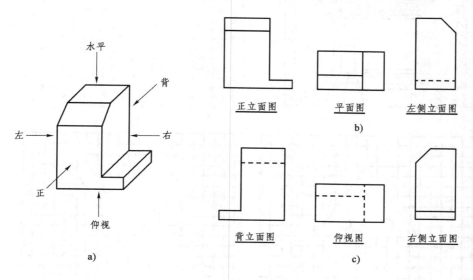

图6-1　形体的六面正投影图
a)投视方向;b)三面正投影图;c)其他基本视图

镜像投影就是在形体的下方放置镜面,以代替水平投影面,形体在镜面中得到形体的镜面图像,称为"镜像投影图",如图6-2a)所示。

用镜像投影法绘制的平面图与用正投影法绘制的平面图是不同的,为了避免在识图时的误解,用镜像投影法绘制的平面图应在图名后的括号内注写"镜像"二字,如图6-2b)所示。

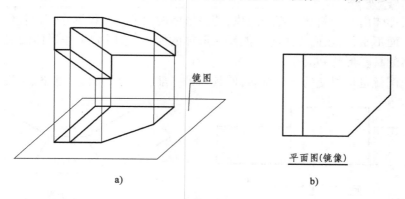

图6-2　镜像投影图的形成
a)镜像投影过程;b)镜像投影图

镜像投影图最常用于建筑室内顶棚的装饰平面图。例如图6-3a)中房间的顶棚图案,若采用正投影法绘出其水平投影图,图中虚线过多,不便于标注尺寸,会影响表达的准确性,如图6-3b)所示;若采用仰视投影,则顶棚图样与实际相反,会导致施工错误,如图6-3c)所示;如果绘出其镜像投影图,就能如实反映顶棚图案的实际情况,如图6-3d)所示。

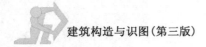

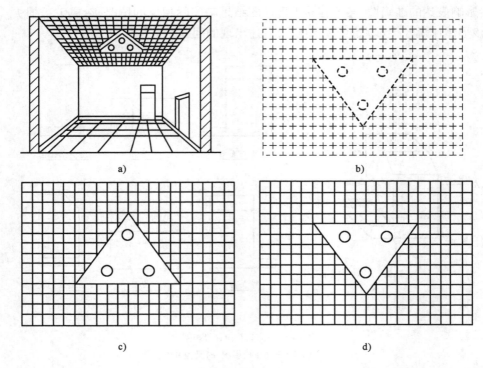

图 6-3 顶棚各种投影图的比较

a)顶棚投视图;b)顶棚的水平投影图;c)顶棚的仰视图;d)顶棚的镜像投影图

三 展开投影图

有些建筑形体由几个斜交的部分组成,若该形体按照常规正投影作正面投影时,必然有形体表面与投影面不平行,正面投影将不能反映形体的实形,这时如果作形体的展开投影图,则能表达出形体的真实形状和大小。

展开投影图就是将斜交的部分旋转,使其与另一部分平齐,再做投影图,如图 6-4 所示。

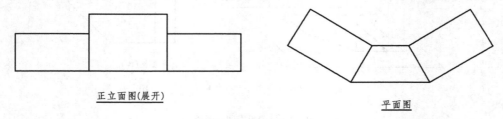

正立面图(展开)　　　　　　　　　平面图

图 6-4 展开投影图

展开投影图应在原图名后用括号加注"展开"二字。

四 对称图形的简化画法

当形体对称时,可以只画该形体的一半,在对称轴处画出对称符号,如图 6-5 所示。

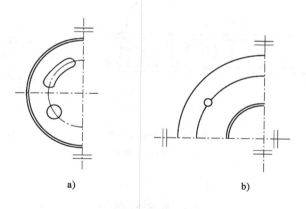

a)   b)

图 6-5　对称图形的简化画法
a)形体左右对称;b)形体左右、上下均对称

五　相同元素的省略画法

当形体上有多个连续排列的相同要素时,可仅在图样的两端或适当位置画出有代表性的相同要素,其余的相同要素用中心线标注出其位置即可。如图 6-6 所示,圆形钢板上有 8 个直径为80mm 的孔洞。

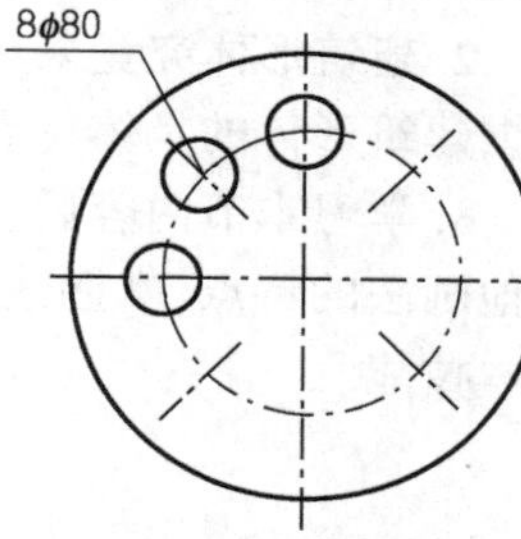

8φ80

图 6-6　圆形钢板上孔洞的画法

六　规律变化形体的省略画法

当形体比较长,而断面形状相同或有规律地变化时,为节省图纸空间,可以假想将形体断开,省略中间部分,然后将两端用连接符号连接起来画出,如图 6-7 所示。

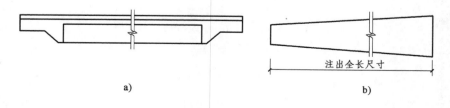

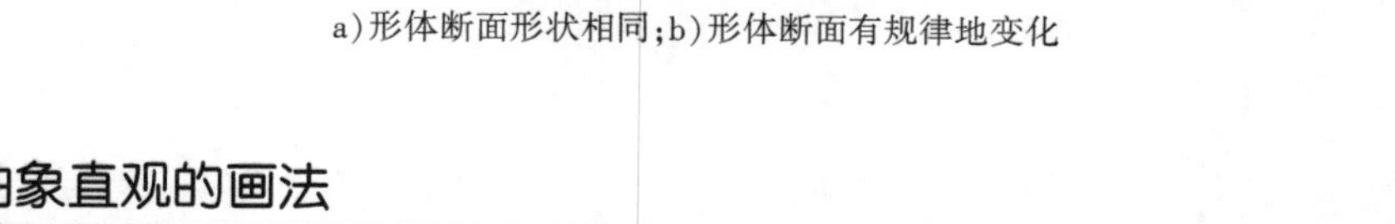

注出全长尺寸

a)   b)

图 6-7　规律变化形体的省略画法
a)形体断面形状相同;b)形体断面有规律地变化

七　抽象直观的画法

建筑物的许多部分都是由钢筋混凝土制作的,称为钢筋混凝土构件。为了表达出钢筋混凝土构件中钢筋的配置情况,通常采用抽象直观的画法,即将混凝土想象成透明的,只将立面图和断面图中的钢筋画出,如图 6-8 所示。

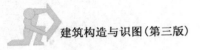
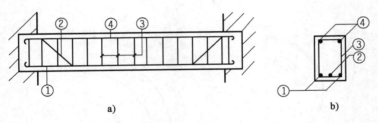

图 6-8　钢筋混凝土梁

a)立面图;b)断面图

◀ 本 章 小 结 ▶

1.建筑工程图中,为了能准确、全面、方便、简洁地表达建筑形体的形状和尺寸,除了用三面正投影表达外,还用到其他的表达方式,如其他基本投影、镜像投影、展开投影、对称图形的简化画法,相同元素的省略画法,规律变化形体的省略画法,抽象直观的画法等。

2.建筑形体究竟采用哪种画法,这就要求必须先了解建筑图样其他各种画法的特点,然后根据建筑形体的具体特点和要表达的内容来确定。

3.学习本节内容后,要求学生在了解建筑图样其他画法形成过程的基础上,熟悉建筑图样其他画法的特点,掌握建筑图样其他画法的识读方法,最终培养和提高学生识读建筑施工图的基本技能。

第二篇 建 筑 构 造

建筑构造是系统介绍房屋建筑的构造组成及各组成部分的构造原理、构造做法的学科。通过学习本课程,要求了解房屋建筑的构造原理,熟悉房屋建筑的组成,掌握各组成部分的形式与做法,为识读建筑施工图积累基本知识,为学习后续相关专业课程奠定必要的专业基础知识与技能。

本篇主要研究民用建筑构造和工业建筑构造,其中第八～第十三章介绍民用建筑构造,第十四章介绍工业建筑构造。

第七章
建筑构造的基本知识

【学习目标】

了解建筑物的分类与等级划分;熟悉建筑物的构造组成和建筑模数的概念及墙与定位轴线的关系;掌握建筑变形缝的概念、定位轴线的定位和建筑构造图的制图规定。

【职业能力目标】

熟悉建筑术语,积累建筑构造的基本知识和识读建筑施工图的基本技能。

建筑是建筑物和构筑物的总称,建筑物是满足人们在其中进行生产、生活或其他活动的房屋建筑,而构筑物是服务于人们的生产和生活的建筑设施。由于构筑物的构造做法一般较简单,故教材不专门进行介绍,本篇主要介绍的是建筑物(简称建筑)的构造。

第一节 建筑的构造组成及影响因素

 建筑的构造组成

建筑物由若干大小不等的室内空间组合而成,而空间是通过各种实体围合形成的,这些实体称为建筑构件。组成民用建筑的构件一般有:基础、墙或柱、楼地层、楼梯、屋顶、门窗等,如图7-1 所示。

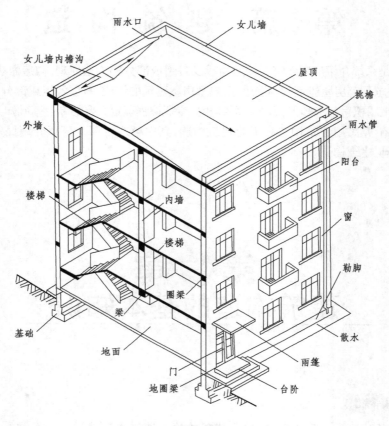

图7-1 建筑物的组成

(一)基础

基础是建筑物上部承重结构向下的延伸和扩大,一般埋在土中,承受建筑物的全部荷载,并把荷载传给下面的土层——地基。

基础应该坚固、稳定、耐水、耐腐蚀、耐冰冻,不应早于地面以上部分先破坏。

(二)墙(柱)

对于墙承重结构的建筑来说,墙承受屋顶和楼地层传来的荷载,并把这些荷载连同自重传给基础。同时,外墙也是建筑物的围护构件,抵御风、雨、雪、温差变化等自然条件对室内的影响;内墙是建筑物的分隔构件,把建筑物的内部空间分隔成若干相互独立的空间,避免使用时的互相干扰。

当建筑物采用柱作为垂直承重构件时,墙填充在柱间,仅起围护和分隔作用。

墙和柱应坚固、稳定并耐火,墙还应自重轻,满足保温(隔热)、隔声等使用要求。

(三)楼地层

楼地层是楼板层与地坪层的总称。楼板层(简称楼层)是建筑物的水平承重构件,将上部使用荷载连同自重传给墙或柱,同时,楼板层把建筑空间在垂直方向划分为若干层,并对墙或柱起水平支撑作用。地坪层(简称地层)指底层与土层接触的那部分构造层,承受上部使用荷载并传给地基。

楼地层应坚固、稳定。地层还应具有防潮、防水等功能。

(四)楼梯

楼梯是楼房建筑中联系上下各层的垂直交通设施,供上下楼层和紧急疏散使用。

楼梯应坚固、安全、有足够的疏散能力。

(五)屋顶

屋顶是建筑物顶部的承重和围护构件。它承受上部的风、雨、雪、人等的荷载并传给墙或柱,并抵御各种自然因素(风、雨、雪、严寒、酷热等)的影响。此外,屋顶的形式对建筑物的整体形象起着很重要的装饰作用。

屋顶应有足够的强度和刚度,并能防水、排水、保温(隔热),屋顶的构造形式应与建筑物的整体形象相适应。

(六)门窗

门的主要作用是供人出入和搬运家具、设备及紧急时疏散,有时也兼起通风、采光的作用。窗的作用主要是采光、通风和供人眺望。

门应有足够的宽度和高度,窗应有足够的面积。据门窗所处的位置不同,有时还要求它们能防风沙、防火、保温、隔声。

上述建筑的六个基本组成部分中,有些属于承重构件,如基础、墙(柱)、楼地层中的楼板、屋顶中的屋面板等;有些属于围护构件,如外墙、屋顶、门窗等。承重构件应保证建筑的安全、稳定,围护构件应满足节能、环保的要求。

此外,建筑物还有一些满足使用和装饰功能的组成部分,如阳台、雨篷、烟道、通风道、散水、勒脚等。

二 影响建筑构造的因素

建筑物处于自然环境和人为环境中,会受到各种自然因素和人为因素的影响。为保证建筑物的使用质量和耐久年限,在确定建筑构造做法时,必须充分考虑各种因素的不利影响,提高建筑物的抵御能力。

(一)荷载的影响

作用在房屋上各种力的作用统称为荷载。这些荷载包括建筑自重,人、家具、设备的质量,

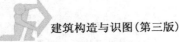

风雪荷载及温度变化引起的涨缩应力、地震作用等。荷载的大小和作用方式直接影响着建筑的结构类型、构件的材料与截面形状、尺寸等，所以荷载的影响是确定建筑构造做法首先要考虑的重要因素。

（二）自然因素的影响

我国地域辽阔，各地区之间的气候、地质、水文等自然条件差别较大，太阳辐射、冰冻、降雨、地下水等因素会对建筑物带来很大影响，为保证其正常使用，在建筑构造设计中，必须在各相关部位采取防水、防潮、保温、隔热、防震、防冻等措施。

（三）人为因素的影响

人们在生产、生活活动中造成的机械振动、化学腐蚀、爆炸、火灾、噪声、对建筑物的维修改造等人为因素都会对建筑物构成威胁。在进行构造设计时，必须在建筑物的相关部位，采取防振动、防腐、防火、隔声等构造措施，以保证建筑物的正常使用。

（四）物质技术条件的影响

建筑材料、结构、设备和施工技术等物质技术条件是构成建筑的基本要素，建筑构造必然受其影响和制约。随着建筑产业的发展，新材料、新结构、新设备以及新的施工方法不断出现，建筑工业化水平的不断提高，建筑构造与之相适应，也将会不断完善、不断变革。

（五）经济条件与建筑标准的影响

随着人民生活水平的日益提高，人们对建筑物的使用功能和质量要求越来越高，建筑构造也随之而发生着变化。特别是近年来，我国陆续颁布了一系列建筑节能标准，促使房屋建筑在屋顶、墙体和外墙门窗等构造做法上更加符合建筑节能标准的要求。

第二节　建筑的分类与等级划分

人们按照使用功能、规模大小、重要程度、耐火性能等方面对建筑物分门别类、划分等级，以便根据其所属的类型和等级，掌握建筑的标准和采取相应的构造做法，这样既有利于保证结构安全，实现建筑功能，又有利于节约基本建设投资。

 建筑的分类

（一）按功能分

1. 民用建筑

民用建筑指供人们工作、学习、生活、居住等使用的建筑物，包括居住建筑和公共建筑两大类。

（1）居住建筑指供家庭或集体生活起居用的建筑物，如住宅、宿舍、公寓等。居住建筑以住宅为主体,与人们的生活关系密切,建造量大,分布面广。

（2）公共建筑指供人们进行各种社会活动的建筑物,如行政办公建筑、文教建筑、科研建筑、托幼建筑、医疗建筑、商业建筑、生活服务建筑、旅游建筑、体育建筑、展览建筑、交通建筑、通信建筑、娱乐建筑、园林建筑、纪念建筑等。

公共建筑的功能差异较大,个体形象特征明显。有些大型公共建筑可能同时具备两个或两个以上的功能,这类建筑又被称为综合性建筑。

2. 工业建筑

工业建筑指为工业生产服务的建筑,包括各类工厂中的生产及生产辅助车间,动力、运输、仓储用房等建筑。

3. 农业建筑

农业建筑指满足农、林、牧、渔业的生产、加工等所用的建筑,如种子库、温室、农机站、畜禽饲养场、水产品养殖场等建筑。

（二）按民用建筑的设计年限分

《民用建筑设计通则》(GB 50352—2005)中规定,民用建筑根据其设计使用年限分四类,见表7-1。

建筑物的耐久年限

表7-1

类 别	设计使用年限（年）	示 例
1	5	临时性建筑
2	25	易于替换结构构件的建筑
3	50	普通建筑和构筑物
4	100	纪念性建筑和特别重要的建筑

（三）按高度和层数分

1. 住宅建筑

由于住宅的层高相对固定,故住宅建筑一般按层数分类,见表7-2。

住 宅 分 类

表7-2

住宅的类型	层 数	住宅的类型	层 数
低层住宅	1～3层	中高层住宅	7～9层
多层住宅	4～6层	高层住宅	≥10层

2. 公共建筑及综合建筑

公共建筑及综合性建筑的高度超过24m时（不包括高度超过24m的单层主体建筑）,为高层建筑;高度未超过24m的（包括高度超过24m的单层主体建筑）,根据层数分为单层和多层建筑。

高层建筑按使用性质、火灾危险性、疏散和扑救难度又可分为一类高层建筑和二类高层建筑,见表7-3。

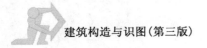

高 层 建 筑 分 类 表 7-3

名 称	一 类	二 类
居住建筑	高级住宅或≥19层的普通住宅	10~18层的普通住宅
公共建筑	1. 医院; 2. 高级旅馆; 3. 建筑面积>1000m² 的商业建筑,展览馆、综合楼、电信楼、财贸金融楼; 4. 建筑高度>50m 或建筑面积>1500m² 的商住楼; 5. 中央级和省级(含计划单列市)广播电视楼; 6. 网局级和省级(含计划单列市)电力调度楼; 7. 省级(含计划单列市)邮政楼、防灾指挥调度楼; 8. 藏书超过100万册的图书馆、书库; 9. 重要的办公楼、科研楼、档案楼; 10. 建筑高度>50m 的教学楼和普通旅馆、办公楼、科研楼、档案楼等	1. 除一类建筑以外的商业楼、展览馆、综合楼、电信楼、财贸金融楼、商住楼、图书馆、书库; 2. 省级以下的邮政楼、防灾指挥调度楼、广播电视楼、电力调度楼; 3. 建筑高度不超过50m 的教学楼和普通旅馆、办公楼、科研楼、档案楼等

建筑物高度超过100m 时,不论是住宅还是公共建筑均为超高层建筑。

(四)按规模和数量分

1. 大量性建筑

大量性建筑指建造量大而规模不大的民用建筑,如居住建筑和服务于居民的中小型公共建筑(如中小学校、托儿所、幼儿园、商店、诊疗所等)。

2. 大型性建筑

大型性建筑指体量大而数量少的公共建筑,如大型体育馆、火车站、航空港等。大型性建筑不仅具有建设周期长、投资量大的特点,而且往往在所处地区具有标志性,对城市面貌影响较大,故在建设决策阶段应慎重考虑。

(五)按建筑结构类型分

建筑结构是指承受建筑物荷载的主要部分所形成的承重体系,一般包括以下类型。

1. 墙承重结构

墙承重结构是指由墙承受梁、楼板(屋面板)传来的荷载的建筑。墙承重的建筑包括传统的砖混结构建筑(图7-2)和剪力墙结构的建筑。

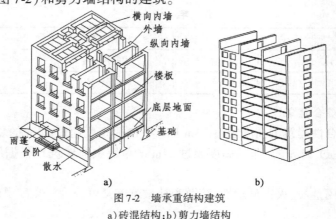

图 7-2 墙承重结构建筑
a)砖混结构;b)剪力墙结构

墙承重结构建筑中的墙由于要承受楼板传来的重力,因此其间距一般不宜过大,故墙承重结构一般适用于内部空间较小的住宅等建筑。

2. 框架结构和内框架结构

框架结构指由钢或钢筋混凝土的梁、柱组成的框架来承受建筑的全部荷载的建筑,如图 7-3a)所示。框架结构建筑适用于内部空间大、荷载大的建筑及高层建筑。

内框架结构指建筑内部由梁、柱组成的框架来承重,而梁的端头搁置在外墙上,四周由外墙来承重得结构类型,如图 7-3b)所示。内框架承重的建筑可以发挥外墙的承重作用,比较经济节约,适用于内部要求有较大通透空间,但可以设柱的建筑,如食堂、商店等建筑。

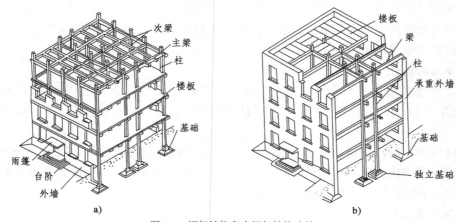

图 7-3　框架结构和内框架结构建筑
a)框架结构;b)内框架结构

3. 框架—剪力墙结构和筒体结构

框架—剪力墙结构适用于抗震要求较高的建筑中,筒体结构适用于高层建筑。如图 7-4 所示。

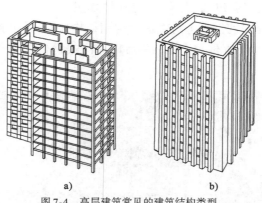

图 7-4　高层建筑常见的建筑结构类型
a)框架—剪力墙结构;b)筒体结构

4. 空间结构建筑

空间结构建筑指由钢材或钢筋混凝土形成空间承重结构(如网架、悬索、薄壳、膜、折板等),以此来承受全部荷载的建筑,如图 7-5 所示。空间结构适用于大跨度、大空间而内部又不

Architectural Construction and Architectural Recognition Graph

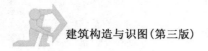

允许设柱的大型公共建筑,如体育馆、天文馆等。

此外建筑结构类型还有刚架、排架结构等,刚架、排架结构主要适用于单层工业厂房,见第十四章。

(六)按结构材料分

1.木结构建筑

木结构建筑指用木材作为承重结构材料的建筑。木结构建筑的自重轻、施工方便,我国古代祠庙

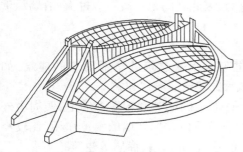

图7-5　空间结构(组合索网)建筑

建筑多属于这类结构。但由于木材易燃、易腐,影响建筑的耐久性,加之我国森林资源短缺,所以现代建筑很少采用木结构的了。

2.混合结构建筑

混合结构建筑指主要承重结构材料为两种或两种以上的建筑。包括砖墙、木楼板的砖木结构建筑,砖墙、钢筋混凝土楼板的砖混结构建筑,钢筋混凝土柱、钢屋架的钢混结构建筑等。

由于砖混结构建筑取材容易、造价低廉,故20世纪我国建造的居住建筑和中小型公共建筑多数属于砖混结构。随着对环境保护要求的加强,多数地区已经限制或禁止普通黏土砖的使用,砖混结构建筑的建造量也将随之而减少。

3.钢筋混凝土结构建筑

钢筋混凝土结构建筑指用钢筋混凝土作为结构材料的建筑。这种结构强度高、抗震性能好、内部空间划分灵活。大型公共建筑、大跨度建筑、高层建筑多采用这种结构形式。

4.钢结构建筑

钢结构建筑指建筑结构材料全部采用钢材的建筑。钢结构建筑具有自重轻、强度高的优点,多用于大型公共建筑、工业建筑、大跨度和高层建筑中。

国家体育场"鸟巢"是目前世界上跨度最大的钢结构建筑,最大跨度达343m,其外罩由不规则的钢结构构件编制而成,"巢"内由一系列辐射门式钢桁架围绕成碗状座席,其外形如图7-6所示。

图7-6　国家体育馆"鸟巢"

民用建筑的耐火等级

火灾的发生会对建筑及其使用者的生命和财产造成巨大的损失,为了提高建筑对火灾的抵抗能力,必须对建筑采取必要的构造措施,以控制火灾的发生和蔓延。《建筑设计防火规范》(GB 50016—2014)将民用建筑的耐火等级分为一、二、三、四级,不同耐火等级建筑相应构件的燃烧性能和耐火极限不应低于表7-4的规定。

不同耐火等级建筑相应构件的燃烧性能和耐火极限 (h)　　　　　　表7-4

构件名称		耐火等级			
		一级	二级	三级	四级
墙	防火墙	不燃性 3.00	不燃性 3.00	不燃性 3.00	不燃性 3.00
	承重墙	不燃性 3.00	不燃性 2.50	不燃性 2.00	难燃性 0.50
	非承重外墙	不燃性 1.00	不燃性 1.00	不燃性 0.50	可燃性
	楼梯间和前室的墙 电梯井的墙 住宅建筑单元之间的墙和分户墙	不燃性 2.00	不燃性 2.00	不燃性 1.50	难燃性 0.50
	疏散走道两侧的隔墙	不燃性 1.00	不燃性 1.00	不燃性 0.50	难燃性 0.25
	房间隔墙	不燃性 0.75	不燃性 0.50	难燃性 0.50	难燃性 0.25
柱		不燃性 3.00	不燃性 2.50	不燃性 2.00	难燃性 0.50
梁		不燃性 2.00	不燃性 1.50	不燃性 1.00	难燃性 0.50
楼板		不燃性 1.50	不燃性 1.00	不燃性 0.50	可燃性
屋顶承重构件		不燃性 1.50	不燃性 1.00	可燃性 0.50	可燃性
疏散楼梯		不燃性 1.50	不燃性 1.00	不燃性 0.50	可燃性
吊顶(包括吊顶搁栅)		不燃性 0.25	难燃性 0.25	难燃性 0.15	可燃性

注:1.除另有规定外,以木柱承重且墙体采用不燃材料的建筑,其耐火等级应按四级确定。
　　2.住宅建筑构件的耐火极限和燃烧性能可按现行国家标准《住宅建筑规范》(GB 50368—2005)的规定执行。

1. 燃烧性能

指建筑构件、配件或结构在明火或高温作用下是否燃烧,以及燃烧时的难易程度,一般表现为不燃性、难燃性和可燃性。

(1)不燃性:用不燃烧材料如砖、石、混凝土、钢材等制成的构件,在空气中受到火烧或高

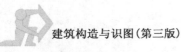

温作用时不起火、不微燃、不碳化,即表现为不燃性。

(2)难燃性:用难燃性材料做成的构件,或用燃烧性材料做成而用不燃烧材料做保护层的构件,如经过阻燃处理的木材、沥青混凝土、水泥刨花板等,在空气中遇到火烧或高温作用时难起火、难微燃、难碳化,当火源移走后燃烧或微燃立即停止,即表现为难燃性。

(3)可燃性:用燃烧材料如木材、胶合板等制成的构件,在空气中遇到火烧或高温作用时,立即起火或微烧,且离开火源继续燃烧或微燃,即表现为可燃性。

2.耐火极限

指在标准耐火试验条件下,建筑构件、配件或结构从受到火的作用时起,至失去承载能力、完整性或隔热性时为止所用的时间,用小时(h)来表示。

第三节　建筑变形缝

变形缝是为防止建筑物受外界因素影响,如温度变化、地基不均匀沉降及地震等作用产生变形,甚至破坏而沿建筑物高度预留的构造缝,如图7-7所示。

变形缝按其使用性质分三种类型:伸缩缝、沉降缝和防震缝。

a)

b)

图7-7　建筑变形缝

a)室外变形缝;b)室内变形缝

伸缩缝

建筑物受温度变化影响时,会产生胀缩变形应力,建筑物的体积越大,变形应力就越大。当建筑物的体积超过一定限度时,会因变形应力过大而首先在外墙上出现裂缝。为避免这种情况发生,一般通过限制建筑物的长度来限制建筑单元的体积,即沿着建筑物长度方向设置垂直缝隙,将建筑物断开,缝隙两侧部分可自由胀缩,这种构造缝称为伸缩缝。

在伸缩缝处,建筑物对应位置的墙体、楼板层、屋顶等地面以上的部分全部要断开,基础因埋在土中,受温度变化影响较小,故不需断开。伸缩缝的宽度一般为 20~30mm,其位置和间距与建筑物的结构类型、材料、施工条件及当地温度变化情况有关,一般情况下伸缩缝的间距一般不超过 60m。

 沉降缝

为防止建筑物因其高度、荷载、结构及地基承载力的不同,而出现不均匀沉降,以致发生错动开裂,沿建筑物高度方向设置垂直缝隙,将建筑划分成若干个可以自由沉降的单元,这种垂直缝称为沉降缝。

有下列情况之一时应设置沉降缝。

(1)建筑物相邻两部分高差悬殊;

(2)相邻两部分荷载相差较大;

(3)建筑体形复杂,连接部位较为薄弱;

(4)基础埋置深度相差悬殊;

(5)地基土的地耐力相差较大;

(6)新旧建筑基础相邻时。

在沉降缝处,建筑物从基础底面到屋顶所有构件均须断开设缝。沉降缝的宽度与地基的性质和建筑物的高度有关,地基越软弱、建筑的高度越大,沉降缝的宽度也越大,见表7-5。

沉 降 缝 的 宽 度

表 7-5

地 基 情 况	建筑物高度	沉降缝的宽度(mm)
一般地基	<5m	30
	5~10m	50
	10~15m	70
软弱地基	2~3 层	50~80
	4~5 层	80~120
	6 层以上	>120
湿陷性黄土地基	—	≥30~70

 防震缝

在地震设防区建造房屋,应力求建筑物的体形简单,质量、刚度对称并均匀分布,建筑物的

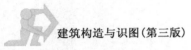

形心和重心尽可能接近，尽量避免在平面和立面上的突然变化。在地震设防烈度为7~9度的地区，当建筑体形复杂或各部分的结构刚度、高度、质量相差较大时，应在变形敏感部位设缝，将建筑物分为若干个体形规整、结构单一的单元，防止在地震波的作用下互相挤压、拉伸，造成变形破坏，这种缝隙称为防震缝。

地震设防烈度为8度、9度地区的多层砌体建筑物，有下列情况之一时应设防震缝。

（1）建筑物立面高差在6m以上；

（2）建筑物有错层，且楼板错层高差较大；

（3）建筑物各部分结构刚度、质量截然不同。

防震缝的宽度，在多层砖混结构中按设防烈度的不同取50~100mm。在多层钢筋混凝土框架结构建筑中，建筑物的高度不超过15m时为70mm，当建筑物高度超过15m时，缝宽见表7-6。

防 震 缝 的 宽 度 表7-6

设 防 烈 度	建 筑 物 高 度	缝 宽
7 度	每增加4m	在70mm基础上增加20mm
8 度	每增加3m	在70mm基础上增加20mm
9 度	每增加2m	在70mm基础上增加20mm

设置防震缝时，一般基础不用断开，但在平面复杂的建筑中，当建筑各相连部分的刚度差别很大时，必须将基础分开。

在实际工程中，一般将伸缩缝、沉降缝和防震缝合并设置，叫作变形缝。这时变形缝应同时满足各种缝的构造要求。

第四节 建筑模数协调

建筑业是国民经济的支柱行业之一，应该走在各行业的前列，为各企事业单位建造厂房和设施，进行相应的居住区建设，所以建筑业被称为国民经济的先行。而长期以来建筑业分散的手工业生产方式与大规模的经济建设很不适应，必须改变目前这种状况，尽快实现建筑工业化，建筑工业化的内容包括四个方面，即建筑设计标准化、构件生产工厂化、施工机械化和管理科学化。其中，建筑标准化是实现建筑工业化的前提。

建筑标准化的内涵首先反映在建筑尺寸的配合关系上，即建筑物及其各组成部分的尺寸必须统一协调。现阶段我国设计、施工、构配件制作等相互间尺寸协调的依据为《建筑模数协调标准》（GB/T 50002—2013）。

一 建筑模数

建筑模数是选定的尺寸单位，作为建筑构配件、建筑制品以及有关设备尺寸间互相协调的增值单位，建筑模数包括基本模数和导出模数。

1.基本模数

基本模数是模数协调中的基本尺寸单位，数值为100mm，其符号为M，1M=100mm。整个建筑物和建筑物中的一部分以及建筑部件的模数化尺寸,应是基本模数的倍数。

2. 导出模数

导出模数包括扩大模数和分模数。扩大模数是基本模数的整数倍数,其基数应为 2M、3M、6M、9M、12M 等,相应的尺寸分别为 200mm、300mm、600mm、900mm、1200mm 等;分模数是基本模数的分数值,其基数为 M/10、M/5、M/2,对应的尺寸分别为 10mm、20mm、50mm。

二 模数数列的应用

模数数列是以选定的模数基数为基础展开的数值系列,应根据功能性和经济性原则进行确定。

(1)建筑物的开间或柱距,进深或跨度,梁、板、隔墙和门窗洞口宽度等分部件的截面尺寸宜采用水平基本模数和水平扩大模数数列,且水平扩大模数数列宜采用 $2n$M、$3n$M(n 为自然数)。

(2)建筑物的高度、层高和门窗洞口高度等宜采用竖向基本模数和竖向扩大模数数列,且竖向扩大模数数列宜采用 nM。

(3)构造节点和分部件的接口尺寸等宜采用分模数数列。

三 建筑尺寸协调

建筑制品、构配件等的尺寸统一与协调包括标志尺寸、构造尺寸、实际尺寸及其相互间的关系,如图7-8所示。

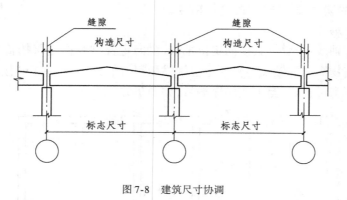

图 7-8 建筑尺寸协调

1. 标志尺寸

标志尺寸是指用来标注建筑物定位轴线间的距离(如开间或柱距、进深或跨度、层高等)以及建筑构配件、建筑组合件、建筑制品、有关设备位置界限之间的尺寸。标志尺寸应符合模数数列的规定。

2. 构造尺寸

构造尺寸是指建筑构配件、建筑组合件、建筑制品等的设计尺寸,一般情况下标志尺寸减去缝隙即为构造尺寸。缝隙尺寸应符合模数数列的规定。

3.实际尺寸

实际尺寸是指建筑构配件、建筑组合件、建筑制品等生产制作后的实有尺寸。实际尺寸与构造尺寸间的偏差应不超过产品的允许公差。

第五节　建筑构造图的识读基础

建筑工程图中表达房屋建筑各组成部分具体做法的图样,称为建筑构造图,又叫建筑详图,它可以理解为建筑工程图的局部放大。由于要详细表达出局部的具体做法,所以一般采用较大的比例来绘制,如 1∶1、1∶2、1∶5、1∶10、1∶20、1∶25、1∶50 等。

建筑构造图是根据正投影理论、剖切投影理论和轴测投影理论,按照《房屋建筑制图统一标准》(GB/T 50001—2010)绘制而成的。因此要想看懂建筑构造图,首先必须要熟悉投影理论和建筑制图标准的基本知识,在此基础上,掌握建筑构造图的图示方法和建筑构造做法,再经过反复训练。下面主要介绍建筑构造图图示方法的相关内容。

一　建筑构造图的相关制图规定

(一)定位轴线

定位轴线是指确定建筑物主要结构构件(如承重墙、承重柱、梁等)的位置及标志尺寸的基准线,它是施工中定位、放线的重要依据。定位轴线用细单点长画线绘制,端部用细实线画直径为 8~10mm 的编号圆,并在圆内进行编号。

1.定位轴线的编号

建筑平面定位轴线包括纵向、横向定位轴线,纵向定位轴线指建筑物长度方向的轴线,横向定位轴线指建筑物短向的轴线。横向定位轴线用阿拉伯数字,从左至右按顺序编号;纵向定位轴线用大写拉丁字母,从下至上按顺序编号,如图 7-9 所示。

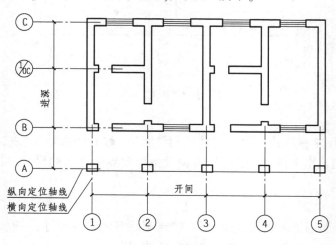

图 7-9　定位轴线的编号顺序

由于大写拉丁字母中的 I、O、Z 易与阿拉伯数字中的 1、0、2 混淆,所以它们不能用于轴线编号,如字母数量不够使用,可增用双字母或单字母加数字注脚,如 AA、BB…YY 或 A_1、B_1…Y_1。

当建筑平面比较复杂时,定位轴线可采取分区编号,编号的注写形式应为"分区号-该区轴线号",如图 7-10 所示。

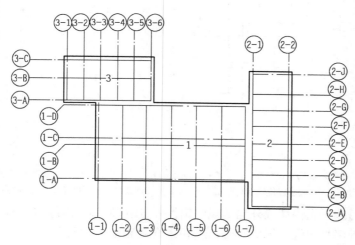

图 7-10 定位轴线的分区编号

对于建筑的次要构件,一般用附加轴线确定其位置。附加轴线的编号应用分数表示。分母用前一轴线的编号或后一轴线编号前加零表示;分子表示附加轴线的编号,宜用阿拉伯数字按顺序进行编号,如:

$\frac{1}{2}$ 表示 2 号轴线后附加的第 1 根轴线;

$\frac{2}{B}$ 表示 B 轴线后附加的第 2 根轴线;

$\frac{1}{0C}$ 表示 C 轴线前附加的第 1 根轴线。

当一个详图适用于若干条定位轴线时,应同时注明各有关轴线的编号,注法如图 7-11 所示。

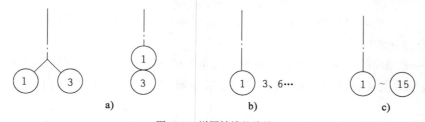

图 7-11 详图轴线的编号

a)用于两条轴线;b)用于三条或三条以上轴线;c)用于三条以上连续编号的轴线

通用详图的定位轴线,应只画圆,不注写轴线编号。

2.砖混结构建筑的定位轴线

(1)砖墙的平面定位。

承重内墙的顶层墙身中心线应与平面定位轴线相重合,如图 7-12 所示。

承重外墙的顶层墙身内缘与平面定位轴线的距离为 120mm,如图 7-13 所示。

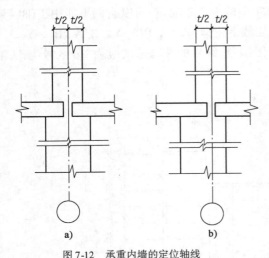

图 7-12　承重内墙的定位轴线

a)底层定位轴线中分墙身;b)底层定位轴线偏分墙身

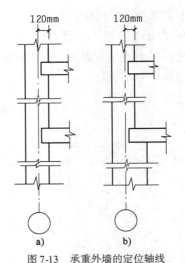

图 7-13　承重外墙的定位轴线

a)底层与顶层墙厚相同;b)底层与顶层墙厚不同

非承重墙除可按承重内墙或外墙的规定定位外,还可使墙身内缘与平面定位轴线相重合。

带壁柱外墙的墙身内缘与平面定位轴线相重合或距墙身内缘的 120mm 处与平面定位轴线相重合,如图 7-14 所示。

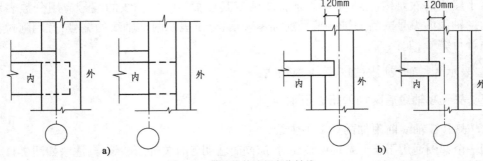

图 7-14　带壁柱外墙的定位轴线

a)墙身内缘与平面定位轴线重合;b)距墙身内缘 120mm 处与平面定位轴线重合

(2)变形缝处的砖墙平面定位。

一侧墙一侧墙垛的定位:其墙垛的外缘应与定位轴线相重合,当一侧的墙按外承重墙处理时,定位轴线应距顶层墙内缘 120mm;按非承重墙处理时,定位轴线应与墙内缘重合,如图 7-15 所示。

双侧墙的定位:当两侧墙按外承重墙处理时,顶层定位轴线均应距墙内缘 120mm;当两侧墙按非承重墙处理时,定位轴线应与墙内缘重合,如图 7-16 所示。

带联系尺寸的双墙定位:当两侧墙按承重墙处理时,顶层定位轴线均应距墙内缘 120mm;当两侧墙按非承重墙处理时,定位轴线均应与墙内缘重合,如图 7-17 所示。

(3)高低层分界处的砖墙定位。

高低层分界处不设变形缝时,应按高层部分承重外墙定位轴线处理,定位轴线应在距墙内缘 120mm 处,并应与低层定位轴线相重合,如图 7-18 所示。

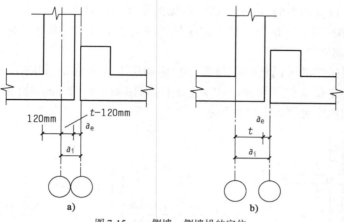

图 7-15　一侧墙一侧墙垛的定位

a）按外承重墙处理；b）按非承重墙处理

t-墙厚；a_e-变形缝宽度；a_i-定位轴线间尺寸

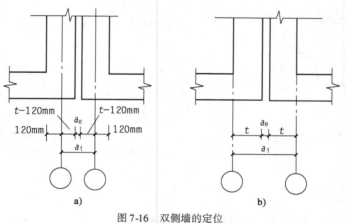

图 7-16　双侧墙的定位

a）按承重外墙处理；b）按非承重外墙处理

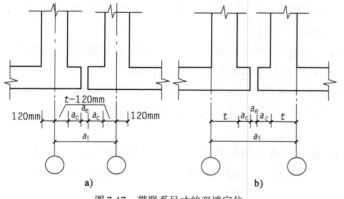

图 7-17　带联系尺寸的双墙定位

a）按承重外墙处理；b）按非承重外墙处理

a_c-联系尺寸；a_e-变形缝宽度

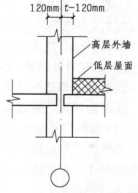

图 7-18　高低层分界处不设变形缝时的定位

高低层分界处设变形缝时,应按变形缝砖墙的平面定位处理。

(4)底层为框架结构时,框架结构的定位轴线应与上部砖混结构平面定位轴线一致。

(5)砖墙的竖向定位。

底层和中间层砖墙的竖向定位应与楼(地)面面层上表面重合,如图7-19所示。

顶层墙身竖向定位应位于屋面结构层上表面与距墙内缘120mm处(或与墙内缘重合处)的外墙定位轴线的相交处,如图7-20所示。

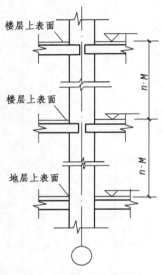

图7-19　砖墙的竖向定位

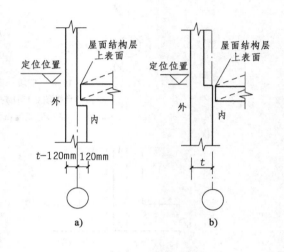

图7-20　屋面的竖向定位
a)距墙内缘120mm处定位;b)与墙内缘重合

(二)符号

1.标高符号

标高是用来标注建筑物各部分高度的一种尺寸形式。

(1)标高的类型。

①绝对标高是指以我国青岛市外的黄海海平面为高度基准,所确定的高度。绝对标高一般在建筑总平面图中,用来标注室外地坪的高度。

②相对标高是指相对于选定的某一基准面的高度。选定的基准面应根据工程需要来确定,建筑工程通常以建筑物室内底层主要地面作为相对标高的基准面。

③建筑标高是指建筑物各部分在完成装修层之后,装修层表面的相对标高。

④结构标高是指建筑物在做装修层之前,各部分结构表面的相对标高。

(2)标高符号的画法与标高数字的注写。

①标高符号应以高度为3mm的等腰直角三角形表示,用细实线绘制,标高符号的尖端应对准被标注高度的位置,尖端可向下,也可向上。标高数字可注写在标高符号的左侧或右侧,如图7-21a)所示。

②在总平面图中,室外地坪标高符号宜用涂黑的三角形表示,如图7-21b)所示。

③选定的相对标高的基准面标高为零点标高,零点标高应注写成±0.000。高于零点标高

的为正标高,正标高的标高数字前的"＋"号一般省略;低于零点标高的为负标高,负标高的标高数字前须注写"－"号,如图 7-21c)所示。

④当一个图样代表不同高度的相同做法时,在图样的同一位置需表示几个不同的标高,标高数字如图 7-21d)所示。

图 7-21　标高符号的画法与标高数字的注写

⑤标高数字以"m"为单位,一般注写到小数点后第三位,而在总平面图中可注写到小数点后第二位。标高数字的单位一般省略不写。

2. 索引符号

图样中的某一局部或构件,如果需要画出其详图时,应用索引符号索引。索引符号由直径为 10mm 的圆、通过水平直径的线及编号组成,圆和水平线均应用细实线绘制,编号规定如图 7-22 所示。

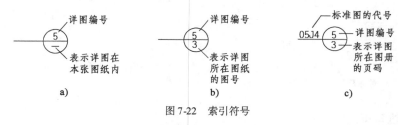

图 7-22　索引符号

索引符号如用于索引剖面详图,应在图样被剖切的位置绘制剖切位置线,剖切位置线用粗实线绘制,长度以贯通所剖切内容为宜,并以引出线引出索引符号,引出线应位于剖视方向一侧,如图 7-23 所示。

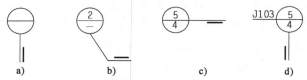

图 7-23　用于索引剖面详图的索引符号

3. 详图符号

详图符号用来表示详图的位置和编号。它由编号及圆组成,圆为直径 14mm 的粗实线圆,编号应符合下列规定。

(1)详图与被索引的图样在同一张图纸内时,详图编号数字注写在圆中间,如图 7-24a)所示。

(2)详图与被索引的图样不在同一张图纸内时,应在圆中用细实线画一水平直径,在上半圆中注写详图编号,在下半圆中注写被索引的图样所在图纸的编号,如图 7-24b)所示。

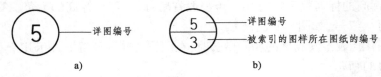

图 7-24　详图符号

4. 对称符号

当图样具有对称性时,只需画出对称轴一侧的图样,并在对称轴处绘制对称符号。对称符号由对称线和两端的两对平行线组成。对称线用细单点长画线绘制,端头超出平行线 2 ~ 3mm;每对平行线的间距为 2 ~ 3mm,用细实线绘制,长度为 6 ~ 10mm,如图 7-25 所示。

5. 连接符号

当只需要表达图样两端的内容,中间内容不需画出时,需要用连接符号将两端的内容连接起来。连接符号由两条折断线组成,折断线表示需连接的部位。当两部位相距过远时,在折断线靠图样一侧分别用相同大写拉丁字母标注连接编号,如图 7-26 所示。

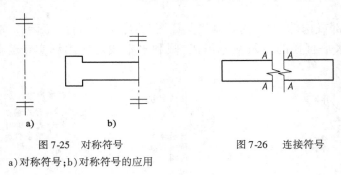

图 7-25　对称符号　　　　　　　图 7-26　连接符号
a)对称符号;b)对称符号的应用

(三)引出线与指北针

1. 引出线

引出线用来引出图样中需要说明的内容。

(1)引出线应用细实线绘制。引出线可为水平直线,与水平线成 30°、45°、60°、90° 的直线,或经上述角度再折成水平折线。文字说明宜注写在水平线的上方或端部,如图 7-27a)所示。索引详图的引出线应对准索引符号的圆心,如图 7-27b)所示。

(2)同时引出几个相同部分的引出线,宜互相平行,也可画成集中于一点的放射线,如图 7-28 所示。

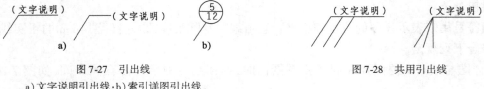

图 7-27　引出线　　　　　　　　　　图 7-28　共用引出线
a)文字说明引出线;b)索引详图引出线

(3)多层构造或多层管道共用引出线,应通过被引出的各层。文字说明宜注写在水平线的上方或端部,说明的顺序应由上至下,与被说明的层次相互一致;如层次为横向排序,则由上至下的说明顺序应与由左至右的层次一致,如图7-29所示。

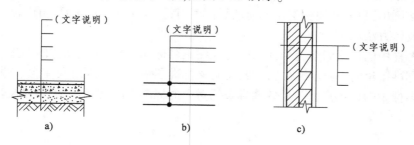

图7-29 多层构造引出线
a)上下分层的构造;b)多层管道;c)从左到右分层的构造

2. 指北针

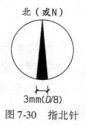

指北针一般绘制在建筑工程图的总平面图和建筑物底层平面图中,用于指示建筑物的方向。它由直径为24mm的细实线圆和指针组成,指针应通过圆心,头部应注写"北"或"N"字,尾部宽度为3mm,如图7-30所示。当需要绘制较大直径的指北针时,指针尾部宽度宜为直径的1/8。

图7-30 指北针

二 建筑构造中常见的专业术语

(1)横向轴线:用来确定横向墙体、柱、梁、基础位置的轴线,平行于建筑物宽度方向。

(2)纵向轴线:用来确定纵向墙体、柱、梁、基础位置的轴线,平行于建筑物长度方向。

(3)开间:相邻两条横向轴线之间的距离,单位为mm。

(4)进深:相邻两条纵向轴线之间的距离,单位为mm。

(5)层高:指层间高度。即地(楼)面至上层楼面的垂直距离(顶层为顶层楼面至屋面板上表面的垂直距离),单位为mm。

(6)净高:指房间的净空高度。即地(楼)面至上部顶棚底面的垂直距离,单位为mm。

(7)建筑高度:指室外设计地坪至檐口顶部的垂直距离,单位为m。

三 建筑构造图的识读方法

表达建筑构造做法最主要的方法是用构造图表达,在识读建筑构造图时应注意下列问题。

(1)建筑构造图是根据正投影理论、剖切投影理论和轴测投影理论绘制的,掌握相关的投影理论是识读建筑构造图的基础。

(2)建筑构造图表达的是房屋建筑做法的图样,读图时还必须了解房屋建筑的相关知识。

(3)绘制建筑构造图时,采用了一些图例符号和必要的文字说明,读图前应熟记常用的图例符号。

(4)建筑构造图如果是剖面图,被剖切到的结构轮廓应用粗实线绘制,装饰表面用细实线绘制,并在断面轮廓内用相应的材料填充。

(5)建筑构造图只表达了房屋建筑局部形式和做法,要想知道其在建筑中所处的具体位置,必须对照着详图符号和索引符号来识读。

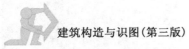

(6)建筑工程图中,经常有些构造做法采用的是标准图集上的做法,这些图样在建筑工程图中一般不必画出,只需在原图引出相应的详图索引符号,再在对应的标准图集中找出标准构造图即可。具体方法如下:

①根据图样中的详图索引符号注明的标准图集名称和编号,查找相应的图集。

②阅读标准图集时,应先阅读总说明,了解该标准图集的绘图规定及注意事项。

③根据图样中的详图索引符号的编号查阅对应的标准详图,核对有关尺寸及套用部位,以防差错。

◀**本 章 小 结**▶

1. 建筑物由基础、墙或柱、楼地层、楼梯、屋顶、门窗六个基本部分组成,各部分在建筑中发挥着不同的作用,它们的材料选择、形状和尺寸确定以及建筑物建成后的使用质量和耐久年限等均会受到荷载作用、自然因素、人为因素、物质技术条件、经济条件与建筑标准等的影响。

2. 为了保证建筑结构安全,实现建筑的使用功能及合理使用基本建设投资,就必须清楚建筑的分类和等级划分,因为不同类型、不同等级的建筑使用特点、质量标准是不同的。建筑物一般按照使用功能、高度和层数、规模和数量、结构类型、结构材料等进行分类,按照建筑物的耐久年限、耐火性能等进行分级。

3. 变形缝是为使建筑物免受温度变化、地基不均匀沉降、地震力影响导致破坏而设置的构造缝。变形缝的实质是将建筑物在受上述因素作用所产生的内应力积聚部位断开,使应力得以释放。

变形缝包括伸缩缝、沉降缝和防震缝,它们在建筑中的设置宽度和要求各不相同,在地震设防区的伸缩缝和沉降缝应按防震缝的要求进行处理。

4. 建筑标准化是实现建筑工业化的前提,而建筑模数是建筑标准化的基本内容。建筑模数是选定的尺寸单位,作为建筑构配件、建筑制品以及有关设备尺寸间互相协调中的增值单位,包括基本模数和导出模数,导出模数又分为扩大模数和分模数。我国选定的基本模数为100mm,记作1M。基本模数、扩大模数和分模数各有不同的扩展幅度和应用范围,它们构成模数系统,用来规范建筑物的尺寸。

5. 建筑构造图是表达房屋建筑各组成部分具体做法的图样,是工程技术人员进行交流的工程语言和施工的依据,为此建筑构造图的表达方法、所用的图线、符号等必须符合《房屋建筑制图统一标准》(GB/T 50001—2010)。

第八章 基础与地下室

第一节　基　　础

一　地基与基础的基本知识

（一）地基与基础的关系

地基是基础下面承受建筑物全部荷载的土层。在地基承载力均匀的情况下，一般地基土越往下越密实，在荷载作用下的应力和应变越往下越小，到达一定深度后可忽略不计。一般把承受建筑荷载、属于承载力计算范围的土层称为持力层，持力层以下的土层称为下卧层，如图 8-1 所示。

基础是建筑物最下面的承重构件，它直接与土层接触，承受建筑物的全部荷载，并将这些荷载传给地基。由于地基承载力一般小于建筑物的上部结构，故需将基础底面加大，宽出上部结构。

若地基的承载力用 R 表示，建筑物的全部荷载用 N 表示，基础底面积用 A 表示。当 $R \geqslant N/A$ 成立时，说明

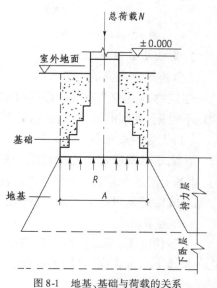

图 8-1　地基、基础与荷载的关系

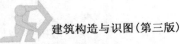

建筑物传给基础底面的平均压力不超过地基承载力,地基能够保证建筑物的稳定和安全。

(二)地基的分类

根据地基是否经过人工加固处理,一般将地基分为天然地基和人工地基。

1. 天然地基

天然土层具有足够的承载力,不需要经过人工改良和加固,就可直接承受建筑物的全部荷载并满足变形要求,这种地基为天然地基。岩石、碎石、密实的黏土层等均可为天然地基。

2. 人工地基

如果天然土层比较软弱,必须对其进行人工加固以提高其承载力,并满足变形要求,这种地基为人工地基。人工地基的处理方法有压实法、换土法、挤密法和化学加固法等。

(三)基础的埋置深度及影响因素

1. 基础的埋置深度

室外设计地面到基础底面的距离称为基础的埋置深度,简称基础埋深,如图 8-2 所示。基础埋深应根据建筑场地的岩土工程条件、拟建物特征、基础施工条件和地区经验等进行确定。

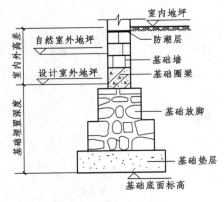

图 8-2　基础的埋置深度

通常把位于天然地基上、埋置深度小于 5m 的一般基础(柱基或墙基)以及埋置深度虽超过 5m,但小于基础宽度的大尺寸基础(如箱形基础),统称为天然地基上的浅基础。

一般来说,基础的埋置深度越浅,基坑土方开挖量就越小,基础材料用量也越少,工程造价就越低。但当基础的埋置深度过小时,基础底面的土层受到压力后会把基础周围的土挤走,使基础产生滑移而失去稳定,同时基础埋得过浅,还容易受地面水、地表杂质等外界各种不良因素的影响,所以,基础的埋置深度不能小于 500mm。

2. 影响基础埋深的因素

(1)建筑物自身的特性。

建筑物自身特性对基础埋深有很大的影响,如建筑物的高度、用途、有无地下室、设备基础和地下设施、基础的形式和构造、建筑物传来荷载的大小和性质等都会影响基础的埋深。

(2)工程地质条件。

在满足地基稳定和变形要求的前提下,基础宜尽量浅埋,以降低造价。如果地基土不均匀,地基上层的承载力大于下层时,宜充分利用上层土作持力层;当上层软弱土层很厚时,基础宜深埋或对地基进行人工加固(采用人工地基)。

(3)地下水位。

一般情况下,基础应位于最高地下水位之上,以避免基础施工时采取特殊的降水、排水措施。当地下水位很高,基础不可能位于地下水位之上时,基础底面则须位于最低地下水位之下至少 200mm,如图 8-3 所示。

（4）地基土冻胀和融陷的影响。

当建筑物位于季节冰冻地区，并且地基为冻胀土时，基础埋深必须考虑冻胀和融陷的影响。一般把土层的冻结深度位置称为冰冻线，为避免建筑物受地基土冻融影响，应使基础底面位于当地的冰冻线之下，如图 8-4 所示。

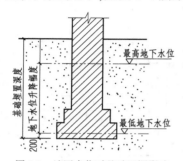

图 8-3　地下水位对基础埋深影响

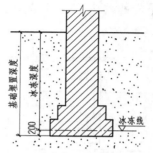

8-4　冰冻线对基础埋深的影响

对于冰冻线小于 500mm 的南方地区或地基土为非冻胀土时，基础埋深不考虑地基土冻胀和融陷的影响。

（5）相临建筑物基础埋深的影响。

当在建筑物附近新建建筑物时，一般新建建筑物基础的埋深不应大于原有建筑基础，以保证原有建筑的安全。当新建建筑物基础的埋深大于原有建筑基础的埋深时，为了不破坏原基础下的地基土，应使新建建筑物基础与原基础保持一定的净距 L，L 的大小应根据原有建筑荷载大小、基础形式和土质情况确定，如图 8-5 所示。当上述要求不能满足时，应采取分段施工、设临时加固支撑、打板桩、地下连续墙等施工措施，或加固原有建筑物的地基。

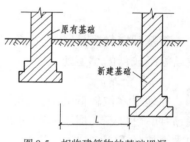

图 8-5　相临建筑物的基础埋深

二 基础的类型与构造

（一）按材料及受力特点分类

基础按材料及其受力特点分为无筋扩展基础和扩展基础。基础作为建筑物下部非常重要的承重构件，其结构类型、材料和尺寸的确定应通过结构设计来确定。

1. 无筋扩展基础

用砖、石、灰土、混凝土等这类抗压强度高，而抗拉、抗剪强度较低的材料所做的基础，当基础做得宽而薄时，底面容易因受拉而出现裂缝。研究发现，这些基础挑出宽度 b 与高度 h 之比对应了一个角度 α，称刚性角，在刚性角范围之内，基础底面不会出现受拉破坏。所以这些基础的构造形式要受刚性角的限制，被称之为无筋扩展基础，如图 8-6 所示。

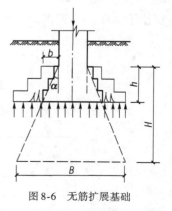

图 8-6　无筋扩展基础

无筋扩展基础在增加基础底面宽度 B 时,必须同时增加基础高度 H,故其消耗的材料较多,不经济。一般适用于上部荷载较小、地基承载力较高的中小型建筑。

(1)砖基础。

砖基础一般做成台阶形,有等高式和间隔式两种。为保证基础底面平整,便于砌筑,一般需在基底下先铺设砂、混凝土或灰土垫层,如图 8-7 所示。

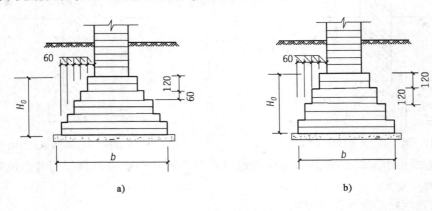

图 8-7　砖基础的构造
a)等高式;b)间隔式

砖基础取材容易,构造简单,造价低廉。但其强度低,耐久性和抗冻性较差,所以只宜用于质量等级较低的小型建筑中。

(2)灰土基础。

在地下水位较低的地区,可以在砖基础下设灰土垫层,灰土垫层有较好的抗压强度和耐久性,后期强度较高,属于基础的组成部分,叫作灰土基础,如图 8-8 所示。灰土基础由熟石灰粉和黏土按体积比为 3:7 或 2:8 的比例,加适量水拌和夯实而成。施工时每层虚铺厚度约 220mm,夯实后厚度为 150mm,称为一步,一般灰土基础做二至三步。

灰土基础的抗冻性、耐水性差,只能埋置在地下水位以上,并且基础顶面应位于冰冻线以下。

(3)毛石基础。

毛石基础由未加工的块石用水泥砂浆砌筑而成。毛石的厚度不小于 150 mm,宽度为 200～300 mm。基础的剖面成台阶形,顶面比上部结构每边宽出 100 mm,每个台阶的高度不宜小于 400 mm,挑出的长度不应大于 200 mm,如图 8-9 所示。

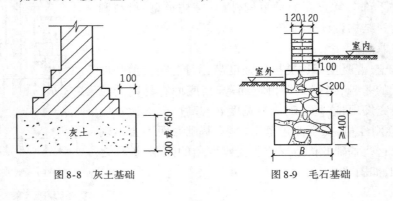

图 8-8　灰土基础　　　　　图 8-9　毛石基础

毛石基础的强度高,抗冻性、耐水性好,适用于地下水位较高、冰冻线较深的产石区的建筑。

（4）混凝土基础。

混凝土基础断面可为矩形、阶梯形或锥形。当基础底面宽度较小时,多做成矩形或阶梯形;当基础底面宽度大于2000mm时,为了节约混凝土常做成锥形,如图8-10所示。

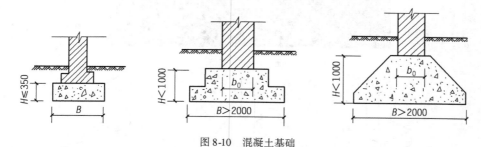

图8-10　混凝土基础

当混凝土基础的体积较大时,为了节约混凝土,可以加入适量的毛石,这种混凝土基础称为毛石混凝土基础。毛石混凝土基础中,毛石的尺寸不得大于300 mm,且不大于基础宽度的1/3,毛石的体积为总体积的20%～30%,且应分布均匀。

混凝土基础坚固、耐久、耐水,可用于受地下水和冰冻作用的建筑。

2. 扩展基础

扩展基础是指柱下或墙下的钢筋混凝土基础。由于钢筋混凝土基础下部配置了钢筋来承受底面的拉力,所以,基础不受宽高比的限制,可以做得宽而薄,一般为扁锥形,端部最薄处的厚度不宜小于200mm。基础中受力钢筋的数量应通过计算确定,但钢筋直径不宜小于8mm,间距不宜大于200mm。混凝土的强度等级不宜低于C20。为了使基础底面能够均匀传力和便于配置钢筋,基础下面一般用强度等级为C10的混凝土做垫层,厚度宜为70～100mm。有垫层时,钢筋下面保护层的厚度不宜小于40mm,不设垫层时,保护层的厚度不宜小于70mm,如图8-11所示。

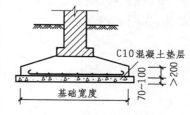

图8-11　钢筋混凝土基础

钢筋混凝土基础的适用范围特别广泛,尤其是适用于有软弱土层的地基和高层建筑。

（二）按构造形式分类

基础按构造形式分为独立基础、条形基础、筏板基础、箱形基础和桩基础等。建筑物在选择基础形式时,应综合考虑上部结构形式、荷载大小、地基状况等因素确定。

1. 独立基础

当建筑物采用柱子作为竖向承重构件时,一般需将柱下部截面尺寸加大,即成为独立基础,如图8-12a)所示。独立基础的形状有阶梯形、锥形和杯形等,如图8-12b)所示。独立基础的优点是土方工程量少,便于地下管道的穿越布置,节约基础材料。但基础相互之间没有可靠的联系,整体性差,因此一般适用于土质均匀、荷载均匀的骨架结构建筑中。

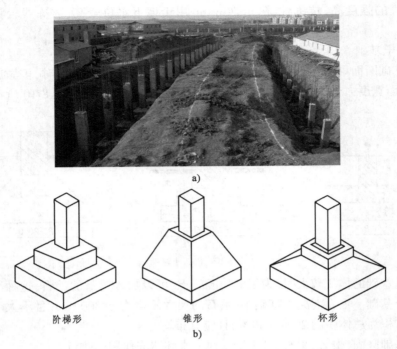

图 8-12　独立基础

a)柱下独立基础;b)独立基础的形状

　　当建筑物为墙承重结构,并且基础埋深较大时,为了减小土方开挖量和便于管道在土中的穿越,可将墙下基础做成间距为 3～4m 的独立基础,然后在独立基础的上面搁置基础梁来支承墙体,如图 8-13 所示。

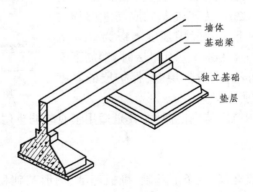

图 8-13　墙下独立基础

2. 条形基础

　　当建筑采用墙承重结构时,通常将墙下部加宽,形成沿墙下连续长条状的基础,称条形基础,如图 8-14a)所示。当建筑为框架结构时,如果上部荷载较大而地基又比较软弱,为了提高建筑物的整体性,防止出现不均匀沉降,可将柱下基础沿一个或两个方向连续设置成条形基础,柱下双向条形基础又叫井格基础,如图 8-14b)、c)所示。

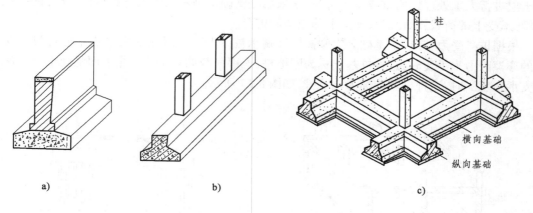

图 8-14 条形基础
a)墙下条形基础;b)柱下条形基础;c)井格基础

3. 筏板基础

当建筑物上部荷载很大,地基承载力相对较低,基础底面积占建筑物平面面积的比例比较大时,可将基础连成整片,像筏板一样,称为筏板基础。筏板基础可以用于墙下和柱下,有板式和梁板式两种,如图 8-15 所示。

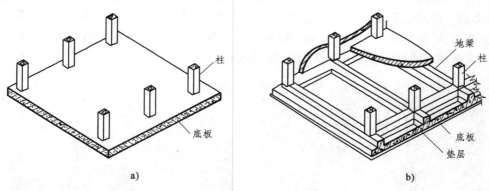

图 8-15 筏板基础
a)板式筏板基础;b)梁板式筏板基础

筏板基础具有减小基底压力、调整地基不均匀沉降的能力,所以广泛用于多高层住宅、办公楼等民用建筑中。

4. 箱形基础

当建筑物荷载很大或浅层地质情况较差时,为了提高建筑物的整体刚度和稳定性,基础需要有较大的埋深,这时常将基础做成由钢筋混凝土顶板、底板、外墙和一定数量的内墙组成的刚度很大的盒状基础,称为箱形基础,如图 8-16 所示。

箱形基础的特点是刚度大、整体性好,如果加大基础内部结构,使人能够活动,即成为地下室,可提高对空间的利用率。

5. 桩基础

当建筑物荷载较大,地基软弱土层的厚度在 5m 以上,基础不能埋在软弱土层内,或对软

x

弱土层进行人工处理较困难或不经济时,常采用桩基础。桩基础由桩身和承台组成,桩身伸入土中,承受上部荷载,承台用来连接上部结构和桩身。

根据桩身受力特点,桩基础分为摩擦桩和端承桩。上部荷载如果主要依靠桩身与周围土层的摩擦阻力来承受时,这种桩基础称为摩擦桩;上部荷载如果主要依靠下面坚硬土层对桩端的支承来承受时,这种桩基础称为端承桩,如图 8-17 所示。

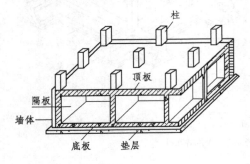

图 8-16　箱形基础

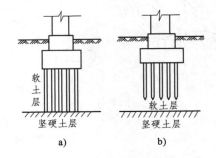

图 8-17　桩基础
a)端承桩;b)摩擦桩

目前,建筑物的建造高度越来越大,基础的埋置深度也越来越大,采用桩基础可以减少挖填土方工程量,改善工人的劳动条件,缩短工期,节省基础材料,因此,桩基础就成为深基础中应用最多的一种基础形式。桩基础按材料不同,有木桩、钢筋混凝土桩和钢桩等;按断面形式不同,有圆形桩、方形桩、环形桩、六角形桩和工字形桩等;按桩入土方法的不同,有打入桩、振入桩、压入桩和灌注桩等。图 8-18 所示为桩基础施工图片。

a)

b)

图 8-18　桩基础施工现场
a)预制桩起吊就位;b)现场灌注桩放钢筋笼

三 基础的特殊构造

（一）变形缝处基础的构造

当建筑物设置了沉降缝时，基础在沉降缝处必须断开，以满足自由沉降的需要。基础在沉降缝处的构造做法有双墙式、交叉式和悬挑式。双墙式基础是在沉降缝两侧墙下设置各自的基础，由于受空间的限制，基础大放脚在靠变形缝一侧不放出，所以双墙式基础属于偏心受压基础，一般适用于上部荷载较小的建筑，如图8-19a）所示；交叉式基础是将沉降缝两侧的基础设置成独立式，将独立基础在平面上相互错开，交叉设置，如图8-19b）所示；悬挑式基础是将沉降缝一侧的基础正常设置，另一侧利用挑梁支承基础梁，在基础梁上砌筑墙体，如图8-19c）所示。

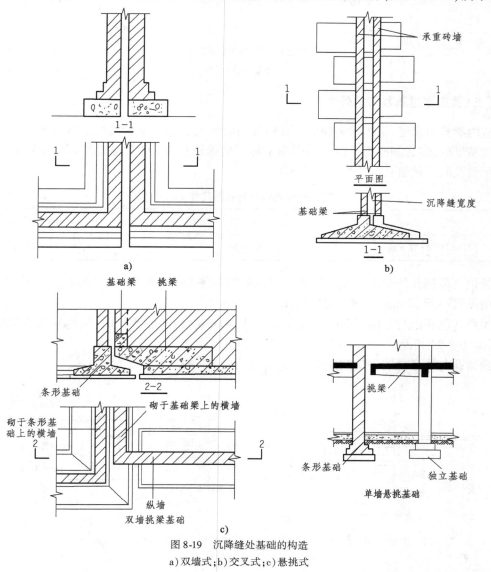

图8-19　沉降缝处基础的构造
a）双墙式；b）交叉式；c）悬挑式

(二)埋深不同基础的处理

因受上部荷载、地基承载力或使用要求等因素的影响,条形基础会出现不同的埋深,这时基础底面应做成台阶形逐渐过渡。过渡台阶的高度不应大于500mm,长度不宜小于1000mm,以防止因埋深变化太突然,墙体断裂或发生不均匀沉降,如图8-20所示。

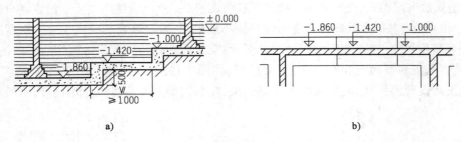

图8-20 不同埋深的基础处理

a)纵剖面;b)平面

(三)管道穿越基础时的处理

室内给排水管道、采暖管道和电气管路等一般不允许沿建筑物基础底部设置。当这些管道穿越基础时,应在基础施工时按照图纸上标明的管道位置(平面位置和标高位置),预埋管道或预留孔洞。预留孔洞的尺寸见表8-1。

管道穿越基础预留孔洞尺寸(mm) 表8-1

管 径 d	50～75	≥100
预留洞尺寸(宽×高)	300×300	(d+300)×(d+200)

管顶上部到孔顶的净空 h 不得小于建筑物的沉降量,一般不小于150mm,在湿陷性黄土地区则不宜小于300mm,如图8-21所示。

预留孔洞底面与基础底面的距离不宜小于400mm,当不能满足时,应将建筑物基础局部降低,如图8-22所示。

预留孔与管道之间的空隙用黏土填实,两端用1:2的水泥砂浆封口。

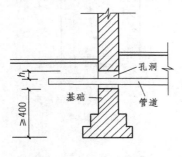

图8-21 管道穿过基础

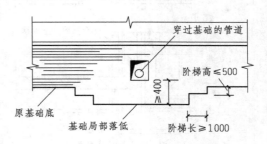

图8-22 基础局部降低

第二节 地 下 室

地下室是建筑物底层下部的使用房间。当建筑物较高时,基础的埋深很大,利用这个深度设置地下室,既可在有限的占地面积中争取到更多的使用空间,提高建设用地的利用率,又不需要增加太多的投资,所以设置地下室有一定的实用和经济意义。

一 地下室的类型与组成

(一)地下室的类型

1. 按地下室埋入地下深度分类

地下室按埋入地下深度的不同,分为全地下室和半地下室。当地下室地面低于室外地坪的高度超过该地下室净高的 1/2 时为全地下室;当地下室地面低于室外地坪的高度超过地下室净高的 1/3,但不超过 1/2 时为半地下室,如图 8-23 所示。

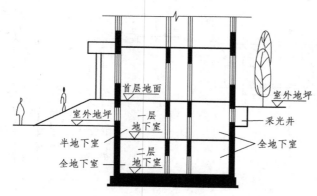

图 8-23　全地下室和半地下室

2. 按地下室的使用功能分类

地下室按使用功能来分,有普通地下室和人防地下室。普通地下室一般用作设备用房、储藏用房、商场、餐厅、车库等;人防地下室主要用于战备防空,其结构和构造必须满足人防要求。考虑在和平年代的使用,人防地下室在功能上应能够满足平战结合的使用要求。

(二)地下室的组成

地下室一般由墙体、底板、顶板、楼梯、门窗、采光井等部分组成。

1. 墙体

地下室的墙体不仅要承受上部传来的垂直荷载,还要承受外侧土、地下水、土壤冻结时的侧压力。所以,墙体厚度应根据结构设计确定。当采用砖墙时,墙体厚度不宜小于 370mm,用水泥砂浆来砌筑,并保证灰缝饱满。当上部荷载较大或地下水位较高时,最好采用混凝土或钢筋混凝土墙,厚度不宜小于 200mm。

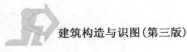

2. 底板

地下室的地坪主要承受地下室内的使用荷载,当地下水位高于地下室的地坪时,还要承受地下水浮力的作用,所以地下室的底板应有足够的强度、刚度和抗渗能力。

3. 顶板

地下室顶板一般为现浇或预制钢筋混凝土楼板。普通地下室的顶板主要承受建筑物首层的使用荷载,人防地下室还要能够承受空袭时冲击波的作用。

4. 楼梯

地下室的楼梯一般与上部楼梯结合设置,当地下室的层高较小时,楼梯多为单跑式。对于防空地下室,应至少设置两部楼梯与地面相连,并且必须有一部楼梯通向安全出口。

5. 门窗

地下室门窗的构造与地上部分相同。

6. 采光井

当地下室外墙侧窗窗台低于室外地面时,为满足地下室的天然采光和自然通风要求,需将窗台外侧的地面降低,形成采光井,以满足全地下室的采光和通风要求,如图 8-24 所示。

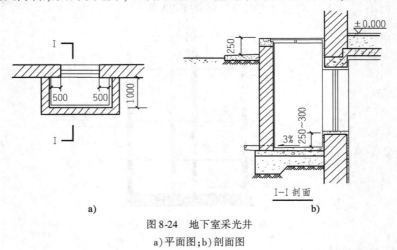

图 8-24 地下室采光井
a)平面图;b)剖面图

地下室顶板、楼梯、门窗构造见后面相关章节的介绍。

二 地下室的防潮与防水

由于地下室的墙身、底板埋在土中,长期受到潮气或地下水的侵蚀,会引起室内地面、墙面生霉,墙面装饰层脱落,严重时使室内进水,影响地下室的正常使用和建筑物的耐久性。因此必须对地下室采取相应的防潮、防水措施,以保证地下室在使用时不受潮、不渗漏。

(一)地下室防潮

当地下水的最高水位低于地下室地坪 300～500mm 时,地下室的墙体和底板会受到土中潮气的影响,需做防潮处理。墙体防潮做法是在外墙外表面做垂直防潮层,在所有墙体中设置上下两道水平防潮层,形成防潮系统。

墙体垂直防潮层的做法是:先在墙外侧抹20mm厚1:2.5的水泥砂浆找平层,延伸到散水以上250~300mm,找平层干燥后,上面刷一道冷底子油和两道热沥青,然后在墙外侧回填低渗透性的土壤,如黏土、灰土等,并逐层夯实,宽度不小于500mm。

墙体上部水平防潮层设在地下室地坪以下60mm处,下部水平防潮层设在室外地坪以上250~300mm处,如图8-25a)所示。

地下室需防潮时,底板可采用非钢筋混凝土底板,其防潮构造见图8-25b)。

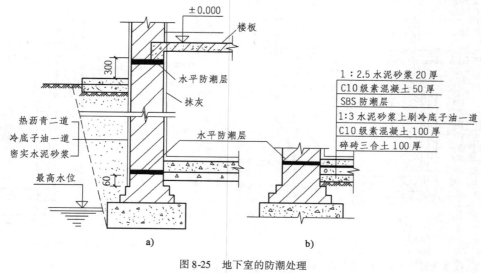

图 8-25　地下室的防潮处理
a)墙身防潮;b)底板防潮

(二)地下室防水

当地下水的最高水位高于地下室底板时,地下室的墙体和底板浸泡在水中,这时地下室的外墙会受到地下水侧压力的作用。底板会受到地下水浮力的作用。这些压力水具有较强的渗透能力,容易导致地下室漏水,影响正常使用,所以地下室的外墙和底板必须采取防水措施。地下室防水常用的做法有卷材防水、混凝土构件自防水和涂料防水等。

1. 卷材防水

卷材防水层一般采用高聚物改性沥青防水卷材(如SBS改性沥青防水卷材、APP改性沥青防水卷材)或合成高分子防水卷材(如三元乙丙橡胶防水卷材、再生胶防水卷材等)与相应的胶结材料黏结形成防水层。按照卷材防水层的位置不同,分外防水和内防水两种。

(1)外防水。

外防水是将卷材防水层满包在地下室墙体和底板外侧,如图8-26所示。外防水的防水层在迎水面,防水效果好,一般多用。其具体做法

图 8-26　卷材满包在地下室外侧

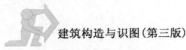

是:先做底板防水层,并在外墙外侧伸出接茬,将墙体防水层与其搭接,并高出最高水位 500 ~ 100mm,然后在墙体防水层外侧砌半砖保护墙,或粘贴聚苯板保护层(这时应注意在墙体上部设防潮层与防水层连接),如图 8-27 所示。

(2)内防水。

内防水是将卷材防水层满包在地下室墙体和地坪结构层内侧。内防水施工方便,但属于被动式防水,对防水不利,一般仅用于修缮工程,如图 8-28 所示。

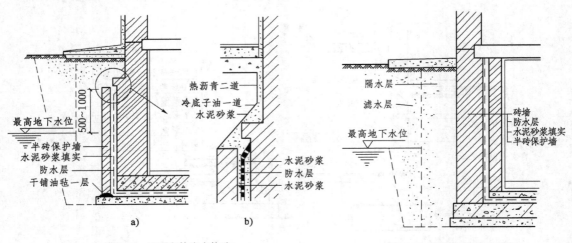

图 8-27　地下室外防水构造
a)地下室外防水;b)墙身防水层收头处理

图 8-28　地下室内防水构造

2.混凝土构件自防水

当地下室墙体和地坪均为钢筋混凝土结构时,可通过增加混凝土的密实度,或在混凝土中添加防水剂、加气剂等方法来提高混凝土的抗渗性能,地下室就不需再专门设置防水层,这种防水做法称混凝土构件自防水。

地下室采用构件自防水时,外墙板的厚度不得小于 200mm,底板的厚度不得小于 150mm,以保证刚度和抗渗效果。为防止地下水对钢筋混凝土结构的侵蚀,需在墙体外侧先用水泥砂浆找平,然后刷热沥青隔离,如图 8-29 所示。

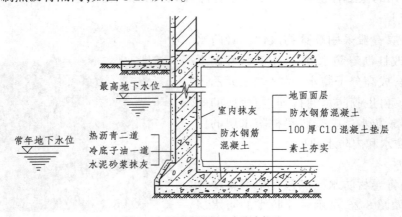

图 8-29　地下室混凝土自防水构造

3.涂料防水

涂料防水是以刷涂、刮涂、滚涂等方式,在常温下将防水涂料涂盖于地下室结构表面的防水做法。防水涂料包括有机防水涂料和无机防水涂料。有机防水涂料宜用于结构主体的迎水面;无机防水涂料宜用于结构主体的背水面和潮湿基层,可直接在处理好的基层上施工。

图8-30介绍的是地下室采用有机防水涂料的防水构造。防水涂料涂刷前应先对基层表面的气孔、缝隙、起砂等进行修补处理,处理后基层表面应干净、平整、无浮浆、无水珠、不渗水。基层阴阳角应做成圆弧形,阴角圆弧直径宜大于50mm,阳角圆弧直径宜大于10mm。底涂料应与有机防水涂料相适应,并在阴阳角及底板增加一层胎体增强材料(聚酯无纺布、化纤无纺布、玻纤无纺布),并增涂2~4遍防水涂料。防水涂料施工完成后应及时做好保护层。底板、顶板的保护层应采用20mm厚1:2.5水泥砂浆或50mm厚的细石混凝土,顶板防水层与保护层之间宜设隔离层;侧墙背水面应采用20mm厚1:2.5水泥砂浆保护层,迎水面宜选用聚苯乙烯泡沫塑料保护层或20mm厚1:2.5水泥砂浆保护层,如图8-30所示。

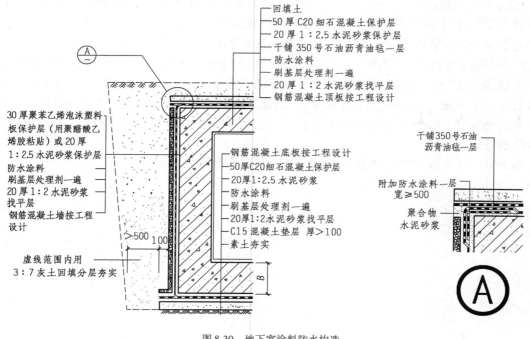

图8-30 地下室涂料防水构造

◀ **本 章 小 结** ▶

1.基础是建筑物最下面直接与土层相接触的构件,承受建筑物的全部荷载,并将这些荷载传给地基,它属于建筑物的组成部分。而地基是基础下面承受建筑物全部荷载的土层,它不属于建筑物的组成部分。

地基按使用时是否经过了人工处理分为天然地基和人工地基。人工地基的处理方法有压实法、换土法、挤密法和化学加固法等。

2.室外设计地面到基础底面的距离称为基础的埋置深度。通常把位于天然地基上、埋置深度小于 5m 的一般基础以及埋置深度虽超过 5m,但小于基础宽度的大尺寸基础称为浅基础。

影响基础埋置深度的因素有:建筑物自身的特性、工程地质条件、地下水位、地基土冻胀和融陷的影响、相临建筑物基础埋深的影响等。

3.基础按材料及其受力特点分为无筋扩展基础和扩展基础。无筋扩展基础有砖基础、石基础、灰土基础、混凝土基础等,其构造尺寸要受基础宽高比的限制,一般适用于上部荷载较小、地基承载力较好的中小型建筑;扩展基础指的是钢筋混凝土基础,其构造尺寸则不受基础宽高比的限制,适用范围则较广。

基础按构造形式分,有条形基础、独立基础、井格基础、筏板基础、箱形基础和桩基础等,应根据建筑上部结构类型和地基承载能力等情况来选择。

4.地下室是建筑物底层下部的使用房间。地下室按使用功能来分,有普通地下室和人防地下室;按埋入地下深度的不同,分为全地下室和半地下室。

地下室一般由墙体、底板、顶板、门窗、楼梯、采光井等部分组成。

5.由于地下室的墙身、底板埋在土中,会受到潮气或地下水的侵蚀,故须对地下室采取相应的防潮、防水措施。当地下水的最高水位低于地下室地坪 300～500mm 时,地下室的墙体和底板会受到土中潮气的影响,需做防潮处理;当地下水的最高水位高于地下室底板时,地下室的外墙会受到地下水侧压力的作用,底板会受到地下水浮力的作用,地下室的外墙和底板必须采取防水措施。

地下室的防水做法有卷材防水、混凝土构件自防水和涂料防水等。

第九章
墙　体

【学习目标】

　　了解墙体的类型和构造要求;熟悉砖墙的砌式及砖墙厚度、长度与洞口宽度尺寸与砖尺寸的关系;掌握隔墙、砌块墙和墙体节能构造,重点掌握砖墙的细部构造和墙面装饰装修做法。

【职业能力目标】

　　掌握墙体的一般构造做法,能够读懂墙体构造图并根据客观条件和使用要求选择墙体的构造做法。

　　墙体是房屋建筑不可缺少的重要组成部分,它和楼板、屋盖被称为建筑的主体工程。墙体的质量占房屋总质量的40%～65%,墙体的造价占工程总造价的30%～40%,外墙还是建筑物的重要围护构件,所以,墙体的材料和构造做法,直接影响到建筑结构、经济、节能的合理与否等问题。

第一节　墙体的类型及构造要求

一　墙体的类型

(一)按位置和方向分

　　(1)墙体按其在建筑中的平面位置分为内墙和外墙。内墙是位于建筑物内部的墙,用来分隔内部空间;外墙位于建筑物四周,用来抵御外界风、雨、噪声等的影响。

　　(2)墙体按方向分为纵墙和横墙。纵墙是沿建筑物长轴方向布置的墙,横墙是沿建筑物短轴方向布置的墙。

　　人们习惯上将外横墙称为山墙,将外纵墙称为檐墙;窗洞口左右之间的墙称为窗间墙,窗

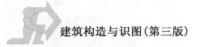

洞口下部的墙称为窗下墙;屋顶上部的墙为女儿墙或封檐墙,如图9-1所示。

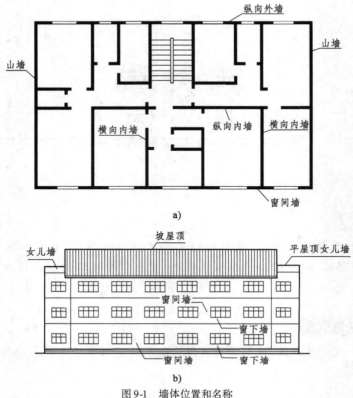

图9-1 墙体位置和名称

a)建筑平面图中的墙体;b)建筑立面图中的墙体

(二)按受力情况分

1.承重墙

凡承受上部屋顶、楼板层传来荷载的墙称为承重墙。

2.非承重墙

凡不承受屋顶、楼板层传来荷载的墙称为非承重墙。非承重墙包括以下几种。

(1)自承重墙:不承受外来荷载,仅承受自身重力的墙。

(2)框架填充墙:在框架结构中,填充在框架中间的墙。

(3)隔墙:仅起分隔空间的作用,自身重力由楼板或梁承担的墙。

(三)按构造方式分

墙体按构造方式分有实体墙、空体墙和组合墙,如图9-2所示。

(1)实体墙是由单一材料组成,内部没有空腔的墙,如普通砖墙、实心砌块墙、钢筋混凝土墙等均属于实体墙。

(2)空体墙是由单一材料组成,内部有空腔的墙,如空斗墙、空心砌块墙、空心板材墙等属于空体墙。空体墙的强度一般比较小,多用来做隔墙。

（3）组合墙是由两种以上材料组成的墙，如带保温层的钢筋混凝土墙，其中钢筋混凝土部分起承重作用，保温层起保温隔热作用。

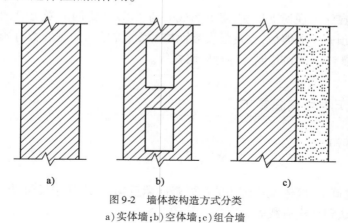

图 9-2 墙体按构造方式分类

a）实体墙；b）空体墙；c）组合墙

（四）按施工方式分

墙体按施工方式分，有砌筑墙、板筑墙和板材墙，如图 9-3 所示。

正在安装的板材墙　　　　板材墙板

c）

图 9-3 墙体按施工方式分类图例

a）砌块墙；b）板筑墙；c）板材墙

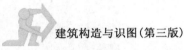

（1）砌筑墙是用砂浆类胶结材料将墙体块材组砌而成的墙体，如砖墙、石墙及各种砌块墙。

（2）板筑墙是在施工现场支模板、浇捣而成的墙，如现浇钢筋混凝土墙、生土墙等。

（3）板材墙是预先制成墙板，在现场安装而成的墙，常见的预制墙板有预制钢筋混凝土墙板、预制保温隔声复合墙板和其他各种轻质墙板等。

二 墙体的作用和构造要求

（一）墙体的作用

1. 承重作用

在墙承重的建筑中，墙体是建筑物的主要竖向承重构件，承受楼板层、屋顶传来的荷载，以及墙体自重、风荷载和地震荷载等。

2. 围护作用

外墙在建筑物的四周将建筑围住，抵御自然界中风、雨、雪的侵袭，防止太阳辐射、噪声等的不利影响，保证建筑物内维持适宜于工作、生活的室内环境。

3. 分隔作用

内墙将建筑物内同层使用空间分隔成若干较小的使用空间，各使用空间相对独立，可以避免或减小相互之间的干扰。

建筑中的墙体，不是都同时具有承重、围护、分隔三大作用，一般只起到其中的一个或两个作用。

（二）对墙体的构造要求

在选择墙体材料和确定构造方案时，应根据墙体的作用满足下列要求。

1. 具有足够的强度和稳定性

墙体的强度与墙体材料、尺寸和构造方式有关。墙体的稳定性则与墙的长度、高度、厚度有关，一般可通过控制高厚比，加设壁柱、圈梁、构造柱，加强墙与墙或墙与其他构件间的连接等措施来提高其稳定性。

2. 满足热工及节能要求

不同地区、不同季节对墙体提出了保温或隔热的要求，保温与隔热虽然是互逆的两种节能使用要求，采取的措施却不尽相同，但通过增加墙体厚度和选择导热系数小的材料都有利于提高墙体的保温和隔热能力。

3. 满足隔声的要求

为了获得安静的工作和休息环境，建筑构件应具有防止室外及邻室传来的噪声影响的能力，因而对墙体提出了隔声要求。提高墙体隔声能力的常用做法有：一是采用密实、重度大的墙体材料；二是将墙体做成空心、多孔构造；三是采用吸声材料进行墙面装饰。

4. 满足防火要求

墙体采用的材料及墙体厚度应符合《建筑设计防火规范》（GB 50016—2014）的规定。当建筑物的占地面积或长度较大时,应按规范要求设置防火墙,将建筑物分为若干段,以限制火灾蔓延。

5. 材料及施工要求

墙体要逐步改革以实心黏土砖为主要材料的状况,采用新型墙体材料和构造方案,为机械化施工创造条件。同时注意防潮、防水处理,注重可持续发展及环境保护的需要。

第二节　墙体的构造

砖墙

(一) 砖墙的一般构造

砖墙是以砂浆为胶结材料,将按一定规律排列的砖砌筑起来的砌体。

1. 砖墙材料

(1)砖。

砖的种类较多,按制作材料分有黏土砖、粉煤灰砖和灰砂砖等;按形状分有实心砖、空心砖和多孔砖等。普通黏土实心砖是我国传统的墙体材料,其规格为 240mm × 115mm × 53mm,强度等级有五个:MU30、MU25、MU20、MU15、MU10。

(2)砂浆。

砌筑砂浆的强度等级有六个:M20、M15、M10、M7.5、M5、M2.5。根据其胶凝材料的不同,常用的有水泥砂浆、石灰砂浆和水泥石灰混合砂浆。水泥砂浆属水硬性材料,强度高,和易性差,适合砌筑潮湿环境的墙体;石灰砂浆属气硬性砂浆,强度低,和易性好,适于砌筑次要建筑地面以上的墙体;水泥石灰混合砂浆既有较高的强度,也有良好的和易性,所以被广泛用来砌筑地面以上的墙体。

砂浆厚度一般为 10mm,在墙体中主要起黏结和找平的作用,对墙体的强度影响不大,而砖的强度是影响砖墙强度的主要因素。

2. 实心砖墙的砌筑方式与尺寸

(1)砖墙的砌筑方式。

为了保证墙体的强度和稳定性,砖墙在砌筑时应遵循横平竖直、砂浆饱满、内外搭接、上下错缝的原则。

在砖墙的组砌中,把长度方向垂直于墙面砌筑的砖称为丁砖,把长度方向平行于墙面砌筑的砖称为顺砖。上下皮之间的水平灰缝称为横缝,左右两块砖之间的垂直缝称为竖缝。砖墙常见的砌筑方式如图9-4所示。

(2)砖墙的厚度尺寸。

确定砖墙的厚度除了要考虑其在建筑物中的作用外,还应与砖的规格相适应。实心黏土砖墙的厚度是按半砖的倍数确定的,如半砖墙、3/4砖墙、一砖墙、一砖半墙、两砖墙等,相应的尺寸为 115mm、178mm、240mm、365mm、490mm,习惯上把它们称为 12 墙、18 墙、24 墙、37 墙、49 墙。墙厚与砖规格的关系如图9-5所示。

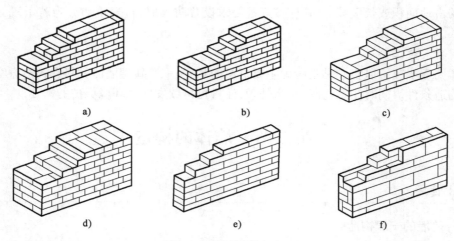

图 9-4 砖墙的砌筑方式

a)一顺一丁(一砖墙);b)三顺一丁(一砖墙);c)梅花丁(一砖墙);d)一顺一丁(一砖半墙); e)全顺无丁(半砖墙);f)两平一侧(3/4 砖墙)

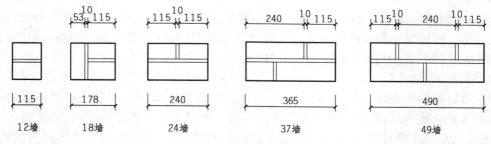

图 9-5 墙厚与砖规格的关系

(二)砖墙的细部构造

1. 散水和明沟

为了防止室外地面水、墙面水及屋檐水对墙基的侵蚀,沿建筑物四周与室外地坪相接处宜设置散水或明沟,将建筑物附近的地面水及时排除。

(1)散水。

散水是沿建筑物外墙四周,在地面上设置的坡度为 3% ~ 5% 的排水护坡。散水宽度一般不小于 600mm,并应比屋檐挑出的宽度大 200mm。

散水通常有砖铺散水、块石散水、混凝土散水等做法。混凝土散水与外墙之间应留置沉降缝,在散水转角处和沿散水长度每隔 6 ~ 12m 设伸缩缝,沉降缝和伸缩缝的宽度为 10 ~ 20mm,内填油膏或沥青砂浆,如图 9-6a)所示。

(2)明沟。

对于年降水量较大的地区,常在散水的外缘或沿建筑物外墙根部设置排水沟,该排水沟称为明沟。明沟通常用混凝土浇筑成宽 180mm、深 150mm 的沟槽,也可用砖、石砌筑,沟底应设置不小于 1% 的纵向排水坡度,如图 9-6b)所示。

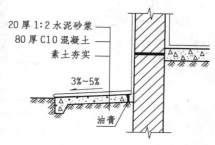

a)

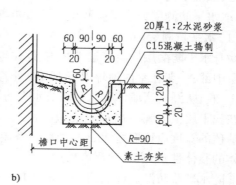

b)

图 9-6　散水与明沟

a)混凝土散水;b)混凝土明沟

2. 勒脚

勒脚是外墙墙身与室外地面接近的部位,高度一般不应低于 700mm。在实际工程中,勒脚高度应考虑立面效果要求,与建筑物的整体形象相结合而定。

其主要作用如下:

(1)加固墙身,防止因外界机械性碰撞而使墙身受损;

(2)防止地面水、屋檐滴下的雨水的侵蚀,从而保护墙面;

(3)装饰建筑立面。

勒脚常见的做法有以下几种:

(1)抹灰勒脚,即在勒脚部位抹 20～30mm 厚 1:2 或 1:2.5 的水泥砂浆,或做水刷石、斩假石等,如图 9-7a)所示。

(2)饰面板(砖)勒脚,即在勒脚部位安装花岗岩、蘑菇石、瓷板等饰面板,或粘贴外墙面砖、陶瓷锦砖等,如图 9-7b)所示。

(3)用坚固材料做勒脚,即用混凝土、天然石材等坚固耐水的材料做勒脚,如图 9-7c)所示。

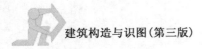

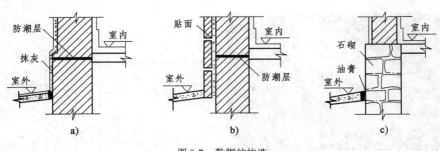

图 9-7　勒脚的构造

a)抹灰勒脚;b)饰面板(砖)勒脚;c)石砌勒脚

3.墙身防潮

为了防止地下土壤中的潮气沿墙体上升,避免地表水对墙体的侵蚀,提高墙体的坚固性与耐久性,保证室内干燥、卫生,应在墙身中采取防潮措施。防潮措施应根据墙体两侧地坪的高度,采取水平防潮层或水平防潮层与垂直防潮层相结合的措施。

(1)水平防潮层。

墙身水平防潮层应沿着建筑物内、外墙连续设置,位于室外地坪之上、室内地坪层密实材料垫层中部,一般在室内地坪以下 60mm 处,其做法有以下四种。

①油毡防潮。当墙体砌筑到墙身水平防潮层的部位时,抹 20mm 厚 1:3 水泥砂浆找平层,然后在找平层上干铺一层油毡或做一毡二油(油毡上下均为热沥青涂层),如图 9-8a)所示。防潮油毡的宽度应比墙宽 20mm,油毡的搭接长度应不小于 100mm。油毡防潮效果好,但破坏了墙体的整体性,不宜在地震区采用。

②防水砂浆防潮。即利用 25mm 厚 1:2 的防水砂浆来防潮,如图 9-8b)所示。防水砂浆是在水泥砂浆中掺入了约等于水泥质量 5% 的防水剂,防水剂与水泥混合凝结,能填充微小孔隙和堵塞、封闭毛细孔,从而阻断毛细水。这种做法省工省料,并且能保证墙身的整体性,但防潮层易因砂浆开裂而降低防潮效果。

③防水砂浆砌砖防潮。在防潮层部位用防水砂浆砌筑 3 ~ 5 皮砖,如图 9-8c)所示。

④细石混凝土防潮。在防潮层部位浇筑 60mm 厚、与墙等宽的细石混凝土带,内配 3 根直径为 6mm 左右的钢筋。这种防潮层的抗裂性好,且防潮层能与砌体结合成一体,特别适用于刚度要求较高的建筑中。

当建筑物设有基础圈梁时,可调整其位置,使其位于室内地坪以下 60mm 附近,以代替墙身水平防潮层,如图 9-8d)所示。

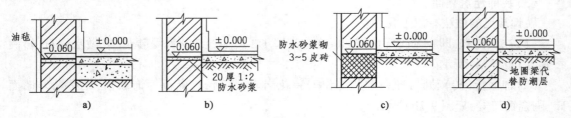

图 9-8　水平防潮层的构造

a)油毡防潮;b)防水砂浆防潮;c)防水砂浆砌砖防潮;d)细石混凝土防潮

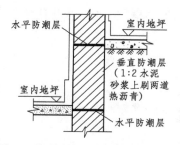

图9-9　水平防潮层与垂直防潮层相结合

（2）水平防潮层与垂直防潮层相结合。

当墙身两侧室内地坪出现高差或室内地坪低于室外地坪时，除了在室内地坪以下 60mm 和高于室外地坪 150mm 处设置水平防潮层外，还应在两道水平防潮层之间靠土壤的垂直墙面上做垂直防潮层。水平防潮层的做法见图9-8；垂直防潮层的做法是：先用水泥砂浆将墙面抹平，然后在上面涂一道冷底子油、两道热沥青或做一毡二油，如图 9-9 所示。

4. 窗台

窗台是窗洞下部的构造，位于室外的叫外窗台，位于室内的叫内窗台。窗台可以排除窗外侧流下的雨水和内侧的冷凝水，并起一定的装饰作用。

（1）外窗台。

外窗台表面一般应略低于内窗台面，并应形成向外倾斜约 5% 的坡度，以利排水，防止雨水流入室内。外窗台有悬挑窗台和不悬挑窗台两种做法。悬挑窗台常用砖平砌、侧砌挑出 60mm，或用预制钢筋混凝土窗台板出挑。窗台表面应有坡度，底面外缘处应做滴水。如图 9-10 所示。

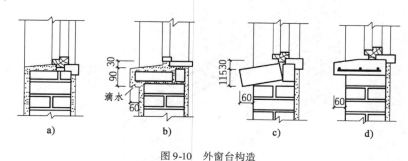

图9-10　外窗台构造

a）不悬挑窗台；b）平砌悬挑窗台；c）侧砌悬挑窗台；d）预制混凝土窗台

如果外墙用瓷砖、马赛克等易于冲洗的材料饰面，可不做悬挑窗台，窗下墙的脏污可借上部流下的雨水冲洗干净。

（2）内窗台。

内窗台可直接做抹灰层或铺大理石、预制水磨石、木窗台板等形成窗台面，如图9-10 所示。北方地区当采用散热器（暖气片）取暖时，一般把散热器置于窗洞口的下方，为了避免散热器占用室内空间，可将内窗台下墙体厚度变薄形成暖气槽，如图 9-11 所示。

5. 过梁

过梁是指设置在门窗洞口上部的横梁。过梁主要承受洞口上部墙体传来的荷载，并传给窗间墙。按照过梁的材料和构造形式分，常用的有钢筋砖过梁和钢筋混凝土过梁。

（1）钢筋砖过梁。

钢筋砖过梁是在门窗洞口上部的砂浆层内配置钢筋的平砌砖过梁，过梁高度应经计算确定，一般不小于 5 皮砖，且不小于洞口跨度的 1/5。钢筋砖过梁砌法与砖墙相同，但须在第一皮砖下设置不小于 30mm 厚的砂浆层，并在其中放置钢筋，钢筋的数量为每 120mm 墙厚不少

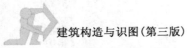

于 1φ6("1"指钢筋根数,"φ6"指钢筋直径为 6 mm)。钢筋两端伸入墙内 240mm,并在端部做 60mm 高的垂直弯钩,如图 9-12 所示。

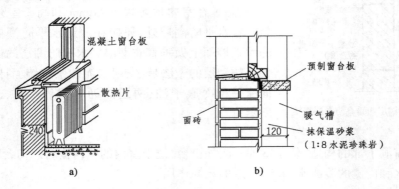

图 9-11　内窗台与暖气槽
a)直观图;b)剖面图

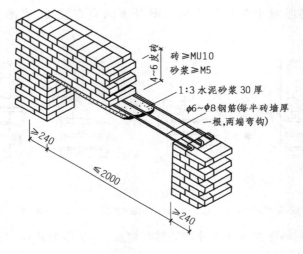

图 9-12　钢筋砖过梁

　　钢筋砖过梁适用于荷载不大、跨度较小的门、窗、设备洞口等。当墙身为清水砖墙时,采用钢筋砖过梁,既可使建筑立面获得统一的效果,还有利于墙体的保温节能。

　　(2)钢筋混凝土过梁。

　　钢筋混凝土过梁坚固耐久,能够根据建筑需要来塑造,施工简便,故目前应用最为广泛。特别是当门窗洞口跨度超过 2m 或上部有集中荷载时,最适合采用钢筋混凝土过梁。

　　钢筋混凝土过梁的截面尺寸及配筋应经计算确定,并应是砖厚的整数倍,宽度一般等于墙厚,两端伸入墙内不小于 240mm。

　　钢筋混凝土过梁可以预制,也可现浇,截面有矩形和 L 形两种,如图 9-13 所示。矩形多用于内墙和外混水墙中,L 形多用于外清水砖墙和有保温要求的墙体中,此时应注意将过梁的 L 口朝向室外。

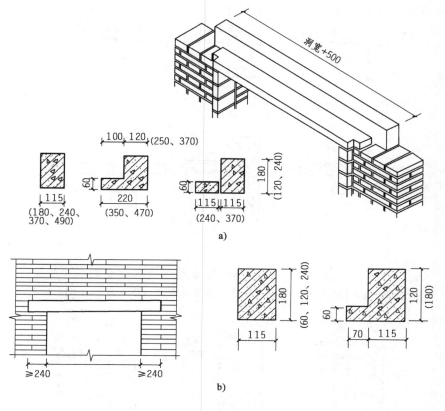

图 9-13　钢筋混凝土过梁
a)预制过梁;b)现浇过梁

6. 圈梁和构造柱

(1)圈梁。

圈梁是沿建筑物的外墙、内纵墙和部分横墙设置的连续封闭的梁,用来加强房屋的空间刚度和整体性,防止由于基础不均匀沉降、振动荷载等引起的墙体开裂。

圈梁的数量与位置和建筑物的高度、层数、地基状况和地震烈度有关。当只设一道时,圈梁应通过屋盖处;当设置多道时,圈梁应通过相应的楼盖处或门洞口上方。

圈梁一般位于楼(屋)盖结构层的下面,如图 9-14a)所示。对于空间较大的房间或地震烈度 8 度以上地区的建筑,须将外墙圈梁外侧加高,使圈梁顶面和楼板面相平,以防止楼板水平位移,如图 9-14b)所示。当门窗过梁与屋盖、楼盖靠近时,圈梁可通过洞口顶部,兼作过梁。

圈梁有钢筋混凝土圈梁和钢筋砖圈梁两种,如图 9-15 所示。钢筋混凝土圈梁的宽度宜与墙厚相同,当墙厚大于 240mm 时,允许其宽度小于墙厚,以避免"冷桥"现象,但不宜小于墙厚的三分之二;圈梁高度应大于 120mm,当为八度抗震设防时,纵筋不宜少于 $4\phi10$,箍筋不宜少于 $\phi6@200$("@200"指箍筋间距为 200 mm)。钢筋砖圈梁应采用不低于 M5 的砂浆砌筑,高度为 4~6 皮砖,纵向钢筋不宜少于 $6\phi6$,分上下两层设在圈梁顶部和底部的灰缝内。

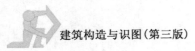

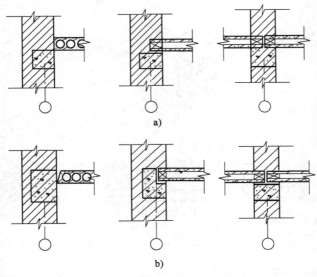

图 9-14　圈梁在墙中的位置

a)圈梁位于屋(楼)盖下面——板底圈梁;b)圈梁与屋(楼)盖顶面相平——板面圈梁

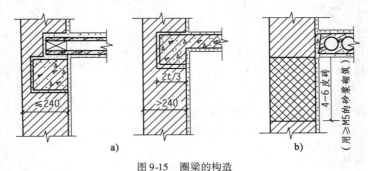

图 9-15　圈梁的构造

a)钢筋混凝土圈梁;b)钢筋砖圈梁

　　圈梁应连续设在同一水平面上,并形成封闭状。当圈梁被门窗洞口截断时,应在洞口上部增设一道附加圈梁,如图 9-16 所示。附加圈梁的断面和配筋不应小于圈梁的断面和配筋。

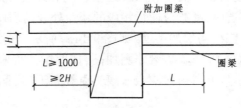

图 9-16　附加圈梁的构造

　　(2)构造柱。

　　构造柱是从构造角度考虑设置的柱状构件,它从竖向加强了层与层之间墙体的连接,与圈梁一起构成空间骨架,提高了建筑物的整体刚度和墙体抵抗变形的能力。构造柱一般设在建筑物外墙的四角、楼梯间和电梯间的四角、内外墙交接处、较大洞口的两侧、某些较长墙体的中部等。

构造柱的截面不宜小于240mm×180mm,常用240mm×240mm。竖向钢筋不少于4φ12,箍筋为φ6,间距250mm,并在柱的上下端适当加密。构造柱应先砌墙后浇柱,墙与柱的连接处宜留出五进五退的大马牙槎,进退各60mm,并沿墙高每隔500mm设2φ6的拉结钢筋,每边伸入墙内不宜小于1000mm,如图9-17所示。

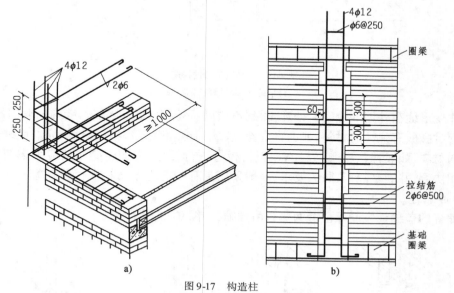

图9-17 构造柱

a)转角处的构造柱;b)平直墙面处的构造柱

构造柱一般不单独做基础,下端可伸入室外地面下500mm或锚入浅于500mm的地圈梁内,上端伸入屋顶圈梁或女儿墙压顶里。

7. 防火墙

防火墙的作用是截断火灾区域,防止火灾蔓延。防火墙的间距应根据建筑物的耐火等级而定,当耐火等级为一、二级时,其间距为150m;三级时为100m;四级时为75m。防火墙的耐火极限应不小于4.0h,并高出非燃烧体屋顶400mm,高出难燃烧体屋面500mm,用来截断燃烧体或难燃烧体的屋顶,如图9-18所示。

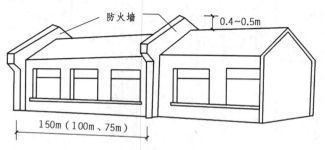

图9-18 防火墙的间距与高度

8. 墙体变形缝

墙体变形缝的构造形式与变形缝的类型和墙体的厚度有关,可做成平缝、错口缝或企口缝,如图9-19所示。平缝构造简单,但不利于建筑保温隔热,一般适用于厚度不超过240mm

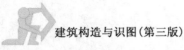

的墙体。当墙体厚度较大时,为了有利于保证墙体的围护效果,应采用错口缝或企口缝。当为抗震缝时,不论缝宽度多大,一般须做成平缝,以保证地震时有适当的摇摆空间。

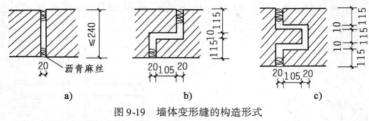

图 9-19　墙体变形缝的构造形式
a)平缝;b)高低缝;c)企口缝

墙体变形缝在外墙处应密封处理,做到不透风、不渗水、保温隔热。缝内一般用具有防水、防腐、耐久性好、有弹性的材料,如沥青麻丝、玻璃棉毡、泡沫塑料等进行填充。墙外侧用耐气候性好的材料,如镀锌铁皮、铝板、PVC 塑料板等进行覆盖,内侧盖缝构造应考虑与室内的装饰效果相协调,并满足隔声、防火要求,一般采用具有一定装饰效果的木条盖缝。

(1)伸缩缝。

伸缩缝的盖缝板应能保证缝两侧自由伸缩,如图 9-20 所示。

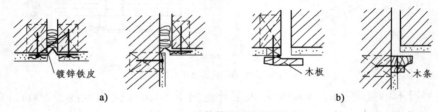

图 9-20　墙体伸缩缝的盖缝构造
a)外侧缝口;b)内侧缝口

(2)沉降缝。

沉降缝的盖缝板在构造上应断开,保证两侧单元能自由沉降,如图 9-21 所示。

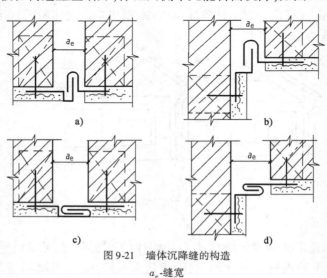

图 9-21　墙体沉降缝的构造
a_e-缝宽

（3）防震缝。

防震缝应做成平缝，两侧设置双墙将缝两侧结构封闭。防震缝的构造要求与伸缩缝相同，但缝内一般不填充任何材料。由于防震缝的宽度较大，盖缝板应能保证缝两侧结构有较大的自由摇摆空间，构造上更应注意盖缝的牢固、防风沙、防水和保温等问题，如图9-22所示。

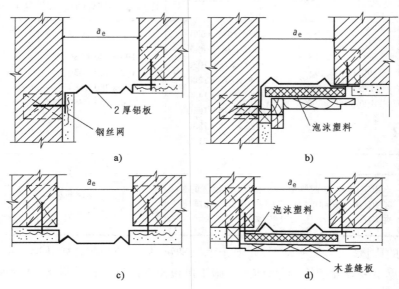

图9-22　墙体防震缝的构造
a_e-缝宽

由于普通黏土实心砖的传统生产方式会毁损土地、浪费能源、污染环境，所以我国大中城市正在逐步禁止使用实心黏土砖，代之以发展多功能的非黏土新型墙材，如以工业尾矿、粉煤灰、脱硫石膏、建筑渣土、煤矸石、冶金和化工废渣、城市垃圾等固体废物为原料的新型墙体材料，以促进环境保护和节约型社会的建设。

二 砌块墙

砌块墙是将预制砌块按一定组砌方式砌筑而成的墙体。砌块多用工业废料和地方材料制作，与普通黏土砖相比，具有生产投资少、节约能源、保护环境的优点。采用砌块墙是我国目前对墙体进行改革的主要途径。

砌块分承重砌块和非承重砌块，承重砌块需满足建筑对强度及抗渗指标的要求，非承重砌块多用作框架填充墙或隔墙。

（一）砌块墙的一般构造

1.砌块的类型

砌块的类型较多，分类方式也比较多，全国各地不尽相同。砌块按单块质量和尺寸大小分为小型砌块、中型砌块和大型砌块，如表9-1所示；按砌块材料分为普通混凝土砌块、加气混凝土砌块、轻骨料混凝土砌块；按砌块的构造分有空心砌块和实心砌块。

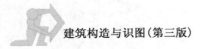

常用砌块的类型

表 9-1

分 类	小型砌块	中 型 砌 块		大 型 砌 块
用料及配合比	C15 细石混凝土,配合比经计算与试验确定	C20 细石混凝土,配合比经计算与试验确定	粉煤灰 530~580kg/m³;石灰 150~160kg/m³;磷石膏 35kg/m³;煤渣 960kg/m³	粉煤灰 68%~75%;石灰 21%~23%;磷石膏 4%;泡沫剂 1%~2%
规格(厚×高×长)(mm)	90×190×190 190×190×190 190×190×390	180×845×630 180×845×830 180×845×1030 180×845×1280 180×845×1480 180×845×1680 180×845×1880 180×845×2130	190×380×280 190×380×430 190×380×580 190×380×880	200×600(700、800、900)×2700(3000、3300、3600)
最大质量(kg)	13	295	102	650
使用情况	用于广州、陕西等地区的住宅建筑和单层厂房等	用于浙江地区的 3~4 层住宅建筑和单层厂房等	用于上海等地区的4~5 层宿舍和住宅等	用于天津等地区的 4 层宿舍、3 层教学楼和单层厂房等

小型砌块的质量轻,人工搬动灵活,便于手工砌筑,故目前应用比较普遍。中、大型砌块则需要借助于起重吊装设配砌筑,而目前大多施工单位没有配置这样的设备,相对来说砌筑的难度较大,所以比较少用。

2. 砌块的组砌

砌块墙在砌筑前,必须进行砌块排列设计,尽量提高主块的使用率,避免镶砖或少镶砖。砌块的排列应使上下皮错缝,搭接长度一般为砌块长度的 1/4,并且不应小于 150mm。当无法满足搭接长度要求时,应在灰缝内设 φ4 钢筋网片连接,如图 9-23 所示。

砌块墙的灰缝宽度一般为 10~15mm,用 M5 砂浆砌筑。当垂直灰缝大于 30mm 时,则需用 C10 细石混凝土灌实。由于砌块的尺寸大,一般不存在内外皮间的搭接问题,但在纵横交接处和外墙转角处均应咬接,以保证砌块墙的整体性,如图 9-24 所示。

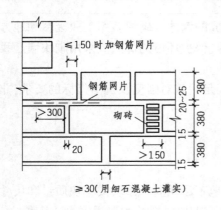

图 9-23　砌块的排列

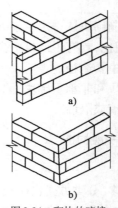

图 9-24　砌块的咬接
a)纵横墙咬接;b)外墙转角咬接

(二)砌块墙的细部构造

1.圈梁

砌块墙的圈梁常和过梁统一考虑,有现浇和预制两种。不少地区采用槽形预制构件,在槽内配置钢筋,浇灌混凝土形成圈梁,如图9-25所示。

2.构造柱与芯柱

实心砌块墙一般通过在框架梁之间设置构造柱限制其长度,来保证砌块墙的稳定性。构造柱的断面与砌块的宽度相适应,并沿高度每间隔500mm设2ϕ6的钢筋与砌块墙拉结,拉结筋长度为500mm。

空心砌块墙在外墙转角及某些内外墙相接的"T"字接头处,利用空心砌块上下孔对齐,在孔内配置ϕ10~ϕ12的钢筋,然后用细石混凝土分层灌实,形成芯柱,将砌块在垂直方向连成一体,如图9-26所示。

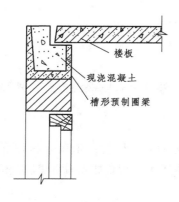

图9-25 槽形预制圈梁

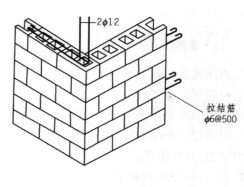

图9-26 砌块墙的芯柱

3.门窗框的连接

门窗框与砌块墙一般采用如下方法连接。

(1)用4号圆钉每隔300mm钉入门窗框,然后打弯钉头,置于砌块端头竖向槽内,从门窗框嵌入砂浆,如图9-27a)所示。

(2)将木楔打入空心砌块的孔洞中代替木砖,用钉子将门窗框与木楔钉结,如图9-27b)所示。

(3)在砌块内或灰缝内窝木榫或铁件连接,如图9-27c)所示。

(4)在加气混凝土砌块埋胶粘圆木或塑料胀管来固定门窗,如图9-27d)所示。

三 墙体节能构造

随着我国颁布的《夏热冬冷地区居住建筑节能设计标准》(JGJ 134—2010)和《夏热冬暖地区居住建筑节能设计标准》(JGJ 75—2012)的实施,墙体节能成为确定墙体构造方案时必须考虑的一个重要问题,为此须根据当地气候特点对墙体采取相应的保温隔热措施。

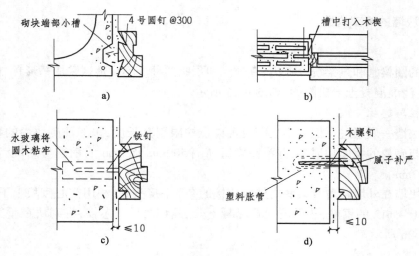

图 9-27　门窗框与砌块墙的连接

(一)墙体保温

墙体保温的目的是防止室内热量向外散失,一般需在外墙上采取保温措施。外墙的保温做法一般有如下三种。

1. 增加外墙厚度

即通过延缓传热过程,达到保温的目的。如北方地区的外墙厚度一般就是根据保温要求来确定的,砖外墙厚度可达 370mm、490mm。但增加墙体厚度,会增加结构自重,多消耗墙体材料,使有效使用面积减小。

2. 外墙选用导热系数小的材料

导热系数小的材料有利于保温,但往往孔隙率大、强度低,不能承受较大的荷载。如加气混凝土砌块墙,一般用作框架结构的填充墙。

3. 采用组合墙体

高层建筑和大型公共建筑一般为框架结构或剪力墙结构,位于外围护位置的钢筋混凝土墙(或柱子)不能满足保温隔热要求,则需要设置保温层来解决保温问题。根据保温层在墙体中的位置,有外墙外保温、外墙内保温和夹层保温三种方案,如图9-28所示。

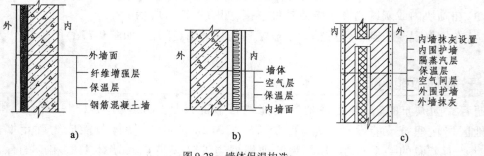

图 9-28　墙体保温构造
a)外墙外保温;b)外墙内保温;c)夹层保温

此外,提高墙体的密闭性,防止冷风渗透和在墙体中采取防潮防水措施,都有利于提高墙体的保温效果。

(二)墙体隔热

在温暖地区和炎热地区,夏季时,外墙长时间受到太阳的烘烤,导致室内温度过高,为了节约空调费用,外墙应采取隔热措施。外墙隔热可以像保温做法一样,如外墙选用导热系数小的材料或增加外墙厚度,但这些做法的隔热效果不明显,也不经济。工程实际中常用的隔热措施如下:

(1)外墙采用浅色而光滑的饰面材料。如利用浅色墙砖、金属外墙板等反射太阳光,减少外墙吸收的太阳辐射热。

(2)在外墙上设置遮阳设施,利用遮阳遮挡,避免太阳光的直接照射。

(3)在建筑周围栽种高大乔木或攀缘植物,利用绿色植物遮挡、吸收太阳辐射热,达到隔热的目的。

(4)对外墙内部进行技术处理,如采用空心墙体,利用中间空气层隔热,或在外墙内部设通风间层,利用空气流动带走热量。

第三节　隔墙与隔断

隔墙与隔断是建筑中用来分隔室内空间,并起一定装饰作用的非承重构件。它们的主要区别有两个方面:一是隔墙较固定,而隔断的拆装灵活性较强;二是隔墙一般到顶,能在较大程度上限定空间,满足隔声、遮挡视线等要求,而隔断限定空间的程度比较小,一般不做到顶,甚至有一定的通透性,产生一种似隔非隔的空间效果。

一 隔墙

隔墙的重力一般由其下部的楼板或梁承受,在选择构造做法时应注意以下几点:

(1)自重要轻,厚度应薄,以减轻传给楼板或小梁的重力,减少其所占用的使用面积。

(2)有一定的隔声能力,并根据隔墙所处的环境位置不同,要具有一定的防火、防潮和防水能力。

(3)要有良好的稳定性,注意其与承重墙的可靠连接。

(4)便于安装和拆卸,以提高室内空间使用的灵活性。

常见的隔墙类型有砌筑隔墙、骨架隔墙和板材隔墙。

(一)砌筑隔墙

砌筑隔墙是采用普通砖、空心砖、加气混凝土块等块状材料砌筑而成的,具有取材方便、造价较低、隔声效果好等优点,缺点是自重大、墙体厚、湿作业多、拆移不便。

为了保证砌筑隔墙的稳定性,隔墙两端应与框架柱或承重墙拉结,方法是沿框架柱或承重墙高度隔500mm埋入2ϕ6拉结钢筋,伸入隔墙不小于500mm。在门窗洞口处,应预埋混凝土块,安装窗框时打孔旋入膨胀螺栓,或预埋带有木楔的混凝土块,用圆钉固定门窗框,如图9-29所示。

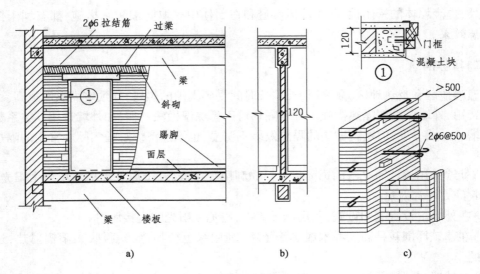

图 9-29 砌筑隔墙构造

a)隔墙立面图；b)隔墙剖面图；c)隔墙节点构造

(二)骨架隔墙

骨架隔墙是用轻钢龙骨、木龙骨或型钢龙骨为骨架,在骨架两侧铺钉纸面石膏板、水泥刨花板、金属板等面板形成的隔墙。这类隔墙中有空气夹层,隔声效果好,自重轻,一般可直接放置在楼板上。

图 9-30 所示为轻钢龙骨隔墙的构造图例。骨架由沿顶龙骨、沿地龙骨、竖向龙骨、横撑龙骨、加强龙骨和各种配套件组成,石膏面板用自攻螺钉固定在龙骨上,板缝用 50mm 宽玻璃纤维带粘贴后,再做饰面处理。

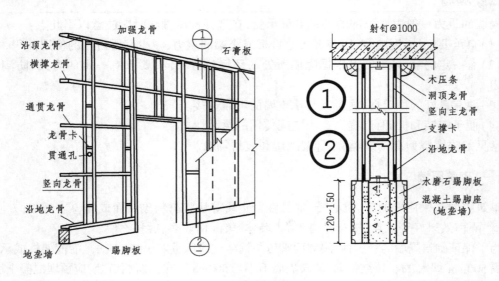

图 9-30 轻钢龙骨隔墙

（三）板材隔墙

板材隔墙是采用工厂生产的轻质板材,如加气混凝土条板、石膏条板、碳化石灰板、石膏珍珠岩板以及各种复合板直接安装,不依赖骨架的隔墙。板材厚度一般为 60~100mm,宽度为 600~1000mm,长度略小于房间的净高。安装时,板材下部用木楔顶紧后,用细石混凝土堵严,板缝用黏结剂黏结,并用胶泥刮缝,平整后再进行表面装修,如图 9-31 所示。

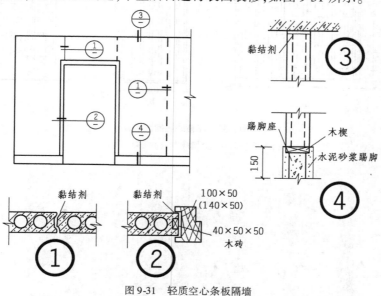

图 9-31　轻质空心条板隔墙

二　隔断

隔断按照外部形式和构造方式一般分为花格式隔断、屏风式隔断、移动式隔断、帷幕式隔断和家具式隔断等。

（一）花格式隔断

花格式隔断的主要作用是划分与限定空间,但不能完全遮挡视线和隔声,一般用于分隔在功能要求上既需隔离又需保持一定联系的两个相邻空间,具有很强的装饰性,广泛应用于宾馆、商店、展览馆等公共建筑及住宅建筑中。

花格式隔断可以为木质、金属、混凝土等制品,形式多种多样,如图 9-32 所示。

（二）屏风式隔断

屏风式隔断用于满足分隔空间和遮挡视线的要求,高度不需很大,一般为 1100~1800mm,常用于办公室、餐厅、展览馆以及门诊室等公共建筑,如图 9-33 所示。

屏风隔断可为活动式,也可为固定式。活动式的屏风隔断是在屏风下面安装金属支架,支架上安装橡胶滚动轮或滑动轮,可增加分隔空间的灵活性;固定式的屏风隔断多为立筋骨架式隔断,它与立筋隔墙的做法类似,即用螺栓或其他连接件在地板上固定骨架,然后在骨架两侧

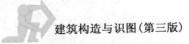

钉面板或在中间镶板或玻璃。

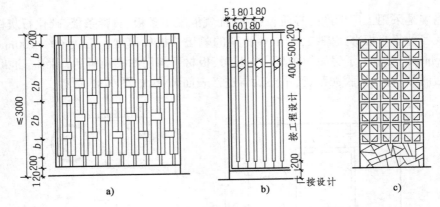

图9-32　花格式隔断图例

a)木质隔断；b)金属隔断；c)混凝土隔断

图9-33　屏风式隔断实例

(三)移动式隔断

移动式隔断可以随意闭合或打开，使相邻的空间随之独立或合并成一个大空间。这种隔断使用灵活，在关闭时能起到限定空间、隔声和遮挡视线的作用，多用于展览馆、宾馆的多功能会议室等建筑中。

移动式隔断的类型很多，按其启闭的方式分，有拼装式、滑动式、折叠式、卷帘式、起落式等。

帷幕式和家具式隔断在生活中使用非常普遍。帷幕式隔断是用软质、硬质帷幕材料利用轨道、滑轮、吊轨等配件组成的隔断。它占用面积少，能满足遮挡视线的要求，使用方便，便于更新。家具式隔断则是利用文件柜、橱柜、鱼缸等来划分和分隔空间的，将空间的使用与分隔完美地结合在一起。

第四节 墙面装饰装修

 墙面装饰装修的作用

1.保护墙体

按照装饰装修部位墙面装饰装修分为外墙面装饰装修和内墙面装饰装修。外墙面装饰装修层能防止墙体直接受到风吹、日晒、雨淋、冰冻等的影响;内墙面装饰装修层能防止在使用建筑物时产生的水、污物和机械碰撞等对墙体的直接危害,延长墙的使用年限。

2.改善建筑的物理性能

墙面装饰装修层增加了墙体的厚度,提高了墙体的保温能力。内墙面经过装饰装修变得平整、光洁,可以加强对光线的反射,提高室内照度。内墙面若采用吸声材料,还可以改善室内的音质效果。

3.美化建筑环境

墙面装饰装修是建筑空间艺术处理的重要手段之一。墙面的色彩、质感、线脚和纹样等都在一定程度上改善着建筑的内外形象和气氛,表达了建筑的艺术特点。

二 墙面装饰装修的构造

外墙面装饰装修位于室外,要受到风、雨、雪的侵蚀和大气中腐蚀气体的影响,故外墙装饰装修层要采用强度高、耐候性强、耐水性好及具有抗腐蚀性的材料。内装饰装修层则由室内使用功能决定。

墙面装饰装修按施工材料和工艺分有抹灰类、饰面板(砖)类、涂饰类、裱糊与软包装类、幕墙类等。

(一)抹灰墙面

抹灰墙面是以砂浆或石渣浆作为饰面材料的墙面装饰装修。按照材料和操作工艺抹灰墙面装修分一般抹灰、装饰抹灰、清水砌体勾缝三种。

1.一般抹灰和装饰抹灰

一般抹灰有石灰砂浆、水泥砂浆、混合砂浆、纸筋灰等做法,装饰抹灰有水刷石、干粘石、斩假石、拉毛灰、彩色灰等做法。常见的抹灰做法见表9-2。

常用抹灰做法举例   表9-2

抹 灰 名 称	做 法 说 明	适 用 范 围
纸筋灰或仿瓷涂料墙面	(1)14mm 厚 1:3 石灰膏砂浆打底; (2)2mm 厚纸筋(麻刀)灰或仿瓷涂料抹面; (3)刷(喷)内墙涂料	砖基层的内墙面
混合砂浆墙面	(1)15mm 厚 1:1:6 水泥石灰膏砂浆找平; (2)5mm 厚 1:0.3:3 水泥石灰膏砂浆面层; (3)喷内墙涂料	砖基层的内墙面

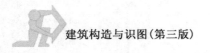

抹 灰 名 称		做 法 说 明	适 用 范 围
水泥砂浆墙面	1	（1）10mm 厚 1:3 水泥砂浆打底扫毛或划出纹道； （2）9mm 厚 1:3 水泥砂浆刮平扫毛； （3）6mm 厚 1:2.5 水泥砂浆罩面	砖基层的外墙面或有防水要求的内墙面
	2	（1）刷（喷）一道 108 胶水溶液； （2）6mm 厚 2:1:8 水泥石灰膏砂浆打底扫毛或划出纹道； （3）6mm 厚 1:1:6 水泥石灰膏砂浆刮平扫毛； （4）6mm 厚 1:2.5 水泥砂浆罩面	加气混凝土等轻型基层外墙面
水刷石墙面	1	（1）12mm 厚 1:3 水泥砂浆打底扫毛或划出纹道； （2）刷素水泥浆一道； （3）8mm 厚 1:1.5 水泥石子（小八厘）罩面，水刷露出石子	砖基层外墙面
	2	（1）刷加气混凝土界面处理剂一道； （2）6mm 厚 1:0.5:4 水泥石灰膏砂浆打底扫毛； （3）6mm 厚 1:1:6 水泥石灰膏砂浆抹平扫毛； （4）刷素水泥浆一道； （5）8mm 厚 1:1.5 水泥石子（小八厘）罩面，水刷露出石子	加气混凝土等轻型基层外墙面
剁斧石墙面 （斩假石）		（1）12mm 厚 1:3 水泥砂浆打底扫毛或划出纹道； （2）刷素水泥浆一道； （3）10mm 厚 1:2.5 水泥石子（米粒石内掺 30% 石屑）罩面赶光压实； （4）剁斧斩毛两遍成活	外墙面

为保证抹灰层牢固、平整、防止开裂及脱落，抹灰前应先将基层表面清理干净，洒水湿润后，分层进行抹灰。底层抹灰主要起黏结和初步找平的作用，厚度为 10～15mm；中层抹灰主要起进一步找平的作用，厚度为 5～12mm；面层抹灰的主要作用是使表面光洁、美观，以达到装修效果，厚度为 3～5mm。抹灰层的总厚度，视装饰装修部位不同而异，一般外墙抹灰厚度为 20～25mm，内墙为 15～20mm。

根据对墙面装饰装修质量要求不同，一般抹灰墙面分为普通抹灰和高级抹灰。

（1）普通抹灰：抹灰层一般由三道抹灰工序完成，一层底层抹灰、一层中间抹灰、一层面层抹灰。

（2）高级抹灰：抹灰层一般由三道以上抹灰工序完成，一层底层抹灰、多层中间抹灰、一层面层抹灰。

在做外墙面抹灰时，为了消除外界温度变化引起抹灰层的胀缩裂缝，便于抹灰面层在上下施工班组间的衔接，应在抹灰面层施工时留置引条线。引条线用木条或塑料条将面层进行分格，待面层初凝后取出（塑料条可不取），如图 9-34 所示。

对于经常受到碰撞的内墙阳角，应用 1:2 水泥砂浆做护角。护角高不应小于 2m，每侧宽度不应小于 50mm，如图 9-35 所示。

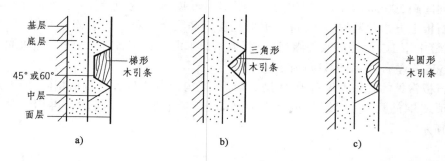

图 9-34　木引条线的构造
a)梯形引条线；b)三角形引条线；c)半圆形引条线

2. 清水砌体勾缝

清水砌体勾缝是在砌块墙砌好后，用 1:1 或 1:1.5 水泥砂浆或原浆将砌块间的缝隙逐一勾实处理，如图 9-36 所示。为进一步提高墙面的装饰效果，可在勾缝砂浆中掺入颜料。

经过勾缝处理的砖墙又叫清水砖墙。

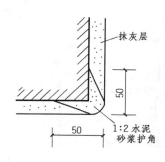

图 9-35　内墙阳角的护角构造

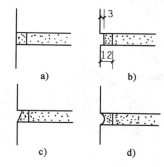

图 9-36　勾缝的形式
a)平缝；b)平凹缝；c)斜缝；d)弧形缝

(二) 饰面板(砖)墙面

饰面板(砖)墙面是指利用各种天然或人造板材、块材，通过安装或粘贴形成墙面装饰装修层的做法。它具有耐久性强、防水、易于清洗、装饰效果好的优点，被广泛用于外墙装饰装修和潮湿房间的墙面装饰装修。

饰面板(砖)墙面按照饰面材料尺寸和施工工艺不同，分为饰面板安装和饰面砖粘贴两种。

1. 饰面板安装

墙体饰面板包括石材饰面板、瓷板饰面板、金属饰面板、木质饰面板、玻璃饰面板、塑料饰面板等，安装时一般需在墙体上先固定骨架，将饰面板与骨架相连接。限于篇幅，下面主要介绍石材饰面板安装方法。

石材饰面板的加工尺寸一般为 $600mm \times 600mm$、$800mm \times 800mm$、$600mm \times 800mm$ 等，厚度为 $20mm$、$25mm$。安装时，多采用栓结与砂浆黏结相结合的"双保险"做法，即先在墙身或柱

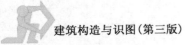

内预埋双向间距500mmφ6的U形钢筋,用来固定φ6或φ8的双向钢筋网,然后用铜丝或镀锌铁丝穿过石板上下边预凿的小孔,将石板绑扎在钢筋网上。石板与墙体之间保持30～50mm宽的缝隙,缝中用1:3水泥砂浆浇灌(浅色石板用白水泥白石屑,以防透底),每次灌缝高度应低于板口50mm左右,如图9-37a)所示。

人造石板常见的有仿大理石板、水磨石板等,其构造做法与天然石板相同,但人造石板是在板背面预埋钢筋挂钩,用铜丝或镀锌铁丝将其绑扎在水平钢筋上,再用砂浆填缝,如图9-37b)所示。

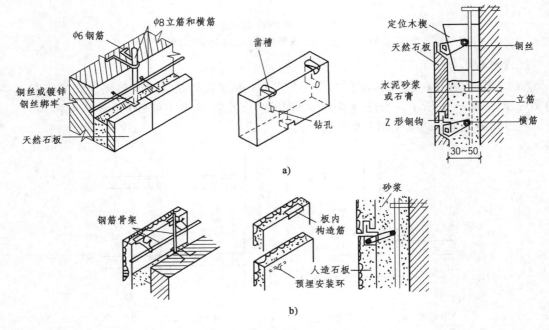

图9-37 石材栓结与黏结"双保险"装修构造
a)天然石材;b)人造石板

随着施工技术的发展,石板墙面采用"干挂法"也越来越多。"干挂法"一般用型钢做骨架,板材侧面开槽,用专用的不锈钢或铝合金挂件连接于角钢架上,缝中垫泡沫条后打硅酮胶进行密封,如图9-38所示。"干挂法"对施工精度要求较高,特别适用于冬季施工和改造工程中。

2. 饰面砖粘贴

饰面砖包括陶瓷面砖、玻璃面砖两种,这些饰面材料的特点是单块尺寸小、质量轻。通常用传统的砂浆粘贴形成石面层,具体做法是:将墙面清理干净后,先抹15mm厚1:3水泥砂浆打底,再抹5mm厚1:1水泥细砂砂浆粘贴面层材料,如图9-39所示。

饰面砖的排列方式和接缝大小对墙面效果有较大的影响,通常有横铺、竖铺和错开排列等方式。陶瓷锦砖生产时,一般按设计图案要求反贴在300mm×300mm的牛皮纸上,粘贴前先用15mm厚1:3水泥砂浆打底,再用1:1水泥细砂砂浆粘贴,用木板压平,待砂浆硬结后,用水湿润后,洗去牛皮纸即可。

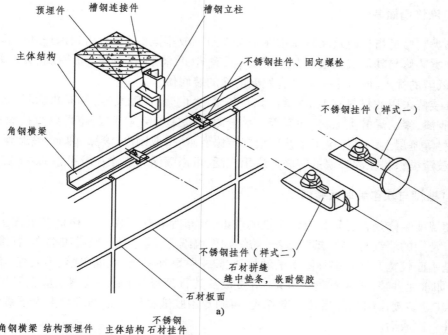

图 9-38　石材干挂法

a)石材干挂直观图;b)水平节点图;c)横梁与石板节点图

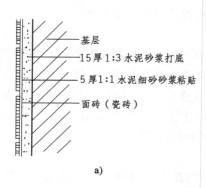

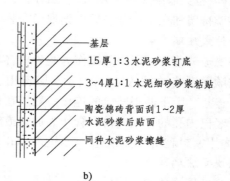

图 9-39　饰面砖粘贴

a)瓷砖面砖;b)陶瓷锦砖

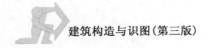

(三) 涂饰墙面装修

涂饰类装修是指将建筑涂料涂刷在基层表面形成牢固的膜层,达到保护和装修墙面的目的。涂饰类装修与其他墙面装修做法相比,具有省工、省料、工期短、工效高、自重轻、更新方便、造价低廉的优点,所以是一种最有发展前途的装修做法。

涂饰装修采用的材料有无机涂料(如石灰浆、大白浆、水泥浆等)和有机涂料(如过氯乙烯涂料、乳胶漆、聚乙烯醇类涂料、油漆等),装修时多以抹灰层为基层,也可以直接涂刷在砖、混凝土、木材等基层上。具体施工工艺应根据装修要求,采取刷涂、滚涂、弹涂、喷涂等方法完成。目前,乳胶漆类涂料在内外墙的装修上应用广泛,可以喷涂和刷涂在较平整的基层表面。

(四) 裱糊与软包装墙面装修

裱糊墙面装修是将各种具有装饰性的墙纸、墙布等卷材用黏结剂裱糊在墙面上形成饰面的做法。常用的墙纸有 PVC 塑料墙纸、纺织物面墙纸等,墙布有玻璃纤维墙布、锦缎等。墙纸和墙布是幅面较宽并带有多种图案的卷材,它要求粘贴在坚硬、表面平整、不裂缝、不掉粉的洁净基层(如水泥砂浆、水泥石灰膏砂浆、木质板及其石膏板等)上。裱糊前应在基层上刷一道清漆封底(起防潮作用),然后按幅宽弹线,再刷专用胶液粘贴。粘贴应自上而下缓缓展开,排除空气并一次成活。

软包装墙面装修是用各种纤维织物、皮革等铺钉在墙面上形成饰面的做法。软包装墙面装修能够塑造出华丽、优雅、亲切、温暖的室内气氛。但软包装装修层不耐火,应特别注意建筑的防火要求。

(五) 幕墙墙面装修

幕墙墙面装修主要用于外墙面装修中,由骨架和面板组成。骨架一般为金属骨架,与建筑物主体结构相连;面板多采用玻璃、金属饰面板或石材饰面板等材料。现以玻璃幕墙为例,说明其构造。

玻璃幕墙一般由结构框架、填衬材料和幕墙玻璃组成。按其组合形式和构造方式分,有框架外露系列、框架隐藏系列和用玻璃做肋的无框架系列。按施工方法不同又分为现场组合的分件式玻璃幕墙和在工厂预制后再到现场安装的板块式玻璃幕墙两种。

1. 分件式玻璃幕墙

分件式玻璃幕墙一般以竖梃作为龙骨柱,横档作为梁组合成幕墙骨架,然后将窗框、玻璃、衬墙等按顺序安装,如图9-40a)所示。竖梃用连接件和楼板固定,横档与竖梃通过角形铝合金件进行连接。上下两根竖梃的连接一般设在楼板连接件位置附近,且须在接头处插入一截断面小于竖梃内孔的铸铝内衬套管作为加强措施。上下竖梃在接头端应留出 15～20mm 的伸缩缝,缝内用密封胶堵严,以防止雨水进入,如图9-40b)所示。

2. 板块式玻璃幕墙

板块式玻璃幕墙的幕墙板块须设计成定型单元,在工厂预制。每一单元一般由 3～8 块玻璃组成,每块玻璃尺寸不宜超过 1500mm × 3500mm。为了便于室内通风,在单元上可设计成上悬窗式的通风扇,通风扇的大小和位置根据室内布置要求来确定。

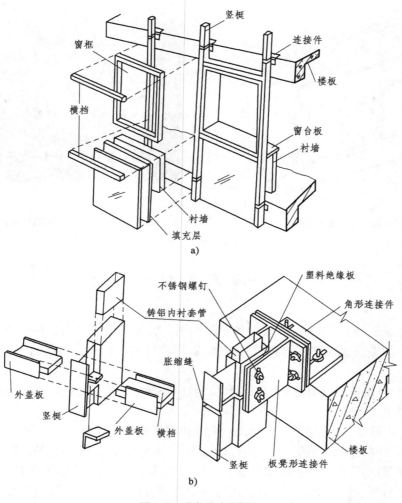

图 9-40　分件式玻璃幕墙

a)分件式玻璃幕墙；b)幕墙竖梃连接构造

同时,预制板块还应与建筑结构的尺寸相配合。当幕墙预制板悬挂在楼板上时,板的高度尺寸同层高;当幕墙预制板以柱子为连接点时,板的长度尺寸则与柱距尺寸相同。为了便于幕墙预制板的固定和板缝密封操作,上下预制板的横向接缝应高于楼面标高 200～300mm,左右两块板的竖向接缝宜与框架柱错开,如图 9-41 所示。

目前,点支式玻璃幕墙开始应用于建筑的外立面中,它是一门新兴技术,由玻璃面板、点支撑装置和支撑结构构成,如图 9-42 所示。点支式玻璃幕墙体现的是建筑物内外的流通和融合,强调的是玻璃的透明性。透过玻璃,人们可以清晰地看到支撑玻璃幕墙的整个结构系统,将单纯的支撑结构系统转化为可视性、观赏性和表现性。

玻璃幕墙的特点是:装饰效果好、质量轻、安装速度快,是外墙轻型化、装配化较理想的形式。但在阳光照射下易产生眩光,造成光污染。所以在建筑密度高、居民人数多的地区的高层建筑中,应慎重选用。

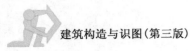

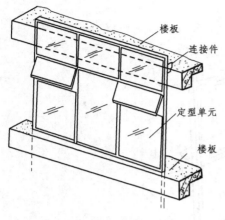

图9-41　板块式玻璃幕墙

图9-42　点支式玻璃幕墙

◀本 章 小 结▶

1.墙体在建筑中主要起承重、围护和分隔作用。墙体一般按照其在建筑物中的位置、方向、受力情况、构造方式和施工方式进行分类,不同类型的墙体具有不同的特点,对其要求也不同。

一般情况下,墙体应具有足够的强度和稳定性,并满足热工、隔声、防火、减轻自重、适应建筑工业化等要求。

2.砖墙是以砂浆为胶结材料,将砖按一定规律砌筑起来的砌体。为了保证墙体的强度和稳定性,砖在墙中的排列应遵循横平竖直、砂浆饱满、内外搭接、上下错缝的原则。

3.砖墙在洞口处,或为保证砖墙的强度和耐久性,局部应做特别处理,包括散水和明沟、勒脚、墙身防潮、窗台、过梁、圈梁、构造柱、墙身变形缝等,这些特别处理做法称为砖墙的细部构造,是学习本章时应重点掌握的内容。

4.砌块墙是对墙体进行改革,提高墙体各种物理性能和墙体工业化程度的产物。砌块墙的砌筑原理和细部构造与砖墙类似,但砌块墙在砌筑前,必须进行砌块排列设计。

5.隔墙与隔断在建筑中不承重,主要起到分隔室内空间的作用。隔墙与隔断往往是在建筑主体结构完成后才施工的,在确定其位置时要注意对结构的影响。

常见的隔墙有砌筑隔墙、立筋隔墙和板材隔墙。隔断按照外部形式和构造方式一般分为花格式、屏风式、移动式、帷幕式和家具式等。

6.墙面装饰装修的作用是保护墙体、改善墙的物理性能、美化建筑环境。墙面装饰装修按照装饰装修部位分为外墙面装饰装修和内墙面装饰装修,按施工工艺分为抹灰类、贴面类、涂刷类、裱糊类和幕墙类等。

第十章 楼地层

【学习目标】

了解楼板层与地层的组成及使用要求;熟悉各种楼板的特点和应用范围;掌握楼地层的防潮、防水构造、顶棚的构造和挑阳台的构造。

【职业能力目标】

掌握楼板与墙、梁的连接构造和楼地面的常用做法,能够读懂楼地层构造图。

第一节 楼地层的组成及楼板的类型

一 楼地层的组成

楼地层是楼板层与地坪层的总称。楼板层一般由面层、楼板、顶棚组成,地坪层由面层、垫层、基层组成。楼板层的面层叫楼面,地坪层的面层叫地面,楼面和地面统称楼地面。当房间对楼板层和地坪层有特殊使用功能要求时,可加设相应的附加构造层,如防水层、防潮层、隔声层、隔热层等,如图10-1所示。

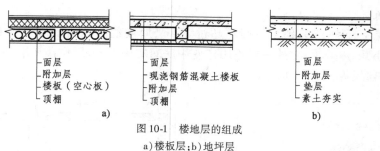

图 10-1 楼地层的组成
a) 楼板层;b) 地坪层

二 楼板的类型

楼板是楼板层的结构层,它承受楼面传来的荷载并传给墙或柱,同时楼板还对墙体起着水平支撑的作用,传递风荷载及地震所产生的水平力,以增加建筑物的整体刚度。因此,要求楼板有足够的强度和刚度,并应符合隔声、防火等要求。

根据楼板所用材料的不同,楼板有木楼板、砖拱楼板、钢筋混凝土楼板等。

(1)木楼板。

木楼板是在木骨架上铺钉木板所形成的楼板。这种楼板构造简单,自重轻,导热系数小,但耐久性和耐火性差,耗费木材量大,目前已很少采用。

(2)砖拱楼板。

砖拱楼板是先在墙或柱上架设钢筋混凝土小梁,然后在钢筋混凝土小梁之间用砖砌成拱形结构所形成的楼板。这种楼板节省木材、钢筋和水泥,造价低,但承载能力和抗震能力差,结构层所占的空间大,顶棚不平整,施工较烦琐,所以现在已基本不用。

(3)钢筋混凝土楼板。

钢筋混凝土楼板的强度高、刚度大、耐久性和耐火性好,具有良好的可塑性,便于工业化的生产,是目前应用最广泛的楼板类型。

限于篇幅,本章不再介绍木楼板、砖拱楼板,只重点介绍钢筋混凝土楼板的相关构造知识。

第二节　钢筋混凝土楼板

根据施工方式的不同,钢筋混凝土楼板有预制钢筋混凝土楼板、现浇钢筋混凝土楼板、装配整体式钢筋混凝土楼板和压型钢板混凝土组合楼板四种类型。

一 预制钢筋混凝土楼板

预制钢筋混凝土楼板简称预制板,是指将楼板在预制厂或施工现场预先制作,现场起吊安装而成的楼板。这种楼板可节约模板、减少现场工序、缩短工期、提高施工工业化水平,但由于其整体性能差,所以在有防水要求的楼板层中和有抗震设防要求的建筑中应谨慎采用。

(一)预制板的类型

预制钢筋混凝土楼板按构造形式分为实心平板、槽形板、空心板三种。

1.实心平板

实心平板上下板面平整,跨度一般不超过 2.4m,厚度约为 60mm,宽度为 600～1000mm,由于板的厚度小,隔声效果差,故一般不用作使用房间的楼板,多用作楼梯平台、走道板、搁板、阳台栏板、管沟盖板等,如图 10-2 所示。

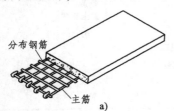
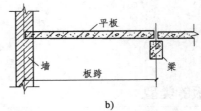

图 10-2　实心平板
a)直观图;b)断面图

2. 槽形板

槽形板是一种梁板合一的构件,在板的两侧设有小梁(又叫肋),构成槽形断面,故称槽形板。当板肋位于板的下面时,槽口向下,结构合理,为正槽板;当板肋位于板的上面时,槽口向上,为反槽板,如图10-3所示。

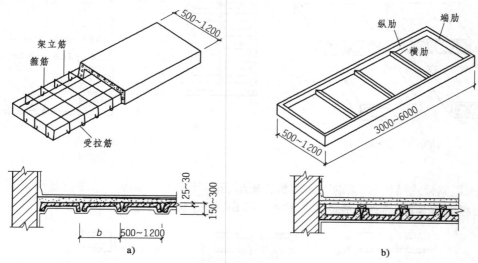

图 10-3　槽形板

a)正槽板;b)反槽板

槽形板的跨度为 3 ~ 7.2m,板宽为 600 ~ 1200mm,板肋高一般为 150 ~ 300mm。由于板肋形成了板面的支点,板面跨度减小,故厚度也较小,只有 25 ~ 35mm。为了增加槽形板的刚度和便于搁置,板的端部需设端肋与纵肋相连。当板的长度超过 6m 时,需沿着板长每隔 1000 ~ 1500mm 增设横肋。

槽形板具有自重轻、节省材料、造价低、便于开孔留洞等优点。但正槽板的板底不平整、隔声效果差,一般只用于对室内观瞻要求不高或做悬吊顶棚的房间;而反槽板的受力与经济性虽不如正槽板,但板底平整,朝上的槽口内可填充轻质材料,能够提高楼板的保温隔热效果。故在民用建筑中,用反槽板的比用正槽板的多。

3. 空心板

空心板是将平板沿纵向抽孔,将多余的材料去掉,形成中空的一种钢筋混凝土楼板。板中孔洞的形状有方孔、椭圆孔和圆孔等,如图10-4所示。空心板的跨度一般为 2.4 ~ 7.2m,板宽通常为 500mm、600mm、900mm、1200mm,板厚有 120mm、150mm、180mm、240mm 等,由于圆孔板构造合理,制作方便,因此应用广泛。

(二)预制板的安装构造

空心板安装前,为了提高板端的承压能力,避免灌缝材料进入孔洞内,应用混凝土或砖填塞端部孔洞,俗称"堵头"。

1. 预制板的布置

布置预制板时,应根据房间的平面尺寸,并结合所选板的规格来定。当房间的平面尺寸较

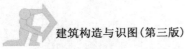

小时,可采用板式结构,即将预制板直接搁置在墙上,由墙来承受板传来的荷载,如图 10-5a)所示。当房间的开间、进深尺寸都较大时,需先在墙上搁置梁,由梁来支承楼板,楼板的这种布置方式为梁板式结构,如图 10-5b)所示。

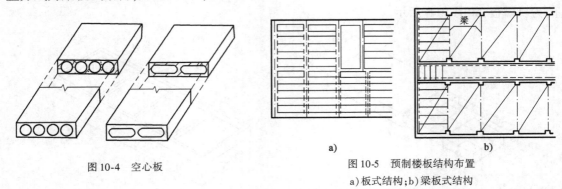

图 10-4 空心板

图 10-5 预制楼板结构布置
a)板式结构;b)梁板式结构

当采用梁板式结构时,梁的断面形状有矩形、花篮形、十字形等。采用花篮形梁和十字形梁时,因板厚重合在梁高中,故能增加室内的净高,如图 10-6 所示。

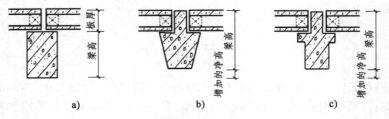

图 10-6 不同断面梁对室内净高的影响
a)矩形梁;b)花篮形梁;c)十字形梁

2.预制板的支承端构造

预制板安装前,空心板端头的空洞应先用混凝土或水泥砂浆砌砖堵住,以提高板端的承压能力和避免灌缝材料进入孔洞内。安装时应先在墙(或梁)上铺 10～20mm 厚的 M5 水泥砂浆进行坐浆,然后再搁板,以使板与墙(或梁)有较好的连接,也能保证墙(或梁)受力均匀。同时,预制板在墙(和梁)上应有足够的搁置长度,在梁上的搁置长度应不小于 80mm,在砖墙上的搁置长度应不小于 100mm,如图 10-7 所示。

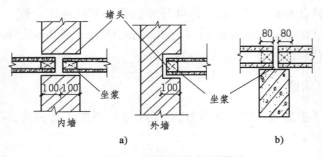

图 10-7 预制板的支承端构造
a)预制板搁置在墙上;b)预制板搁置在梁上

3. 预制板侧缝构造

预制板铺设时,应留置 10 ~ 20mm 宽的侧缝。侧缝的形式由生产预制板的侧模形式决定,一般有 V 形缝、U 形缝和凹槽缝三种。为提高预制楼板的整体性,侧缝应用细石混凝土或水泥砂浆灌注,如图 10-8 所示。

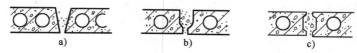

图 10-8　预制板侧缝构造

a)V 形缝;b)U 形缝;c)凹槽缝

预制板布置时,可能出现板宽之和与房间尺寸之间有差额的问题,即剩余了一个不足以铺设一块板的缝隙,这时可根据缝隙的大小采取措施。

(1)增大板缝。当缝隙宽度在 60mm 以内时,重新调整板缝的宽度。一般板缝为 10 ~ 20mm,超过 20mm 的板缝应配钢筋。

(2)挑砖。当缝隙宽度为 60 ~ 120mm 时,由平行于板边的墙挑砖,挑出的砖与板的上下表面平齐。

(3)现浇板带。当缝隙宽度为 120 ~ 200mm 时,缝隙处用局部现浇板带的方法解决。现浇板带一般位于墙边,以便埋设穿越楼板的管道,或位于较重的隔墙下。

(4)采用调缝板。当缝隙宽度超过 200mm 时,应考虑重新选择板的规格或采用调缝板。

4. 预制板的拉结

为了提高建筑的整体刚度,在预制板与墙体之间以及预制板与预制板之间,常用拉结钢筋予以锚固。拉结钢筋又称锚固筋,配置后浇入楼面整浇层内,如图 10-9 所示。

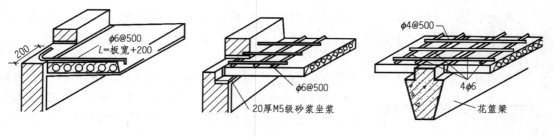

图 10-9　预制板的拉结钢筋

二 现浇钢筋混凝土楼板

现浇钢筋混凝土楼板简称现浇板,是在施工现场通过支设模板、绑扎钢筋、浇筑混凝土及养护等工序所形成的楼板。这种楼板具有能够自由成型、整体性强、抗震性能好的优点,但模板用量大、工序多、工期长、工人劳动强度大,并且施工受季节影响较大。

现浇板根据构造形式分为板式、梁板式、无梁式和现浇空心楼板。

(一) 板式楼板

将楼板现浇成一块平板,四周直接支承在墙上,这种楼板称为板式楼板。板式楼板的底面

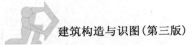

平整,便于支模施工,但当楼板跨度大时,需增加楼板的厚度,耗费材料较多,所以板式楼板一般适用于平面尺寸较小的房间,如厨房、卫生间及走廊等。

板式楼板按受力特点分为单向板和双向板。沿四边支承的板,当长边与短边比值大于等于3时,板上的荷载主要沿短边传递,这种板称为单向板;当长边与短边比值小于3时,板上的荷载将沿两个方向传递,这种板称为双向板,如图10-10所示。

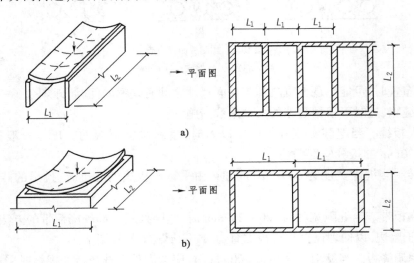

图10-10 单向板和双向板的受力特点
a)单向板($L_2/L_1 \geqslant 3$);b)双向板($L_2/L_1 < 3$)

(二)梁板式楼板

当房间平面尺寸较大时,可在楼板下设梁来减小板的跨度,这种由梁、板组成的楼板称为梁板式楼板。根据梁的布置情况,梁板式楼板分为单梁式楼板、双梁式楼板和井式楼板。

1.单梁式楼板

当房间有一个方向的平面尺寸相对较小时,可以只沿短向设梁,梁直接搁置在墙上,这种梁板式楼板属于单梁式楼板,如图10-11所示。单梁式楼板荷载的传递途径为:板→梁→墙,适用于教学楼、办公楼等建筑。

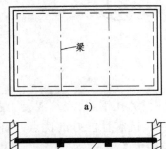

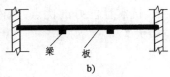

图10-11 单梁式楼板
a)平面图;b)剖面图

2.双梁式楼板

当房间两个方向的平面尺寸都较大时,一般需要在板下设置纵横两个方向的梁,这种楼板称为双梁式楼板,如图10-12所示。双梁式楼板一般沿房间的短向设置主梁,沿长向设置次梁,其荷载传递途径为:板→次梁→主梁→墙。双梁式楼板适用于平面尺寸较大的建筑,如教学楼、办公楼、小型商店等。

3.井式楼板

当房间的跨度超过10m,并且平面形状近似正方形时,常在板下沿两个方向设置等距离、等截面尺寸的井字形梁,这种楼板称为井式楼板。井式楼板是一种特殊的双梁式楼板,梁无主次之分,有正交正放和正交斜放两种布置形式,分别称为正井式和斜井式,如图 10-13 所示。井式楼板的结构形式整齐,对室内有较强的装饰性,一般多用于公共建筑的门厅和大厅式的房间,如会议室、餐厅、小礼堂、歌舞厅等。

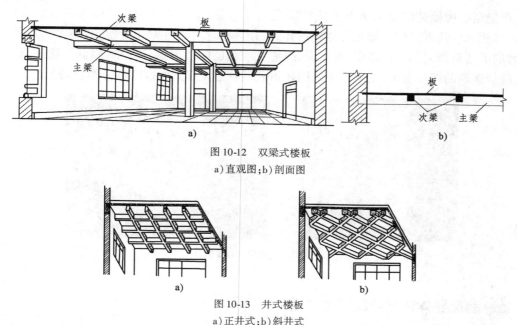

图 10-12　双梁式楼板
a)直观图;b)剖面图

图 10-13　井式楼板
a)正井式;b)斜井式

为了保证墙体对楼板、梁的支承强度,使楼板、梁能够可靠地传递荷载,楼板和梁必须有足够的搁置长度。楼板在砖墙上的搁置长度一般不小于板厚且不小于 110mm,梁在砖墙上的搁置长度与梁高有关,当梁高不超过 500mm 时,搁置长度不小于 180mm,当梁高超过 500mm 时,搁置长度不小于 240mm。

(三)无梁式楼板

无梁式楼板是不设梁,设柱子来减小板跨的楼板,如图 10-14 所示。无梁式楼板的柱距一般为 6m,成方形布置。在柱与楼板连接处,为提高板的承载能力、刚度和抗冲切能力,于柱顶设置柱帽和托板来减小板跨、增加柱对板的支托面积。无梁楼板由于板的跨度较大,故板厚不宜过小,一般不宜小于 150mm,常为 160 ~ 200mm。

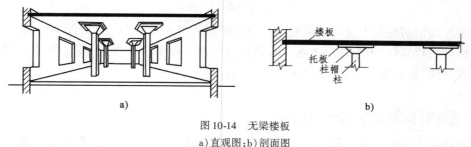

图 10-14　无梁楼板
a)直观图;b)剖面图

无梁式楼板的板底平整,室内净空高度大,采光、通风条件好,便于采用工业化的施工方式,适用于楼面荷载较大的公共建筑(如商店、仓库、展览馆等)和多层工业厂房。

(四)现浇空心楼板

现浇空心楼板是在现浇楼板中放置高强薄壁芯管(芯管两端封闭)形成中空的楼板,如图 10-15 所示。高强薄壁芯管是形成板内孔洞的内模,管间布置钢筋骨架,其最大优点是空心化,增加了楼板截面的有效高度,自重轻,改善了楼板层的隔声隔热效果,降低了建筑自重,大幅度降低建筑的综合造价,是近年来我国住房和城乡建设部大力推广的一种新兴工艺。

图 10-15　现浇空心楼板

三　装配整体式钢筋混凝土楼板

为了克服现浇板消耗模板量大、预制板整体性差的缺点,可将楼板下层做成预制薄板,安装后在上面整浇一层混凝土,这种楼板称为装配整体式钢筋混凝土楼板,又称叠合楼板,如图 10-16 所示。

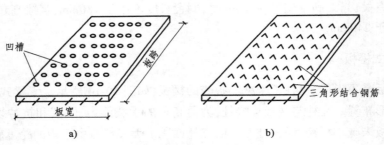

图 10-16　装配整体式钢筋混凝土楼板
a)板面预留凹槽;b)板面露出三角形钢筋

装配整体式钢筋混凝土楼板中混凝土叠合层强度一般为 C20,厚度为 100～120mm。这种楼板具有良好的整体性,板中预制薄板具有结构、模板、装修等多种功能,施工简便,适用于住宅、宾馆、教学楼、办公楼、医院等建筑。

四　压型钢板混凝土组合楼板

压型钢板混凝土组合楼板是以压型钢板为衬板,在上面浇筑混凝土,形成组合板,支撑在工字形钢梁上,而形成的整体式楼板,如图 10-17 所示。压型钢板的跨度一般为 2～3m,与钢梁之间用栓钉连接,上面混凝土的浇筑厚度为 100～150mm。

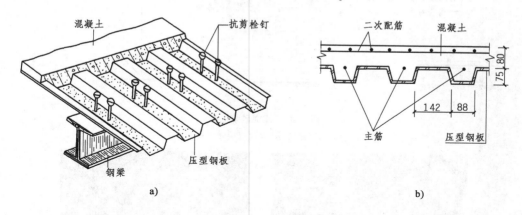

图 10-17　压型钢板组合楼板
a)直观图;b)断面图

　　压型钢板组合楼板中的压型钢板既是板底的受拉钢筋,又是楼板的永久性模板,还承受施工时的荷载。这种楼板简化了施工程序,加快了施工进度,并且具有较强的承载力、刚度和整体稳定性,但耗钢量较大,多用于多、高层的框架或框剪结构的建筑中。

第三节　楼地面的构造

 楼地面的一般构造

　　楼地面是楼地层面层的总称,按照楼地面所用的材料和工艺不同,楼地面有整体楼地面、块材楼地面和木楼地面等。

(一)整体楼地面

　　整体楼地面是用在现场拌和的湿料,经浇抹形成的楼地面。整体楼地面具有构造简单、取材方便、造价低的特点,是一种应用较广泛的楼地面类型。

　　1.水泥砂浆楼地面

　　水泥砂浆楼地面是在混凝土垫层或楼板上抹水泥砂浆形成的楼地面,其特点是构造简单、坚固、耐磨、防水、造价低廉,但导热系数大、易结露、易起灰、不易清洁,是一种被广泛采用的低档楼地面。通常有单面层和双面层两种做法,如图 10-18 所示。

　　2.现浇水磨石楼地面

　　现浇水磨石楼地面的构造为双层做法,底层用 10～15mm 厚的水泥砂浆找平后,按设计图案用 1:1 的水泥砂浆固定分隔条(可为铜条、铝条或玻璃条),然后用 1:(1.5～2.5)水泥石渣浆抹面,厚度为 12mm,经养护一周后磨光打蜡形成,如图 10-19 所示。

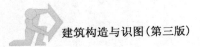

图 10-18　水泥砂浆地面
a)地面单层做法；b)地面双层做法；c)楼面

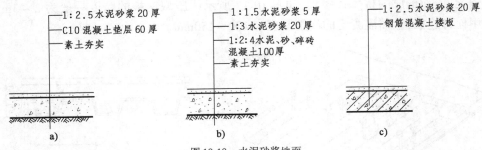

a)　　　　　　　　　　　　b)

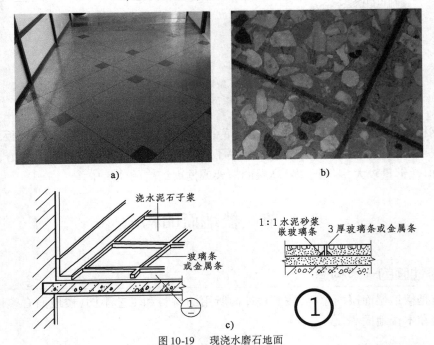

c)

图 10-19　现浇水磨石地面
a)现浇水磨石整体效果；b)现浇水磨石分隔条局部；c)现浇水磨石分隔条布置

现浇水磨石楼地面的整体性好，防水、不起尘、易清洁、装饰效果好，但导热系数偏大、弹性小，一般适用于人群停留时间较短或需经常用水清洗部位，如门厅、营业厅、厨房、盥洗室等房间的楼地面。

(二)块材楼地面

块材楼地面是利用各种天然或人造预制块材或板材，通过铺贴形成面层的楼地面。这种楼地面易清洁、经久耐用、花色品种多、装饰效果好，但价格较高，属于中高档的楼地面。块材楼地面一般适用于人流量大、清洁要求和装饰要求都比较高的建筑。

　1.缸砖、瓷砖、陶瓷锦砖楼地面

缸砖、瓷砖、陶瓷锦砖均为人工烧结而成的楼地面块材，它们的共同特点是，表面致密、光洁、耐磨、吸水率低、不变色，属于小型块材。缸砖、瓷砖、陶瓷锦砖的铺贴工艺基本类似，一般做法是:在混凝土垫层或楼板上抹 15 ~ 20mm 厚 1:3 的水泥砂浆找平,再用 5 ~ 8mm 厚 1:1 的水泥砂浆或水泥胶(水泥:107 胶:水 = 1:0.1:0.2)粘贴,最后用素水泥浆擦缝。陶瓷锦砖在整张铺贴后,用滚筒压平,使水泥砂浆挤入缝隙,待水泥砂浆硬化后,用草酸洗去牛皮纸,然后用白水泥浆擦缝,如图 10-20 所示。

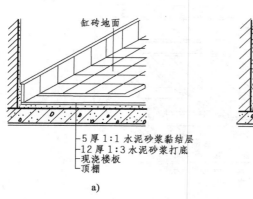
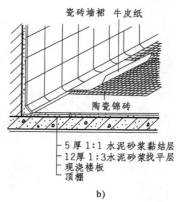

图 10-20　缸砖、瓷砖楼地面
a)缸砖楼地面;b)陶瓷锦砖楼地面

2. 花岗岩板、大理石板楼地面

花岗岩板、大理石板的尺寸一般为 300mm × 300mm ~ 600mm × 600mm,厚度为 20 ~ 30mm,属于高级楼地面材料。铺设前应按房间尺寸预定制作,铺设时需预先试铺,合适后再开始正式粘贴,具体做法是:先在混凝土垫层或楼板找平层上实铺 30mm 厚 1:(3 ~ 4)干硬性水泥砂浆结合层,上面撒素水泥面(洒适量清水),然后铺贴楼地面板材,将缝隙挤紧,用橡皮锤或木锤敲实,最后用素水泥浆擦缝,如图 10-21 所示。

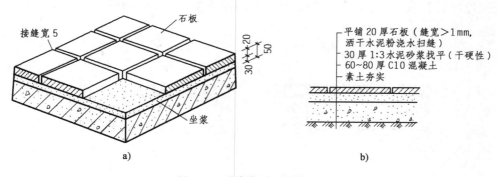

图 10-21　花岗岩、大理石楼地面
a)直观图;b)断面图

(三)木楼地面

木楼地面弹性好、不起尘、易清洁、导热系数小,但造价较高,是一种高级楼地面的类型。木楼地面按构造方式分有空铺式和实铺式两种。

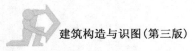

1. 空铺式木楼地面

空铺式木楼地面是将木楼地面架空铺设,使板下有足够的空间便于通风,以保持干燥,具体构造见图 10-22。由于木楼地面构造复杂,耗费木材较多,故一般用于要求环境干燥、对楼地面有较高弹性要求的房间。

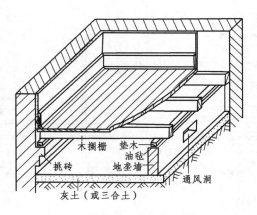

图 10-22　空铺式木地面

2. 实铺式木楼地面

实铺式木楼地面有铺钉式和粘贴式两种做法。铺钉式木楼地面是先在混凝土垫层或楼板上固定小断面木格栅,然后在木格栅上铺定木质板材而形成的木楼地面。木格栅的断面尺寸一般为 50mm×50mm 或 50mm×70mm,间距 400~500mm,木质板材可采用单层或双层做法,如图 10-23a)所示。粘贴式木楼地面是在混凝土垫层或楼板上先用 20mm 厚 1:2.5 的水泥砂浆找平,干燥后用专用黏结剂黏结木质板材而形成的木楼地面,如图 10-23b)所示。粘贴式木楼地面由于省去了格栅,所以比铺钉式节约木材、施工简便、造价低。

当在地坪层上采用实铺式木楼地面时,须在混凝土垫层上设防潮层。

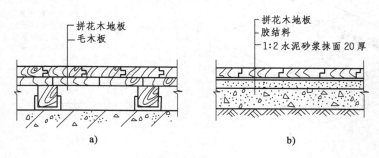

图 10-23　实铺式木楼地面

a)铺钉式双层实铺木楼地面;b)粘贴式木楼地面

3. 复合木地板楼地面

复合木地板一般由四层复合而成,第一层为透明人造金刚砂的超强耐磨层,第二层为木纹装饰纸层,第三层为高密度纤维板的基材层,第四层为防水平衡层。各层间经高性能合成树脂浸渍后,再经高温、高压压制,四边开榫而成。复合木地板的规格精度高,特别耐磨,阻燃性、耐污性好,保温、隔热及观感方面可与实木地板相媲美。

复合木地板的规格一般为 $8mm \times 190mm \times 1200mm$,一般采用悬浮铺设的方法,即在较平整的基层上铺设一层聚乙烯薄膜作防潮层后,于复合木地板间榫接铺设。榫槽用专用的防水胶密封,以防止地面水向下浸入。

二 踢脚板和墙裙

踢脚板是地面与墙面交接处墙脚的构造处理,主要作用是保护墙面,并遮盖墙面与地面的接缝,防止生活中造成的碰撞损坏和清洗地面时的污染。踢脚板在构造上通常按地面的延伸部分来处理,高度一般为 $120 \sim 150mm$。常用的踢脚板材料有水泥砂浆、釉面砖、木板等,可凸出墙面、与墙面平齐或凹进墙面,如图 10-24 所示。

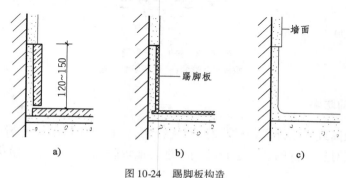

图 10-24 踢脚板构造
a)突出墙面;b)与墙面平齐;c)凹进墙面

墙裙是墙的内表面下部的装修处理,高度一般为 $900 \sim 1200mm$,主要起保护和装饰作用。室内装修等级较高时可做木墙裙、大理石墙裙等。卫生间、厨房的墙裙,要求能够防水和便于清洗,多做水泥砂浆墙裙、釉面瓷砖墙裙等,高度可适当提高到 $900 \sim 2000mm$。

三 楼地层的特殊构造

(一)楼地层变形缝

当建筑物设置变形缝时,变形缝应贯通楼地层的各个层次,并在构造上保证楼板层和地坪层能够满足变形和美观的要求。

1. 楼板层变形缝

楼板层变形缝的宽度应与墙体变形缝一致,上部用金属板、预制水磨石板、硬塑料板等盖缝,以防止灰尘下落,下部(顶棚处)用木板、金属调节片等做盖缝处理。盖缝板应与一侧固定,另一侧自由,以保证缝两侧结构能够自由变形,如图 10-25a)所示。

2. 地坪层变形缝

当地坪层采用刚性垫层时,变形缝应从垫层到面层都断开,下部填沥青麻丝,面层处理同楼面,如图 10-25b)所示。当地坪层采用非刚性垫层时,可不设变形缝。

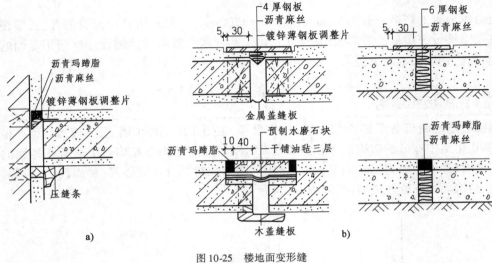

图 10-25　楼地面变形缝

a)楼板层变形缝；b)地平层变形缝

(二) 地坪层的防潮

当地下水位较高或室内外高差较小时,潮气较大,会影响建筑结构的耐久性、室内卫生和人体健康,因此,应对较潮湿的地坪进行防潮处理。地坪防潮有以下几种做法。

1.设防潮层

当混凝土垫层干燥后,在上面刷热沥青或聚氨酯防水层,形成防潮层,以防止潮气上升;也可在混凝土垫层下干铺设一定厚度的粗砂、碎石等大颗粒材料,以切断地下毛细水的上升途径,如图 10-26a)所示。

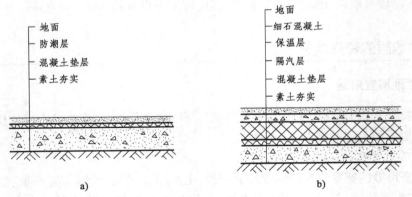

图 10-26　地坪层防潮

a)设防潮层；b)设保温层

2.设保温层

在垫层与面层之间设保温层来降低室内与地坪下的温差,以防止潮气上升,如图 10-26b)所示。为防止潮气进入保温层中,需在保温层下设置隔气层。

3. 架空地坪层

利用地垄墙将地坪层架空,在架空层高度范围的外墙上设置通风口,利用架空层与室外空气的流动,带走潮气,达到防潮的目的,如图 10-27 所示。

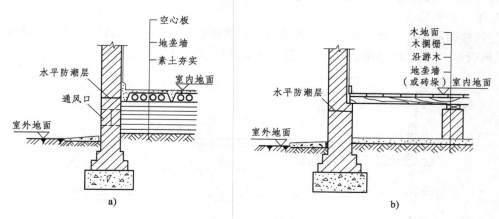

图 10-27　架空地坪层防潮
a)架空预制板空铺地坪;b)架空木地板

(三)楼地面的防水

建筑中受水影响的房间,如卫生间、厨房、盥洗室、洗浴中心等,其楼地面必须做好排水与防水处理。从有利于防水的角度考虑,楼地层的结构层宜为整体性较好的现浇钢筋混凝土楼板,面层应选用防水性、整体性好的材料,如水泥砂浆、现浇水磨石、缸砖、瓷砖、陶瓷锦砖等,并在结构层与面层之间设置防水层。防水层一般选用防水砂浆、防水卷材或防水涂料等,并沿四周墙体向上延伸 $100 \sim 150$ mm,在门洞口处向外延伸不小于 250mm。为防止溢水,受水影响房间的地面应降低 $20 \sim 50$ mm,并设不小于 1% 的坡度,坡向地漏,如图 10-28 所示。

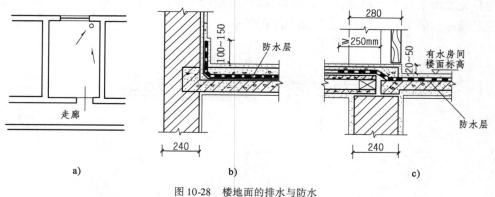

图 10-28　楼地面的排水与防水
a)楼地面排水;b)墙身防水;c)洞口处延伸

(四)楼板层的隔声

楼板层隔声的关键是隔绝撞击声,主要做法有以下三种。

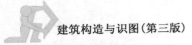

1. 利用面层隔声

利用面层隔声即楼地面选用有弹性的面层材料(如地毯、橡胶地毡、塑料地毡、软木板等)来铺设,这种做法构造简单,隔声效果显著。

2. 浮筑楼面隔声

浮筑楼面隔声即在楼板与楼面之间增设一层弹性垫层,如泡沫塑料、木丝板、甘蔗板、软木板、矿棉板等,或将面层架空,使面层与楼板完全隔开,如图 10-29 所示。

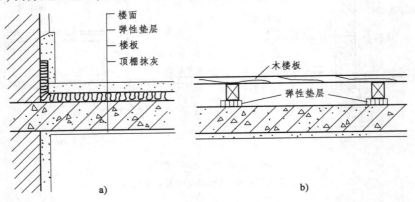

图 10-29 浮筑楼面隔声

a)设弹性垫层;b)龙骨下设弹性垫层,并将面层架空

3. 吊顶隔声

吊顶隔声即在楼板下方悬吊顶棚,利用吊顶与楼板之间的空气间层来隔声。如果在吊顶上铺设吸声材料,可进一步提高隔声效果。悬吊顶棚构造见下节。

(五)隔墙下楼板的局部加固

为避免隔墙下楼板因局部受压而破坏,除要求隔墙尽量选择轻质隔墙外,还应对隔墙下的楼板采取局部加固措施,一般做法如图 10-30 所示。

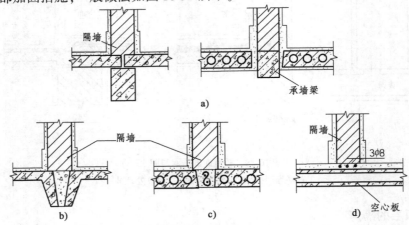

图 10-30 隔墙下楼板的局部加固

a)搁置在梁上;b)搁置在板肋上;c)加大板缝,缝内配筋;d)隔墙底部配筋

第四节　顶　棚　构　造

顶棚又称天花板,是楼板层或屋顶下面的装修层。按顶棚的构造方式分,有直接式顶棚和悬吊式顶棚两种类型。

一 直接式顶棚

直接式顶棚是指在钢筋混凝土楼板下直接喷刷涂料、抹灰或粘贴饰面材料的构造做法,如图 10-31 所示。直接式顶棚施工工艺简单,造价低,广泛用于大量性的民用建筑中,常有以下几种做法。

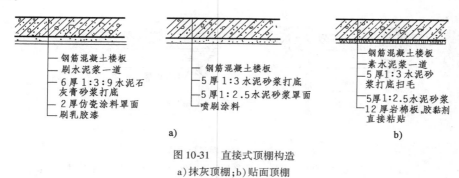

图 10-31　直接式顶棚构造
a)抹灰顶棚;b)贴面顶棚

1. 直接喷、刷涂料顶棚

当楼板(屋面板)底面平整,室内装修效果要求不高时,可直接(或稍加修补刮平后)喷刷大白浆或涂料等。

2. 抹灰顶棚

抹灰顶棚所用的材料一般为水泥砂浆、混合砂浆、纸筋灰等。抹灰前将板底打毛,可一次成活,也可分几次抹成,抹灰厚度一般控制在 10mm 左右。当楼板(屋面板)底面不够平整或室内装修要求较高时,可在板底先抹灰后,再喷刷各种涂料。

3. 贴面顶棚

贴面顶棚一般用于对装修效果要求较高或有保温、隔热、吸声等要求的房间,做法是在板底找平后粘贴壁纸、壁布或装饰吸声板材,如石膏板、矿棉板等。

二 悬吊式顶棚

悬吊式顶棚简称吊顶,一般由吊筋、骨架和面层三部分组成。由于悬吊顶棚的装修面层与屋面板或楼板之间留有一定的空间,可以隐藏不平整的结构底面和附着在结构底面的设备管线,也可以通过顶棚空间高度的变化,使室内空间获得一定的层次变化,大大提高装饰效果。

1. 吊筋

吊筋是连接骨架(又叫吊顶基层)与承重结构层(屋面板、楼板、大梁等)的传力杆件,一般

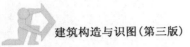
采用的是 $\phi6 \sim \phi8$ 钢筋、8 号铅丝或 $\phi8$ 螺栓。它与钢筋混凝土楼板的固定方法有预埋件锚固、预埋筋锚固、膨胀螺栓锚固和射钉锚固,如图 10-32 所示。

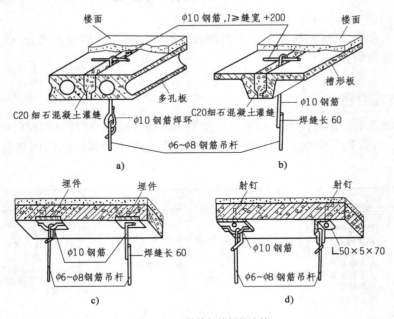

图 10-32　吊筋与楼板的连接

a)空心板吊筋;b)槽形板吊筋;c)现浇板预埋铁件;d)现浇板射钉安装铁件

172

2. 骨架

骨架主要由主、次龙骨(又叫搁栅)组成,其作用是承受顶棚荷载并由吊筋传递给屋面板(或楼板),如图 10-33 所示。骨架按材料分,有木骨架和金属骨架两种类型。为节约木材和提高建筑物的耐火等级,多采用轻钢龙骨和铝合金龙骨。

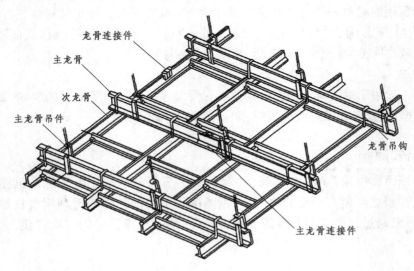

图 10-33　悬吊顶棚骨架

3. 面层

顶棚面层的主要作用是装饰室内空间,有时还起到吸声、反射光线等作用。面层构造做法一般分为抹灰类(如板条抹灰、钢板网抹灰、苇箔抹灰等)和板材类(如纸面石膏板、穿孔石膏吸声板、钙塑板、铝合金板等)两种类型,如图10-34所示。

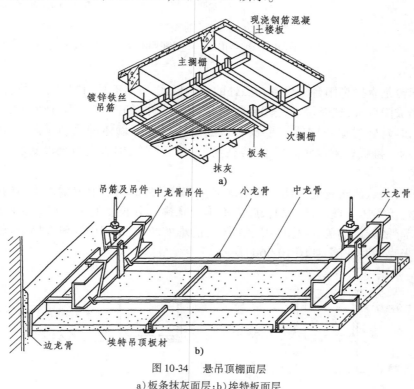

图 10-34 悬吊顶棚面层
a)板条抹灰面层;b)埃特板面层

第五节 阳台与雨篷

一 阳台

阳台是楼房建筑中各层伸出室外的平台,它给人们提供了一处不需下楼就可享用室外活动的空间,可以在其上休息、眺望、从事家务等活动。阳台由阳台板和栏杆、扶手组成,阳台板是阳台的承重结构,栏杆、扶手是阳台的围护构件,设在阳台临空的一侧。

阳台按照其与外墙的相对位置,分为凸阳台、凹阳台和半凸半凹阳台,如图10-35所示。按照它在建筑平面上的位置,分为中间阳台和转角阳台;按照施工方式,分为现浇阳台和预制阳台。

(一)阳台的结构类型

1.墙承式

墙承式结构的阳台是将阳台板直接搁置在横墙上,由横墙来承受阳台传来的荷载。这种阳台结构稳定、可靠,施工方便,凹阳台多属于这种结构形式,如图10-36a)所示。

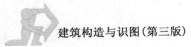

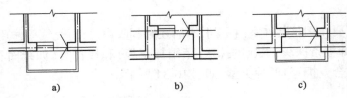

图 10-35　阳台的形式
a)凸阳台;b)凹阳台;c)半凸半凹阳台

2.挑板式

挑板式阳台是直接将阳台板悬挑在墙外的结构形式,一般有两种做法:一种是将房间楼板向墙外悬挑形成阳台板,这时楼板是阳台板的抗倾覆构件,如图 10-36b)所示;另一种是压梁式,即阳台板和墙梁(过梁或圈梁)现浇在一起,利用梁上部墙体的重力来防止阳台倾覆,如图 10-36c)所示。挑板式阳台底面平整,构造简单,外形轻巧,但板受力比较复杂。

3.挑梁式

挑梁式阳台是从建筑物的横墙上伸出挑梁,上面搁置阳台板,形成梁板式结构的阳台。为防止阳台倾覆,挑梁压入横墙部分的长度应不小于悬挑部分长度的 1.5 倍。这种阳台底面不平整,挑梁端部外露,影响美观,也使阳台封闭时的难度加大,工程中一般在挑梁端部增设与其垂直的边梁,来克服其缺陷,如图 10-36d)所示。

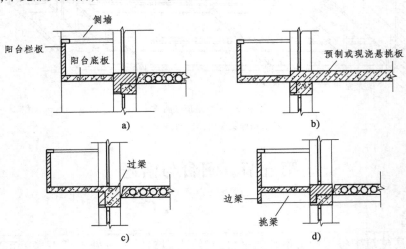

图 10-36　阳台的结构类型
a)墙承式;b)楼板悬挑式;c)压梁式;d)挑梁式

(二)阳台的细部构造

1.阳台的栏杆扶手

栏杆的形式有三种:空花栏杆、栏板和组合栏杆,如图 10-37 所示。

空花栏杆有较强的空透性,装饰效果好,在公共建筑和南方地区的建筑中应用较多。空花栏杆多采用金属栏杆和预制混凝土栏杆。金属栏杆一般采用圆钢、方钢、扁钢或钢管等制作而成。为保证安全,栏杆应有适宜的尺度,低、多层住宅阳台栏杆净高不应低于 1.05m,中高层住宅阳台栏杆净高不应低于1.1m,但也不应大于1.2m。空花栏杆垂直杆之间的净距不应大于110mm,也不宜设水平分格,以防儿童攀爬。此外,栏杆应与阳台板有可靠的连接,通常是在阳台板顶面预埋扁钢与金属栏杆焊接,也可将栏杆插入阳台板的预留空洞中,用砂浆灌注。

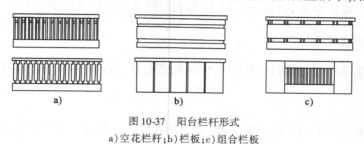

图 10-37　阳台栏杆形式
a)空花栏杆;b)栏板;c)组合栏板

栏板便于阳台封闭,在北方地区的居住建筑中应用广泛。栏板多为钢筋混凝土栏板,有现浇和预制两种:现浇栏板通常与阳台板整浇筑一起;预制栏板可预留钢筋与阳台板的预留空洞浇筑在一起,或与预埋铁件焊接。

组合栏杆目前品种繁多,一般以金属材料做骨架,上面固定玻璃、塑料等材质的栏板,有较强的装饰效果。

扶手是阳台栏杆(栏板)上部安装的供人手扶持用的杆件,有金属管、塑料、混凝土等类型,选择时应与栏杆相匹配。空花栏杆上多采用金属管和塑料扶手,栏板和组合栏板多采用混凝土扶手。

2. 阳台排水

为避免阳台上的雨水积存和流入室内,阳台须做好排水处理。阳台面应低于室内地面20~50mm,并设置不小于1%的排水坡,坡向排水口。排水口一般设在阳台前端两侧,内埋直径40~50mm的镀锌钢管或塑料管(称作水舌),外挑长度不小于80mm,阳台面上积水就由水舌排除,如图 10-38a)所示。为避免阳台排水影响建筑物的立面形象,采用内排水方式,也可将阳台的排水口与室外雨水管相连,由雨水管排除阳台积水,如图 10-38b)所示。

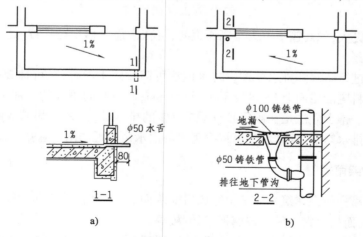

图 10-38　阳台排水构造
a)水舌排水;b)雨水管排水

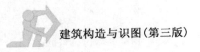

二 雨篷

雨篷设置在建筑物外墙出入口的上方,用来遮挡风雨,保护大门,同时对建筑物的立面有较强的装饰作用。雨篷主要有钢筋混凝土雨篷和金属骨架雨篷两大类。

(一) 钢筋混凝土雨篷

钢筋混凝土雨篷一般与建筑主体结构整体浇筑而成,按照结构形式分为板式雨篷和梁板式雨篷两种类型。

1. 板式雨篷

板式雨篷一般与门洞口上的过梁整浇,上下表面相平。从受力角度考虑,雨篷板一般做成变截面形式,根部厚度不小于70mm,端部厚度不小于50mm,如图10-39a)所示。

2. 梁板式雨篷

当门洞口尺寸较大,雨篷挑出尺寸也较大时,雨篷应采用梁板式结构。梁板式雨篷由挑梁和板组成,为使建筑大门处空间整齐、美观,一般将挑梁翻在板的上面成翻梁,使雨篷底面取平,如图10-39b)所示。

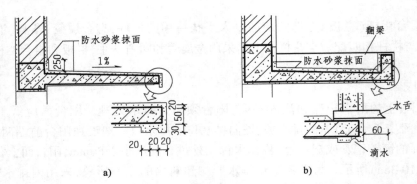

图10-39　钢筋混凝土雨篷构造
a) 板式雨篷;b) 梁板式雨篷

当雨篷尺寸更大,如雨篷下方为车辆通道时,可在雨篷下面设柱支撑,这时的雨篷便成为梁板柱结构的雨篷。

雨篷顶面应进行防水和排水处理。防水做法可铺贴防水卷材,也可抹20mm厚的防水砂浆抹面。防水材料应沿墙面上升,高度不小于250mm,同时在雨篷板的下部边缘做滴水,防止雨水沿板底漫流。排水做法是在雨篷顶面设置1%的排水坡,并在一侧或双侧设排水管将雨水排除。为避免排水影响立面效果,可将雨篷上的雨水由附近的雨水管集中排除。

(二) 金属骨架雨篷

金属骨架雨篷一般在建筑主体结构完成后安装而成,由金属骨架和面板组成。金属骨架多采用轻钢骨架,面板材料一般为玻璃板、彩钢板等。

玻璃雨篷的特点是结构轻巧、造型美观、透明新颖、富有现代感,也是现代建筑中广泛采用的一种雨篷,如图10-40所示。

图 10-40 玻璃雨篷

  彩钢雨篷一般与钢结构建筑整体配合,具有结构与造型简练、轻巧,施工便捷、灵活,装饰效果好的特点,同时富有时代感,在现代建筑中使用越来越广泛,如图 10-41 所示。

图 10-41 彩钢雨篷

◀ 本 章 小 结 ▶

  1. 楼地层是楼板层与地坪层的总称。地坪层承受一层房间的使用荷载并传给地基;楼板层是楼房建筑中的分层构件,它承受并传递楼层上的荷载,并对墙体起着水平支撑的作用。楼板层由楼面、楼板、顶棚等部分组成,地坪层由地面、垫层、基层等部分组成。

  2. 楼板是楼板层的结构层,应用最为广泛的是钢筋混凝土楼板。钢筋混凝土楼板按照施工方式分为预制钢筋混凝土楼板、现浇钢筋混凝土楼板、装配整体式钢筋混凝土楼板和压型钢板混凝土组合楼板。

  预制钢筋混凝土楼板按构造形式分为实心平板、槽形板、空心板三种,特点是整体性较差,构造上应加设锚固和灌缝等措施。现浇钢筋混凝土楼板根据构造形式分为板式、梁板式、无梁式和现浇空心楼板,特点是整体性好,有利于抗震,故应用广泛。

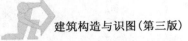

3. 楼地面是楼地层面层的统称。按照楼地面所用的材料和施工工艺不同,楼地面有整体楼地面、块材楼地面和木楼地面等。

踢脚板和墙裙是与地面相连接的对墙体起保护作用的构造,所用材料应与地面材料协调一致。

楼地层应根据使用要求做好防潮、防水及隔声处理。

4. 顶棚是楼板层或屋顶下面的装修层。按其构造方式分为直接式顶棚和悬吊式顶棚两种类型。直接式顶棚又分为直接喷、刷涂料顶棚、抹灰顶棚和贴面顶棚,由于其施工工艺简单,造价低,广泛用于大量民用建筑中。悬吊式顶棚一般由吊筋、骨架和面层三部分组成,可以隐藏设备管线和结构,装饰效果好,故在装饰效果要求高的公共建筑中多用。

5. 阳台和雨篷属于悬挑结构,结构上要解决好抗倾覆的问题。

阳台的承重结构形式有墙承式、挑板式和挑梁式,应注意栏杆、扶手的围护安全,并注意处理好板面的排水问题。

钢筋混凝土雨篷一般与建筑结构整体浇筑而成,在建筑中应用广泛,其结构形式有板式和梁板式,在保证结构安全的前提下,要处理好防水排水问题。玻璃雨篷和彩钢雨篷属于新型雨篷,经后装配而成,承重结构一般为金属结构。

第十一章
楼梯及其他垂直交通设施

【学习目标】

了解楼梯的类型、组成及电梯的基本知识;熟悉楼梯的设计要求、主要尺度及台阶、坡道的构造;掌握钢筋混凝土楼梯的构造。

【职业能力目标】

能够根据楼梯的组成与构造要求,进行楼梯的构造设计,并能准确识读钢筋混凝土楼梯施工图。

两层以上的建筑就需要设置楼梯、电梯、自动扶梯、台阶、坡道等竖向交通设施。由于楼梯构造简单,使用方便,造价较低,能够满足人们日常垂直交通需求,所以楼梯便成为最为普遍的一种垂直交通设施;电梯一般用于高层建筑或虽为多层,但有特殊垂直运送需求的商场、医院等建筑中;自动扶梯则用于人流量较大的车站、商场等建筑中;台阶通常用来联系室内外高差;坡道用于多层车库或无障碍设计中的垂直交通设施。

第一节 楼梯概述

一 楼梯的组成

楼梯由楼梯段、平台、栏杆扶手三部分组成,如图 11-1 所示。

(一)楼梯段

楼梯段简称梯段,是楼梯的主要使用和承重部分。它由若干个踏步组成,每个踏步一般由两个相互垂直的平面组成,供人脚踏的水平面称为踏面,与之垂直(或稍倾斜)的立面称为踢面。踏面、踢面之间的尺寸关系决定了楼梯的坡度。为避免人们上下楼梯过度疲劳,一个梯段的踏步数不应超过 18 级;为避免因踏步数量过少而不易觉察,使人摔倒,踏步数不应少于3 级。

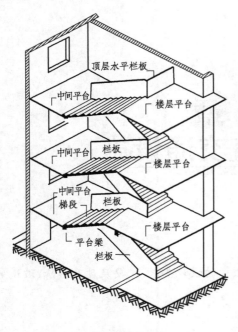

图 11-1　楼梯的组成

(二)平台

平台是联系两个楼梯段的水平构件,一般由平台梁、平台板组成。根据其所处位置分为楼层平台和中间平台。与楼层标高一致的平台为楼层平台,介于两个楼层之间的平台为中间平台。平台可供人们上下楼梯时调节疲劳和转换方向之用。

相邻平台和梯段所围成的空间称为楼梯井。

(三)栏杆和扶手

楼梯栏杆和扶手一般设置在梯段的边缘及平台临空的一边,共同起着安全防护的作用,扶手供人行走时扶持。栏杆和扶手必须保证足够的安全高度,并应坚固可靠。

栏杆有实心栏板和镂空栏杆之分,上部供人们倚扶的配件称扶手。栏杆和扶手也是建筑内部重点装饰的地方,在选择材料及形式时要注意其艺术效果。

布置楼梯的房间称为楼梯间,常见的楼梯间有三种类型:开敞楼梯间、封闭楼梯间、防烟楼梯间,如图 11-2 所示。

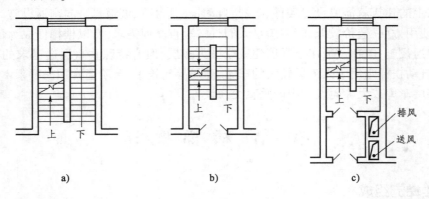

a)　　　　　　　　　b)　　　　　　　　　c)

图 11-2　楼梯形式
a)开敞式楼梯间;b)封闭式楼梯间;c)防烟楼梯间

二　楼梯的类型

楼梯的分类方式较多,按位置分为室内楼梯、室外楼梯;按使用性质分为主要楼梯、辅助楼梯、消防楼梯、疏散楼梯;按材料分为木楼梯、竹楼梯、钢筋混凝土楼梯、金属楼梯和混合材料楼梯;按外形分为直行楼梯、平行双跑楼梯、双分(双合)楼梯、转折楼梯、剪刀楼梯、螺旋楼梯、弧形楼梯。以下简要介绍按外形分类的楼梯类型。

(一)直行楼梯

直行楼梯给人以直接顺畅的感觉,导向性强。单跑直行楼梯多用于层高较小的、使用率不高的住宅户内楼梯;双跑直行楼梯常用于人流量较大的公共建筑中的大厅中。直行楼梯的缺点是占用的交通面积较大,连续上下楼层时,缺乏通行的连续性,增加了人流行走的距离,如图11-3 所示。

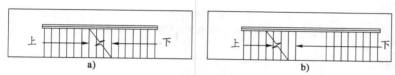

图 11-3　直行楼梯

a)单跑直行楼梯;b)双跑直行楼梯

(二)平行双跑楼梯

平行双跑楼梯由两个等宽、平行反向的梯段组成,中间设休息平台。这种楼梯便于布置,使用方便,是最为常见、也是使用最广的一种,如图11-4 所示。

(三)双分(双合)楼梯

双分(双合)楼梯是在平行双跑楼梯基础上演变产生的,如图11-5 所示。双分(双合)楼梯的形式均衡对称、典雅庄重,有较大的交通疏散能力,通常用作人流量较大公共建筑的主要楼梯。

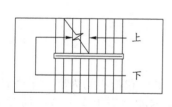

图 11-4　平行双跑楼梯

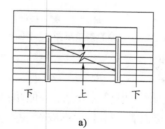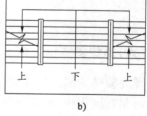

图 11-5　双分(双合)楼梯

a)双分楼梯;b)双合楼梯

(四)转折楼梯

转折楼梯的相邻梯段一般互成90°角,中部常形成较大楼梯井,使楼梯间空间开阔,视觉范围增大,常用于层高较大的公共建筑中。供少年儿童使用的建筑物不宜采用此种楼梯,若采用此种楼梯,应采取安全防护措施。在设有电梯的建筑中,楼梯井作为电梯井位置,但这时电梯井会遮挡楼梯上行人的视线,如图11-6 所示。

转折楼梯的人流导向较自由,折角可变。当折角≥90°时,由于其行进方向具有类似直行双跑楼梯的连续感,故常用于仅上一层楼的影剧院、体育馆等建筑物中。

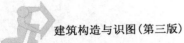

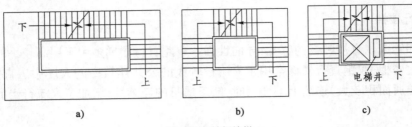

图 11-6　转折楼梯

a)转折双跑楼梯;b)转折三跑楼梯;c)楼梯井中布置电梯

(五) 剪刀楼梯

剪刀楼梯由两个双跑直行楼梯并列布置而成,也可以认为是由两个平行双跑楼梯共用中间平台组合而成,如图 11-7 所示。剪刀楼梯的通行能力强,空间开敞,有利于不同方向的人流组织,多用于人流量较大的公共建筑中。

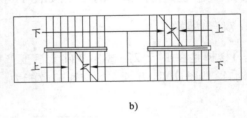

图 11-7　剪刀楼梯

a)直观效果图;b)平面图

(六) 螺旋楼梯

螺旋楼梯的踏步通常是围绕一根单柱布置,平面呈圆形。其平台和踏步均为扇形平面,因踏步内侧宽度很小,形成的坡度较陡,行走时不安全,故这种楼梯不能作为主要人流交通和疏散楼梯,但由于其流线型造型美观,常布置在艺术观赏性较强的庭院或室内,如图 11-8 所示。

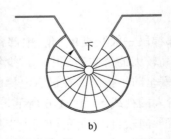

图 11-8　螺旋楼梯

a)直观效果图;b)平面图

（七）弧形楼梯

弧形楼梯与螺旋楼梯的不同之处在于,踏步围绕一较大的轴心空间旋转布置,水平投影未构成圆,仅为一段弧环,其扇形踏步的内侧宽度也较大(≥220mm),坡度不至于过陡,可以用来通行较多的人流。当弧形楼梯布置在公共建筑的门厅时,具有明显的导向性,造型优美轻盈,但其结构和施工难度较大,如图11-9所示。

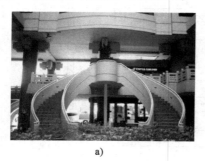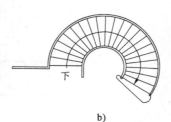

a)

b)

图11-9 弧形楼梯

a)直观效果图;b)平面图

三　楼梯的尺度

（一）平面尺度

1.梯段宽

楼梯的梯段宽(D),是墙面到扶手中心线之间的水平距离。梯段宽应满足防火疏散要求和搬运家具需要,应根据建筑的类型、耐火等级、层数及疏散人数和通过的人流股数来确定。

人流较多的公共建筑的梯段宽应根据通行的人流股数来确定,单股人流通行的宽度为$550 + (0 \sim 150)$mm。实际工程中,满足一股人流通行的梯段宽应不小于900mm,两股人流梯段宽为$1100 \sim 1400$mm,三股人流梯段宽为$1650 \sim 2100$mm。一般公共建筑梯段宽应至少保证两股人流通行,如图11-10所示。

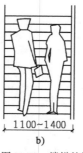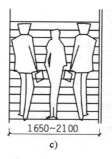

≥900

1100~1400

1650~2100

a)

b)

c)

图11-10 楼梯的梯段宽

a)一股人流梯段宽;b)两股人流梯段宽;c)三股人流梯段宽

对于平行双跑楼梯,在楼梯间的尺寸已定的情况下,梯段宽应按开间确定。如图11-11所示,当楼梯间开间净宽为A时,则梯段宽D为:

$$D = \frac{A - C - 2E}{2} \qquad (11\text{-}1)$$

式中:D——梯段宽;

　　　A——楼梯间净开间;

　　　C——楼梯井宽度;

　　　E——栏杆、扶手占据的宽度,一般为60mm(当栏杆、扶手位于楼梯井时不包括此项)。

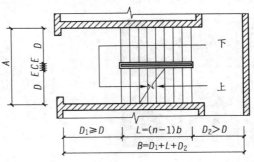

图 11-11　楼梯的平面尺度

2. 楼梯井宽度

楼梯井宽度(C)为两梯段和平台临空侧围成的缝隙宽。考虑消防、安全和施工的要求,楼梯井宽度以60~200mm为宜。有儿童经常使用的楼梯,当梯井净宽大于200m时,必须采取安全措施。

3. 平台宽度

平台宽度指梯井处扶手中心线至墙面的水平距离(D),分为中间平台宽度(D_1)和楼层平台宽度(D_2),为确保通过楼梯段的人流和货物能顺利地在楼梯平台上通过,平台宽度应大于或等于梯段宽度,并且不小于1.1m。在有门开启的出口处和有构件突出处,楼梯平台应适当放宽,如图11-12所示。

如果是开敞式楼梯间,楼层平台可以与走廊合并使用,此时楼层平台的净宽为最后一个踏步前缘到靠近走廊墙面的距离,一般不少于500mm,如图11-13所示。而对于封闭式楼梯间,楼层平台尺寸应比中间平台更大一些,以便于人流疏散。

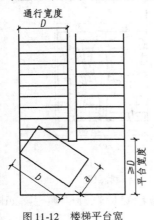

图 11-12　楼梯平台宽

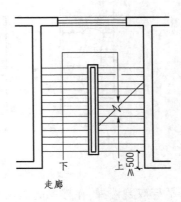

图 11-13　开敞式楼梯间的楼层平台

184

4.梯段长度

梯段长度(L)是楼梯段的水平投影长度,取决于踏面宽(b)和梯段上踏步数量(n)。梯段长度为 $L=(n-1)b$,楼梯的平面尺度如图11-11所示。

(二) 剖面尺度

1.楼梯的坡度和踏步尺寸

(1)楼梯的坡度。

楼梯的坡度是指梯段中各级踏步前缘连线与水平面形成的夹角。楼梯坡度不宜过大也不宜过小,常用坡度范围为23°~45°,其中以30°左右较为适宜。楼梯坡度小时,行走舒适,但占地面积大;坡度大时可节约面积,但行走较吃力。确定楼梯坡度应根据楼梯的使用频率、使用对象的体质状况和经济等因素综合考虑,如公共建筑中的楼梯及室外的台阶常采用26°34′的坡度,即踢面高与踏面宽之比为1:2;居住建筑的户内楼梯可以达到45°;坡度超过45°的属于爬梯,爬梯一般用于通往屋顶、电梯机房等非公共区域。楼梯坡度范围如图11-14所示。

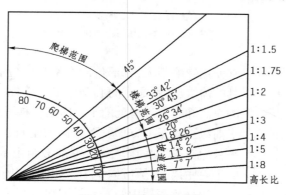

图11-14 楼梯的坡度范围

(2)踏步尺寸。

踏步尺寸包括踏面宽和踢面高,两者投影长度之比决定了楼梯的坡度。根据人们上一级踏步相当于在平地上行走一步的习惯,踏面的宽度应大于成年男子脚的长度,踢面高度取决于踏面的宽度,两者之和与人的自然跨步长度相近,它们的尺寸关系应满足下列经验公式:

$$2h + b = 600 \sim 620\text{mm}(或 h + b = 450\text{mm}) \tag{11-2}$$

式中:　　h——踢面高度,mm;

　　　　　b——踏面宽度,mm;

$600 \sim 620\text{mm}$——一般人的平均步距。

常见建筑楼梯踏步尺寸的取值范围见表11-1。

常见建筑楼梯踏步尺寸的取值范围(mm)　　　　　　　　表11-1

楼 梯 类 别	最小宽度 b(范围)	最大高度 h(范围)
住宅公用楼梯	250(260~300)	180(150~175)
幼儿园楼梯	260(260~280)	150(120~150)
医院、疗养院等楼梯	280(300~350)	160(120~150)

楼 梯 类 别	最小宽度 b(范围)	最大高度 h(范围)
学校、办公楼等楼梯	260(280~340)	170(140~160)
剧院、会堂等楼梯	(300~350)	(120~150)

在不改变楼梯坡度的情况下,为了使人们上下楼梯时更加舒适,可采用图11-15所示措施来增加踏面宽度。

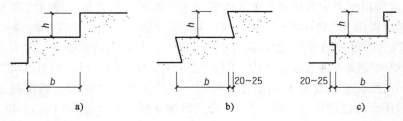

图 11-15　踏步处理

a)正常踏步;b)踢面倾斜;c)加做凸缘

2.楼梯的净空高度

楼梯净空高度对楼梯的正常使用影响很大,各部位的净空高度应满足人流通行和搬运家具的需求,并考虑人的心理感受。楼梯的净空高度包括楼梯段的净高和平台过道处的平台净高。梯段净空高度是指楼梯段踏步前缘至其正上方梯段下表面的垂直距离,一般应大于2.2m;平台净空高度是指平台过道地面至上部结构最低的(平台梁)的垂直距离,一般应大于2m,如图11-16所示。

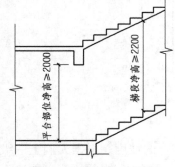

图 11-16　楼梯的净空高度

当楼梯底层中间平台设置对外出入口时,为保证平台梁下净空高度≥2m,常采用以下几种处理方法。

(1)将楼梯的底层第一跑梯段加长,设计成级数不同的"长短跑"楼梯,由于第二跑梯段的踏步级数减少,梯段多为折板或折梁形式,如图11-17a)所示。

(2)各梯段级数不变,降低底层中间平台下的地面标高,使其低于底层室内地坪标高±0.000。但降低后的地坪标高仍应高于室外地坪,以免雨水内溢,如图11-17b)所示。

(3)既降低底层中间平台下的地面标高,又将两梯段设计成"长短跑",如图11-17c)所示。

(4)底层采用直跑楼梯,如图11-17d)所示。

3.扶手高度和栏杆净距

楼梯扶手高度是指踏步前缘至扶手顶面的垂直距离,一般不小于0.9m。室外楼梯,特别是消防楼梯的扶手高度应不小于1.1m。楼梯栏杆水平段的长度超过0.5m时,其高度不应低于1.05m。使用对象主要为儿童的建筑中,需要再设置一道约0.60m高的扶手,以适应儿童的身高,如图11-18所示。对于养老建筑以及需要进行无障碍设计的场所,楼梯扶手的高度一般为0.85m。为防止儿童在楼梯扶手上作滑梯游戏,可在扶手上加设防滑块。

楼梯栏杆垂直杆件间净空不应大于110mm。

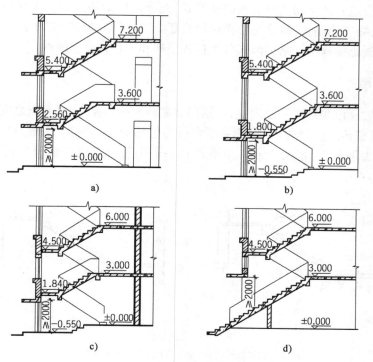

图 11-17　对外出入口的几种处理方法

a)底层设计成"长短跑"；b)降低底层室内地坪；c)既降低室内地坪，又"长短跑"；d)直跑楼梯

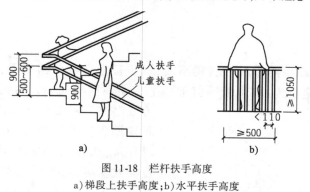

图 11-18　栏杆扶手高度

a)梯段上扶手高度；b)水平扶手高度

第二节　钢筋混凝土楼梯

在建筑工程中,由于钢筋混凝土楼梯耐久性和耐火性均好,因此应用最为广泛。钢筋混凝土楼梯按施工工艺的不同,分为现浇钢筋混凝土楼梯和预制装配式钢筋混凝土楼梯。

 现浇钢筋混凝土楼梯

现浇钢筋混凝土楼梯是指在施工现场将楼梯段和平台浇筑在一起的楼梯,其优点是整体

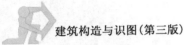

性好,刚度大,能适应各种楼梯间平面和楼梯形式,充分发挥钢筋混凝土楼梯的可塑性。但缺点是模板耗费多,施工周期长,故多用于楼梯形式复杂、抗震要求高的建筑中。

现浇钢筋混凝土楼梯根据结构形式分为板式楼梯和梁板式楼梯两种。

(一) 板式楼梯

板式楼梯的楼梯段相当于一块现浇板,倾斜搁在楼梯平台梁上,平台梁之间的距离便是楼梯段的跨度,其荷载传递途径为:楼梯段→平台梁→楼梯间墙(基础),如图 11-19a)所示。也有的板式楼梯省去平台梁,把两个或一个平台和一个梯段组合成一个折形板,如图 11-19b)所示。

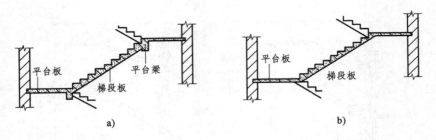

图 11-19　板式楼梯

a)带平台梁的板式楼梯;b)带平台板的板式楼梯

板式楼梯的楼梯段底面平整、美观,也便于装饰,一般适用于荷载较小、层高较小的住宅、宿舍等建筑。

(二) 梁板式楼梯

梁板式楼梯的梯段由踏步板和斜梁组成,踏步板把荷载传给斜梁,斜梁两端支承在平台梁上,其荷载传递途径为:踏步板→斜梁→平台梁→楼梯间墙。斜梁可位于踏步板的下方或上方。斜梁在下方的为正梁式梯段,这种楼梯造型较为明快,但在板下梁的阴角容易积灰,如图 11-20a)所示。斜梁在上方的为反梁式梯段,这种楼梯可防止清扫楼梯时垃圾及污水污染梯段下面,并且楼梯段底面平整,但梯段的净宽减小,如图 11-20b)所示。梁板式楼梯由于梯段为梁板式结构,受力合理,故适用于荷载较大、层高较大的教学楼、商场等建筑。

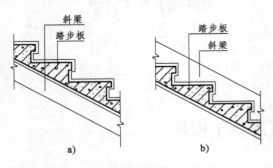

图 11-20　梁板式楼梯

a)正梁式梯段;b)反梁式梯段

当梁板式楼梯为正梁式梯段时,斜梁可仅在梯段一侧布置成单梁式,或布置在两侧成双梁式,或布置在中部成梁悬臂式,如图 11-21 所示。单梁式楼梯受力较复杂,但外形轻巧、美观,有良好的装饰性,多用于对建筑空间造型有较高要求时。

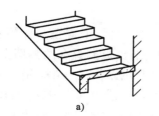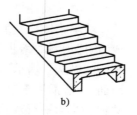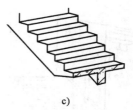

图 11-21　正梁式梯段

a) 单梁式梯段；b) 双梁式梯段；c) 悬臂式梯段

二　预制装配式钢筋混凝土楼梯

预制装配式钢筋混凝土楼梯是将楼梯的组成构件在工厂或工地现场预制，然后在施工现场拼装而成的楼梯。其优点是施工速度快，节省模板，构件预制质量易保证，施工受季节影响小，缺点是整体性、抗震性差，构件生产一次投资大。

根据预制装配式钢筋混凝土楼梯构造形式、构件尺度的不同，可分为小型构件装配式楼梯、中型构件装配式楼梯、大型构件装配式楼梯三种。

（一）小型构件装配式楼梯

小型构件装配式楼梯一般将楼梯的踏步和支承构件分开预制，其特点是构件小而轻，易制作，但施工繁而慢，一般适用于施工条件差的地区。

小型构件装配式根据支承结构不同，一般有梁支承、墙支承、悬挑式三种形式。

1. 梁承式楼梯

梁承式楼梯一般由踏步板、斜梁、平台梁和平台板四种预制构件组成。预制踏步搁置在斜梁上形成梯段，斜梁搁置在平台梁上，平台梁搁置在两边墙或柱上，如图 11-22 所示。平台板可用空心板或槽形板，搁在两边墙上，也可用小型的平台板搁在平台梁和纵墙上。斜梁形式应与踏步板协调，一字形、L 形踏步板应采用锯齿形斜梁，三角形踏步板应采用矩形斜梁。斜梁支承踏步板处用水泥砂浆坐浆连接，需加强时，可在斜梁上预埋插筋与踏步板支承端预留孔插接。斜梁与平台梁连接时，在支座处除了用水泥砂浆坐浆外，应在连接端预埋钢板进行焊接。

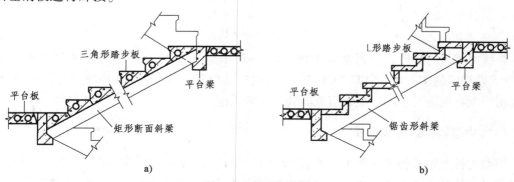

图 11-22　梁承式楼梯

a) 三角形踏步板、矩形断面斜梁；b) L 形踏步板、锯齿形梯段斜梁

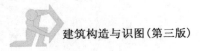

2. 墙承式楼梯

墙承式楼梯一般由踏步板、平台板两种预制构件组成,是把预制的踏步板、平台板搁置在两侧墙上,而省去斜梁的做法。墙承式楼梯的踏步板一般采用一字形、L形断面,一般适用于直行楼梯,或中间有电梯间的转折三跑楼梯。当为平行双跑楼梯时,楼梯间中间梯井位置需加砌一道砖墙,墙会影响搬运家具,也阻挡视线,为了采光和扩大视野,可在中间的墙上适当部位开设观察口,如图11-23所示。

墙承式楼梯构造简单,节省材料,但楼梯间空间狭窄,视线、光线受阻,搬运家具和人流上下时均感不便,且不利于抗震,一般用于标准较低的住宅建筑中。

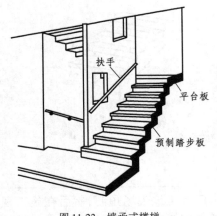

图11-23 墙承式楼梯

3. 悬挑式楼梯

悬挑式楼梯由踏步板、平台板两种预制构件组成,踏步板一端依次砌在墙内,另一端悬空,或采用现浇斜梁悬挑。踏步板用一字形板或正反L形板均可,一般肋在上的L形踏步,结构较为合理,使用最为普遍,如图11-24所示。

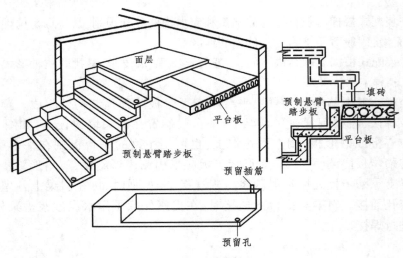

图11-24 悬挑式楼梯

悬挑式楼梯的悬臂长度通常为1200mm,一般不超过1500mm。由于省去了平台梁和斜梁,也无楼梯间的中间墙,所以造型轻巧,空间通透。但悬挑式楼梯的整体性差,抗震能力弱,一般用于没有抗震要求的小型建筑或非公共区域的楼梯。

(二) 中型构件装配式楼梯

中型构件装配式楼梯一般由梯段板、平台板、平台梁三种构件预制、拼装而成,有时也将平台梁和平台板合成一个构件预制。梯段板两端搁在平台梁出挑的翼缘上,将梯段荷载直接传给平台梁。根据梯段板在平台梁上的搁置方式不同,上下梯段踏步关系如图11-25所示。

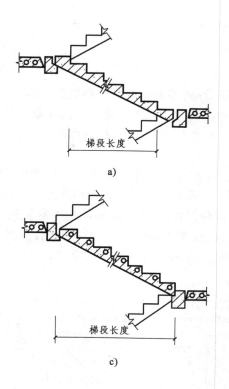

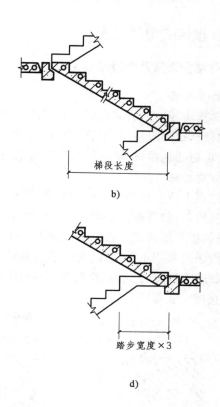

图 11-25　中型构件装配式楼梯

a)上下梯段齐步；b)上下梯段错一步；c)上下梯段齐步；d)上下梯段错多步

（三）大型构件装配式楼梯

大型构件装配式楼梯是将整个梯段和平台预制成一个构件,梯段按结构形式的不同,有板式梯段和梁板式梯段两种,如图 11-26 所示。

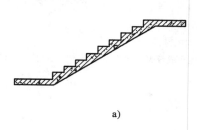

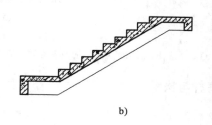

图 11-26　大型构件装配式楼梯

a)板式梯段；b)梁板式梯段

大型构件装配式楼梯的楼梯段和平台这一整体构件支承在钢支托或钢筋混凝土支托上,其特点是构件数量少,装配化程度高,施工速度快,但构件的通用性和互换性差,施工时需要大型起重运输设备,主要用于装配式工业化建筑中。

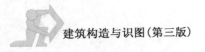

三 楼梯的细部构造

(一)踏步面层及防滑措施

1.踏步面层

楼梯作为楼房建筑的垂直交通枢纽,其使用率较高,踏面很容易受到磨损,影响行走和美观,因此楼梯踏面应坚固、耐磨、防滑、便于清洗,并应具有较强的装饰性。楼梯踏面材料一般与门厅、走道的地面材料相同,常用的有水泥砂浆、水磨石、地面砖和各种天然石材等。

2.防滑措施

考虑到人流在楼梯上通行的安全,楼梯踏面应采取防滑措施。防滑的一般做法是在踏步前缘做防滑条、防滑槽或防滑包口,如图 11-27 所示。设置防滑槽是在做踏步面层时留两道凹槽,凹槽长度一般按踏步长度每边减去 150mm。这种形式做法简单,但使用中易积灰,影响卫生。防滑条可采用水泥铁屑、金刚砂、铜条、马赛克、橡胶条等制作,一般做两道,宽度为 10 ~ 20mm,高出踏步面层 3mm,长度为踏步长度每边减 150mm。防滑包口采用成品缸砖包口或铸铁包口直接安装而成。

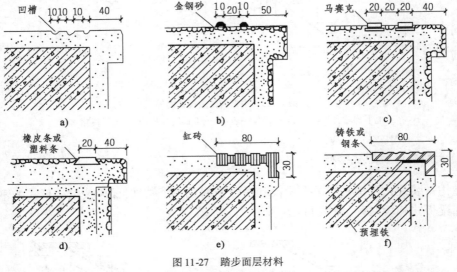

图 11-27 踏步面层材料

a)防滑槽;b)金刚砂防滑条;c)马赛克防滑条;d)塑料或橡胶防滑条;e)缸砖包口;f)铸铁包口

(二)栏杆与扶手

1.栏杆

栏杆是在楼梯段与平台空临一边所设的安全措施,也是建筑中装饰性较强的构件,对其构造要求是安全、坚固、美观,并应注意经济和施工维修方便。栏杆应选用坚固耐久的材料制作,要求具有一定强度和抵抗侧向推力的能力,避免人多相挤时发生事故。

楼梯栏杆的构造形式有空花栏杆、栏板及组合栏杆。

(1)空花栏杆。

空花栏杆多采用金属材料,如圆钢、方钢、扁钢、钢管及铸铁花饰等制作,如图 11-28 所示。

空花栏杆垂直构件间的净距不应大于110mm,对于经常有儿童活动的建筑,空花栏杆的分格应设计成儿童不易攀登的竖向形式,以确保安全。

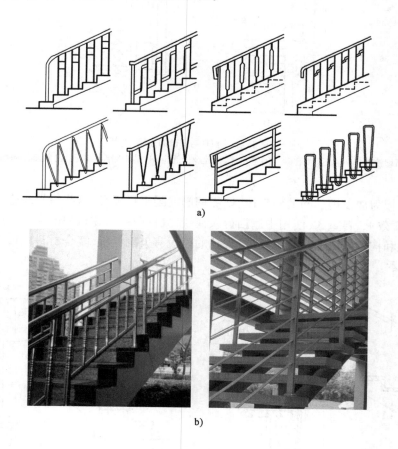

图 11-28　栏杆类型
a)空花栏杆式样;b)空花栏杆实例

　　空花栏杆的固定方式有:与预埋件焊接、预留孔后装、与埋件栓接、用膨胀螺栓固定等。其安装部位多在梯段的边缘或侧边位置,如图 11-29 所示。

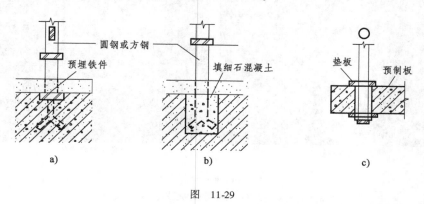

图　11-29

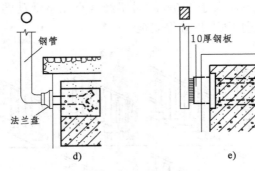

图 11-29 栏杆与梯段的连接

a)梯段预埋铁件;b)梯段预留孔砂浆固定;c)预留孔螺栓固定;d)踏步侧面预留孔;e)踏步侧面预埋铁件

（2）栏板。

传统的栏板为加设钢筋网的砖砌体、现浇钢筋混凝土栏板等,这些栏板在施工时现场湿作业量大、施工工效低、自重大,使用中遮挡行人视线,故目前新建建筑中已很少采用。随着新型建筑材料出现和构造做法的改良和发展,现在的栏板有玻璃栏板、复合材料栏板等。栏板构造如图 11-30 所示。

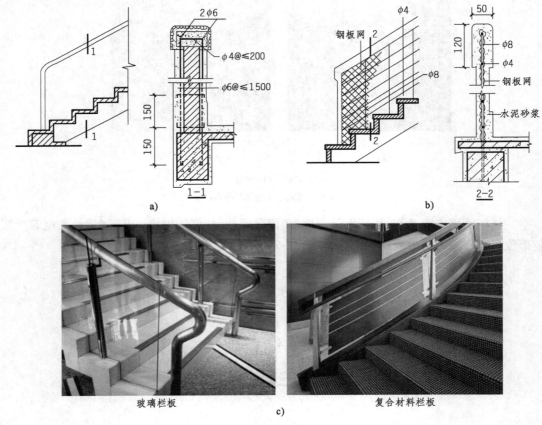

图 11-30 栏板

a)1/4 砖砌栏板;b)钢板网水泥栏板;c)栏板实例

（3）组合栏杆。

组合栏杆是空花栏杆与栏板相结合的一种形式。空花部分多为金属材料,栏板可选用木板或钢化玻璃等,如图11-31所示。

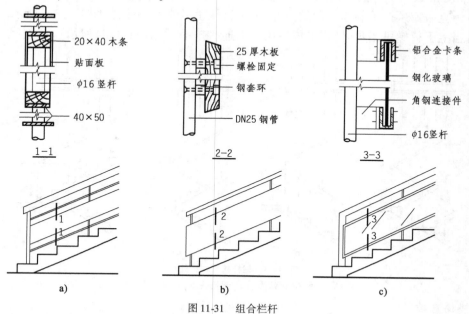

图11-31　组合栏杆

a）贴面板栏板；b）木板栏板；c）钢化玻璃栏板

2. 扶手

扶手是栏杆或栏板上部设置的供人手扶持的杆件。扶手应坚固、耐磨、光滑、美观,多采用木材、金属、塑料等材料制作,断面形状有圆、方、扁形等,顶面宽度一般不超过90mm,以便于扶握为宜。木扶手用木螺丝通过扁铁与栏杆连接,塑料扶手、金属扶手则通过焊接或螺钉连接,靠墙扶手则由预埋铁脚的扁钢通过木螺丝来固定,如图11-32所示。

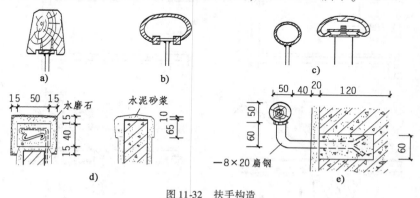

图11-32　扶手构造

a）木扶手；b）塑料扶手；c）金属扶手；d）栏板扶手；e）靠墙扶手

3. 扶手转折处理

平行双跑楼梯的扶手在平台处需转折,一般有以下几种处理方案。

（1）当上下行梯段齐步时,上下行扶手同时伸进平台半步,扶手为平顺连接,在转折处的高度与其他部位一致,如图 11-33a)所示。

（2）当平台宽度较窄时,扶手不宜伸进平台,只能紧靠平台边缘设置,这时扶手为高低连接,在转折处形成向上弯曲的鹤颈扶手,如图 11-33b)所示。

（3）为克服鹤颈扶手制作麻烦的情况,上下行扶手可改用斜接,如图 11-33c)所示。

（4）当上下行梯段错步时,将形成一段水平连接扶手,如图 11-33d)所示。

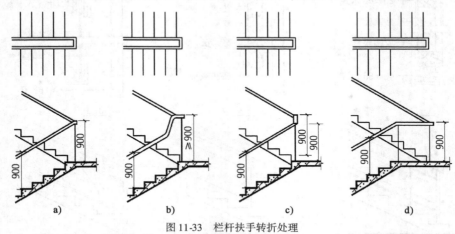

图 11-33 栏杆扶手转折处理

a)平顺扶手;b)鹤颈扶手;c)斜接扶手;d)水平连接扶手

4. 楼梯基础

首层第一个梯段不能直接搁置在地面上,应设置基础支撑。基础的做法有两种:一种是在楼梯段下设砖、石材或混凝土条形基础;另一种是在首层第一梯段下方设置断面不小于 240mm × 240mm 的钢筋混凝土基础梁,由基础梁将荷载传给楼梯间墙,如图 11-34 所示。当地基持力层深度较浅时,首层梯段下方采用条形基础比较经济,但地基的不均匀沉降对楼梯有影响。

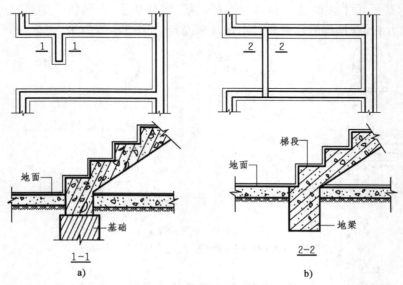

图 11-34 首层第一梯段基础

a)梯段下设条形基础;b)梯段下设基础梁

第三节　室外台阶和坡道

 室外台阶

室外台阶位于建筑出入口外侧,用来联系室内外地坪的高差。此外,室外台阶对建筑的立面具有很强的装饰作用,设计时既要实用,还要注意美观。

(一)室外台阶的形式

室外台阶由平台和踏步(或坡道)组成,平台是室内地坪的延伸,踏步(或坡道)是联系室内外高差的关键部分。在不考虑车辆通行时,一般做成踏步,有单面踏步式、三面踏步式等形式;如果考虑汽车能在大门入口处通行,则采用台阶与坡道相结合的形式,如图11-35所示。

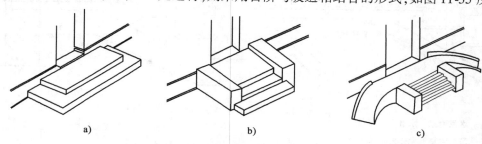

图11-35　室外台阶的形式
a)单面踏步式;b)三面踏步式;c)台阶与坡道结合

(二)室外台阶的尺度

室外台阶的踏步级数根据室内外地坪高差确定,形成的坡度应比室内楼梯更平缓,每步踏步高度为120~150mm,宽度为300~400mm。平台表面应比底层室内地面的标高略低,并应做向外倾斜1%~4%的流水坡,以免积水或雨水流入室内。平台宽度应比大门洞口每边至少宽出500mm,平台进深的最小尺度应保证在门开启后,还有站立一个人的位置,即其尺寸不小于门扇宽加300~600mm,一般应不小于1000mm,以作为人们上下台阶的缓冲空间,如图11-36所示。

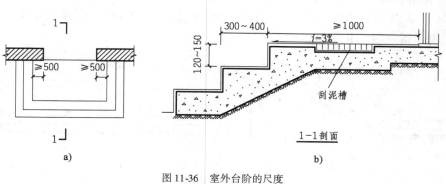

图11-36　室外台阶的尺度
a)台阶平面;b)台阶剖面

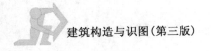

(三)室外台阶的构造

室外台阶有两种构造形式,即实铺式和架空式。实铺式室外台阶的构造与地坪类似,由面层、垫层和基层组成,如图 10-37a)所示。季节冰冻地区的室外台阶下应用大颗粒的土如矿渣、粗砂、碎砖三合土等做垫层,如图 10-37b)所示。当台阶尺度较大或土壤冻胀严重时,为保证台阶不开裂和塌陷,一般采用架空台阶。架空式室外台阶是在外墙和地坪间架设梁板式梯段形成室外台阶,如图 10-37c)所示。石砌台阶如图 10-37d)所示。

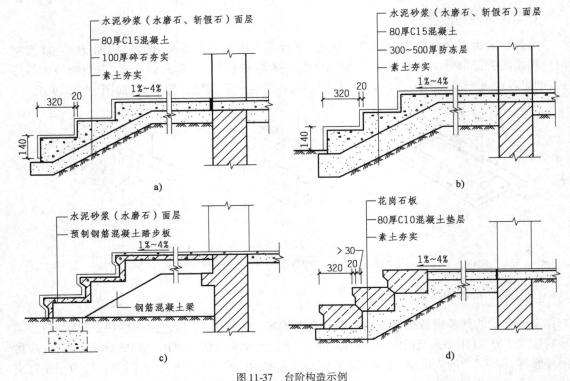

图 11-37 台阶构造示例

a)混凝土台阶;b)设防冻层台阶;c)钢筋混凝土架空台阶;d)石砌台阶

台阶的构造要点是对变形的处理,考虑房屋主体沉降、热胀冷缩、冰冻等因素可能造成台阶变形破坏,一般的解决方法是将二者结构完全脱开,在坡道与建筑物外墙根部之间留置变形缝,缝内用玛蹄脂嵌固,如图 11-38 所示。

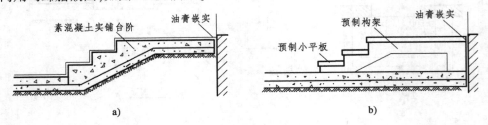

图 11-38 台阶与主体结构脱开示意图

a)实铺台阶;b)架空台阶

当室内外高差较大,台阶高度超过 1.0m 时,宜设护栏,如图 11-39 所示。

图 11-39　室外台阶护栏形式

室外台阶踏步面层要考虑防滑和抗风化问题,宜用抗冻性好、耐风化、表面耐磨的材料,如水泥砂浆、天然石材、防滑地面砖等,垫层材料应采用抗冻、抗水性能好且质地坚实的材料。

二 坡道

坡道按所处的位置不同分为室内坡道和室外坡道。坡道的坡度一般在 1:6 ~ 1:12,坡度超过 1:10 时,就应采取防滑措施。

(一)室内坡道

近年来,室内坡道成了多层车库和一些大中型超市的主要垂直交通设施,由于室内坡道的坡度通常小于 10°,所以上下楼层比较省力,但是所占面积比楼梯面积大的多。

(二)室外坡道

建筑物入口处,为便于车辆进出,需做坡道;如果是安全疏散门,在门口的外面必须设坡道而不允许设台阶;一些医院为了方便病人上下和手推车通行的方便,也采用坡道。坡道应采用耐久性好的材料,如混凝土、天然石等。对经常处于潮湿环境、坡度较陡的坡道需作防滑处理,如图 11-40 所示。

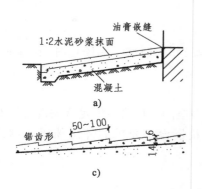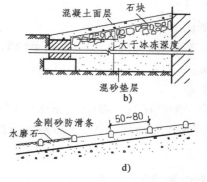

图 11-40　坡道的构造
a)混凝土坡道;b)块石坡道;c)锯齿形防滑;d)防滑条防滑

第四节 电梯与自动扶梯

一 电梯

高层建筑的垂直交通以电梯为主,其他有特殊功能要求的多层建筑,如大型宾馆、百货公司、医院等,除设置楼梯外,还需设置电梯以解决垂直交通和运输问题。

(一)电梯的类型

电梯按驱动方式分为:交流电梯 、直流电梯、液压电梯、齿轮齿条电梯、螺杆式电梯、直线电机驱动的电梯。

电梯按用途分为:乘客电梯、载货电梯、病床电梯、服务电梯、观光电梯、车辆电梯、船舶电梯、建筑使用电梯和其他电梯等。

电梯按行驶速度分为:高速电梯(5~10m/s)、中速电梯(2.5~5m/s)、低速电梯(2.5m/s以下)。

(二)电梯的基本构造

电梯由轿厢、井道、机房、地坑组成,如图11-41所示。轿厢是直接载人、运货的箱体。井道、机房、地坑组成电梯间,是电梯轿厢运行的空间,其构造形式和尺寸应符合轿厢的安装要求。

1. 电梯井道

电梯井道是电梯运行的通道。井道内布置有出入口、电梯轿厢、导轨、导轨撑架、平衡锤及缓冲器。电梯井道的井壁通常为砖墙、钢筋混凝土墙,目前大多选用钢筋混凝土墙,观光电梯可采用玻璃幕墙。井道各层的出入口即为电梯间的厅门,在出入口处的地面应向井道内挑出牛腿,作为乘客进入轿厢的踏板,如图11-42所示。

由于厅门是人流或货流频繁经过的部位,要求坚固、适用,并满足一定的美观要求。具体的做法是在厅门洞口上部和两侧安装门套进行装饰,门套多采用金属板贴面,金属板为电梯厂定型产品。

2. 井道地坑

井道地坑底部应低于底层地面标高至少1.4m,作为轿厢下降停止时缓冲器的安装空间,如图11-41所示。

3. 电梯机房

电梯机房一般设在井道的顶部,下部设有隔声空间。机房应满足有关设备的安装要求,并且具有良好的采光和通风条件,机房楼板应按机器设备要求的部位预留孔洞,如图11-43所示。

(三)布置电梯间应注意的问题

确定电梯间的位置及布置方式时,应充分考虑以下几点要求:

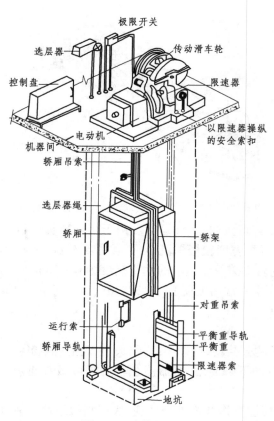

图 11-41 电梯的组成

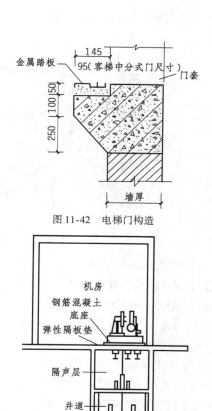

图 11-42 电梯门构造

图 11-43 电梯机房隔声处理

（1）电梯间应布置在人流集中的地方,如门厅、出入口等,位置要明显,电梯前面应有足够的等候面积,以免造成拥挤和堵塞。

（2）按防火规范的要求。设计电梯时应配置辅助楼梯,供电梯发生故障时使用。布置时可将两者靠近,以便灵活使用,并有利于安全疏散。

（3）电梯井道无天然采光要求,布置较为灵活,通常主要考虑人流交通方便、通畅。电梯等候厅由于人流集中,最好有天然采光及自然通风。

（4）电梯井道需解决防火、隔振、隔声、通风等问题。

（5）电梯门边通常需要为安装层间按钮、指示装置等预留孔洞。为了安装推拉门的滑槽,通常在门套下楼板边梁上做牛腿。

（6）电梯机房一般设置在电梯井道的顶部,液压电梯机房可设在底部,另有无机房电梯。

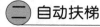 自动扶梯

自动扶梯是一种在一定方向上能大量、连续输送流动客流的装置。自动扶梯除了提供乘客一种既方便又舒适的上下楼层间的运输工具外,还可引导乘客按照设计路线游览、购物,并对大厅有良好的装饰效果。所以,自动扶梯是人流频繁而连续的大型公共建筑,如百货大楼、展览馆、游乐场、火车站、地铁站、航空港等的主要垂直交通设施,见图 11-44。

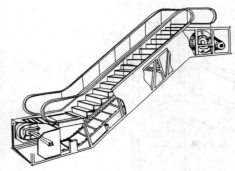

图 11-44　自动扶梯构造示意

自动扶梯的驱动速度一般为 0.45～0.5m/s，可正向、逆向运行。由于自动扶梯运行的人流都是单向，不存在侧身避让的问题，因此，其梯段宽度较楼梯更小，通常宽度有 600mm（单人携物）、1000mm、1200mm（双人）几种规格。自动扶梯一般运输的垂直高度为 0～20m，常用速度为 0.5m/s。理论载客量为 4000～13500 人次/h，常用坡度有 27.3°、30°、35°，其中 30°最为常用。

自动扶梯设计应注意下列问题：

（1）自动扶梯适用设置在有大量人流上下的公共场所，如车站、码头、空运港、商场等。

（2）自动扶梯可正、逆方向运行，可做提升和下降使用，机器停止转动时可做普通楼梯使用，但不可用作消防通道。

（3）自动扶梯的机械装置悬在楼板下面，楼层下作装饰外壳处理，底层则做地坑。在其机房上部自动扶梯口处应做活动地板，以利检修。

（4）自动扶梯洞口四周应按照防火分区要求采取防火措施，两侧留出 400mm 左右的空间为安全距离。

◣ 本 章 小 结 ▶

1. 楼梯按形式分为：直行跑楼梯、平行双跑楼梯、三跑楼梯、折行多跑楼梯、剪刀梯、螺旋梯和弧形楼梯。

2. 楼梯是建筑中主要的垂直交通设施，由楼梯段、平台、栏杆扶手三部分组成。

3. 楼梯的尺度分为平面尺度（梯段净宽、梯井宽度、平台宽度、梯段长度）和剖面尺度（楼梯坡度和踏步尺寸、楼梯的净空高度）。在平台下设出入口，当净空高度不满足 2m 时，可采用长短跑或利用室内外地面高差等办法予以解决。

4. 钢筋混凝土楼梯根据施工方式不同，分为现浇钢筋混凝土楼梯和预制装配式钢筋混凝土楼梯。现浇钢筋混凝土楼梯的结构形式有板式梯段、梁板式梯段。预制装配式钢筋混凝土楼梯按构造形式和尺度的不同，分为小型、中型和大型构件楼梯。小型构件装配式钢筋混凝土楼梯又分为墙承式、梁承式、悬挑式三种。

5. 楼梯的细部构造包括踏步面层与防滑、栏杆与扶手、扶手的连接及楼梯基础。

6. 室外台阶是联系建筑室内外地坪的垂直交通设施，由平台和踏步组成。台阶与坡道的构造做法基本相同，由基层、垫层、面层组成。

7. 电梯是高层建筑的主要垂直交通设施，有特殊功能要求的多层建筑也需设置电梯以解决垂直交通和运输问题。电梯由轿厢、井道、机房、地坑组成。

8. 自动扶梯是一种在一定方向上能大量、连续输送流动客流的装置，主要用于客流量大的公共建筑中。

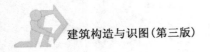

第十二章 屋 顶

【学习目标】

了解屋顶的作用、类型和平屋面排水方式;熟悉坡屋顶及平瓦屋面的构造做法;掌握平屋顶卷材防水屋面、刚性防水屋面基本构造和细部构造。

【职业能力目标】

能够根据建筑物的使用要求、屋顶的形式和防水要求,设计屋面的排水方式和防水做法;能读懂屋顶平面图和构造详图。

第一节 概 述

一 屋顶的作用和要求

(一)屋顶的作用

屋顶位于建筑物最顶部,是房屋最上层的水平围护结构。其主要作用有以下几方面。

1. 围护作用

屋顶将建筑顶部围合封闭起来,抵御自然界各种环境因素对建筑物的不利影响,如抵御风、霜、雨、雪的侵袭。其中防水、排水、保温、隔热对屋顶的基本功能要求,也是屋顶设计的核心。

2. 承重作用

屋顶承担上部荷载连同自重,应有必要的刚度和强度,做到安全稳定,坚固耐用。

3. 装饰建筑立面

屋顶是建筑外部形体的重要组成部分,其形式对建筑的造型极具影响,因此屋顶的形式应与建筑的整体形象相协调。

随着社会和建筑科技的进步,屋顶的功能逐渐向多样化发展。如为改善生态环境,将屋顶开辟成园林绿化空间;现代超高层建筑出于消防扑救的需要,要求屋顶设置直升机停机坪;某些"节能型"建筑,利用屋顶来安装太阳能集热器。

(二)屋顶的构造要求

作为承重和围护构件的屋顶,应满足强度、刚度、防水、保温隔热、抵御侵蚀等使用要求,同时还应做到自重轻、构造简单、施工方便、造价经济,并与建筑整体形象相协调。在这些构造要求中,防水是核心。屋顶防水效果需要通过选用合理排水方案、恰当的防水构造做法,并经过精心施工才能得到保证。

屋顶造价在多层房屋建筑中占建筑土建投资的 7% ~12% ,并随房屋层数的增加所占比例相应下降。在选择屋顶构造做法时,可通过压缩屋顶构造高度、减少材料消耗量及结构自重,以取得较好的经济效果。

 屋顶的类型

屋顶按外形分主要有平屋顶和坡屋顶,还有一些屋顶形式受屋顶结构限制,有不同的造型。

(一)平屋顶

一般将排水坡度小于 10% 的屋顶称为平屋顶。平屋顶常用的排水坡度为 2% ~3% ,上人屋顶通常为 1% ~2% 。平屋顶根据檐口构造形式不同又分为挑檐平屋顶、女儿墙平屋顶、挑檐女儿墙平屋顶、盝(音 lu:古代的一种小匣子)顶平屋顶等,如图 12-1 所示。

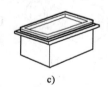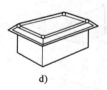

a)   b)   c)   d)

图 12-1 平屋顶类型
a)挑檐平屋顶;b)女儿墙平屋顶;c)挑檐女儿墙平屋顶;d)盝顶平屋顶

平屋顶的结构形式与楼盖基本类同,这有利于协调统一建筑与结构的关系,造型简洁,节约材料。平坦上部的空间,可设露台、屋顶花园,种植植物,也可设游泳池、体育场地、直升机停机坪等,大大提高了空间利用率。

(二)坡屋顶

坡屋顶的屋面坡度较陡,一般在 10% 以上。当建筑物宽度较小时可做单坡,宽度较大时常做双坡或四坡。对屋面坡度进行不同的处理,可形成硬山两坡顶、悬山两坡顶、庑殿顶、歇山顶、卷棚顶、圆攒尖顶等形式,如图 12-2 所示。

坡屋顶的构造高度大,对其内部做密闭填充或开敞通风处理,可提高屋顶的保温与隔热效果。坡屋顶在我国历史悠久,广泛用于民居建筑。某些现代建筑,考虑到景观环境和建筑风格的要求,也常采用坡屋顶。

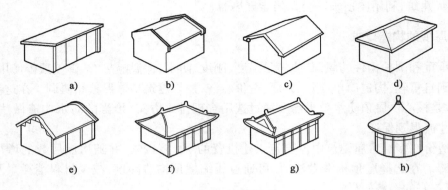

图 12-2　坡屋顶类型

a)单坡顶;b)硬山两坡顶;c)悬山两坡顶;d)四坡顶;e)卷棚顶;f)庑殿顶;g)歇山顶;h)圆攒尖顶

（三）其他形式的屋顶

随着科学技术的不断发展,出现了许多新型的屋顶结构形式,如薄壳、折板、悬索、网架、膜结构等空间结构体系,其形式流畅舒展,使得建筑群的造型更加丰富多彩,如图 12-3 所示。这些屋顶结构形式独特,内部可形成很大的通透空间,特别适合于大跨度的体育馆、展览馆等建筑。

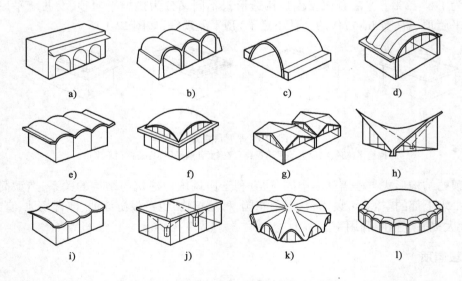

图 12-3　其他形式的屋顶

a)窑洞屋顶;b)砖石拱屋顶;c)落地拱屋顶;d)双曲拱屋顶;e)筒壳屋顶;f)扁壳屋顶;g)扭壳屋顶;h)落地扭壳屋顶;
i)双曲壳板屋顶;j)伞壳屋顶;k)抛物面壳屋顶;l)球壳屋顶

世界闻名的澳大利亚悉尼歌剧院,建造在风光旖旎的悉尼班尼郎岛上,因其三组白色的尖拱形屋顶的覆盖,整个剧院像一艘迎风扬帆破浪前进的帆船,充满了浪漫主义色彩,富有诗意,是班尼郎岛这个特定环境下的杰出建筑艺术品,如图 12-4 所示。

图 12-4 悉尼歌剧院

第二节 平 屋 顶

一 平屋顶的构造组成

屋顶主要解决承重、保温隔热、防水三方面问题,由于各种材料性能上的差异,目前很难有一种材料兼备以上三种功能。因此,屋顶就形成了承重、保温隔热、防水多种材料叠加的多层次构造,各层材料各尽其能。

平屋顶主要由屋面面层(或称防水层)、承重结构层、保温或隔热层和顶棚四个基本层次组成,如图 12-5 所示。

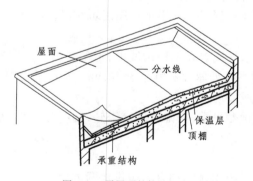

图 12-5 平屋顶的构造组成

二 平屋顶的排水

(一)屋面排水坡度

1. 屋面坡度的确定

屋面排水坡度的确定与屋面防水材料、地区降雨量的大小、屋顶结构形式、建筑造型要求以及经济条件等因素有关。对于一般民用建筑,确定屋面坡度主要考虑以下两个因素。

(1)防水材料。

防水材料若尺寸较小,接缝必然较多,缝隙处容易产生渗漏,因此屋面应有较大的排水坡度,如瓦屋面一般为坡屋顶。如果屋面的防水材料覆盖面积较大,接缝少而且严密,屋面的排水坡度就可以小些,如卷材屋面一般为平屋顶。

(2)当地降雨量。

降雨量大的地区,屋面渗漏的可能性较大,屋面的排水坡度应适当加大;反之,屋面排水坡度则应小些。

2.屋面坡度的形成

屋顶坡度的形成有结构找坡和材料找坡两种方式,如图12-6所示。

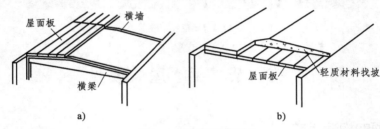

图 12-6　屋面坡度的形成
a)结构找坡;b)材料找坡

(1)结构找坡。

结构找坡即将屋面板按一定的坡度搁置在结构构件上,使结构本身形成排水所需的坡度。平屋顶用结构找坡时,屋顶坡度宜为3%以上。

结构找坡不需在屋顶另设找坡层,省工省料、施工简单、造价低,但屋面板略有倾斜,不利于日后建筑的加层,室内空间也不规整,用于民用建筑时需设吊顶。

(2)材料找坡。

材料找坡即将屋面板水平搁置在结构构件上,上部垫置轻质材料形成坡度。材料找坡一般适宜坡度为2%,铺设时最薄处厚度不宜小于30mm。常用的材料为水泥炉渣、石灰炉渣等,北方地区可利用保温层形成坡度。

材料找坡能够使室内顶棚平整,内部观感效果好,加层时方便,但增大了屋顶自重。

(二)屋顶排水方式

屋顶的排水方式分为无组织排水和有组织排水两大类。

1.无组织排水

无组织排水又称为自由落水,是屋面雨水顺坡由檐口自由落下至室外地坪的排水方式。无组织排水构造简单、排水可靠、造价低廉、维修方便。但落水时沿檐口形成水帘,雨水溅起会浸湿墙面,影响外墙的坚固耐久性,下落的雨水也影响人行道上的行人。在寒冷地区的冬季檐口流水会形成冰柱,冰柱可能会坠落伤人。所以,无组织排水一般只适用于降水量较小、房屋檐口高度低及次要建筑中。

2.有组织排水

有组织排水亦称天沟排水,是在屋顶设置与屋面排水方向垂直的纵向天沟,将雨水汇集起来,经水落口和水落管有组织地排到室外地面或室内地下排水管网。有组织排水又分为有组织外排水和有组织内排水两种方式。

（1）外排水。

外排水是屋面雨水经安装在外墙面上的雨水管排至室外地面的排水方式。平屋顶外排水根据檐口构造不同又分为挑檐沟外排水［图12-7a)］、女儿墙外排水［图12-7b)］、女儿墙挑檐沟外排水［图12-7c)］。

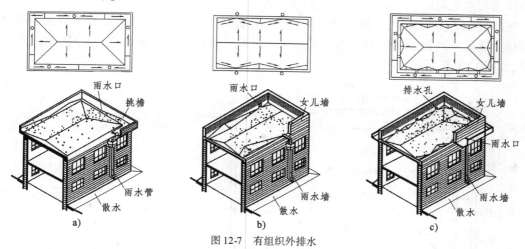

图12-7 有组织外排水

a)挑檐沟外排水；b)女儿墙外排水；c)女儿墙挑檐沟外排水

（2）内排水。

内排水是水落管设在室内的一种排水方式,在多跨房屋、高层建筑以及有特殊需要时采用。水落管可设在跨中的管道井内［图12-8a)］,也可设在外墙内侧［图12-8b)］。当屋顶空间较大,设有较高吊顶空间时,也可采用内落外排水［图12-8c)］。内排水的管路长、造价高,且雨水管在转折处易堵塞,管道经过室内时有碍观瞻,因此,只有当檐口有结冰危险或连跨屋面的中间跨处,采用其他排水方式不方便时才采用。

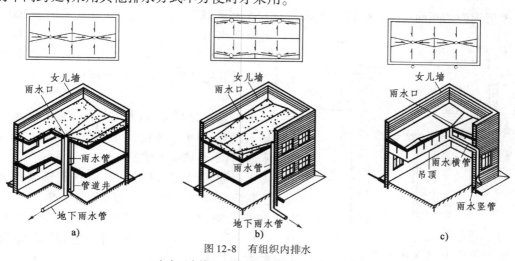

图12-8 有组织内排水

a)室内雨水管；b)室内幕墙雨水管；c)内落外排水

Architectural Construction and Architectural Recognition Graph

(三)排水装置

在有组织排水中,需要用到的排水装置有天沟(檐沟)、雨水口、雨水管等。

1.天沟(檐沟)

天沟即屋面上与排水坡度方向垂直的排水沟,位于檐口处的天沟又称檐沟。天沟的功能是将屋面雨水汇集后,顺沟底坡度通过雨水口排除。

平屋顶的天沟有两种,一种是用专门的槽形板做成矩形天沟,另一种是利用屋顶坡面的低洼部位由垫坡材料做成三角形天沟。天沟沟底沿长度方向应设置不小于1%的纵坡,坡向雨水口,如图12-9所示。

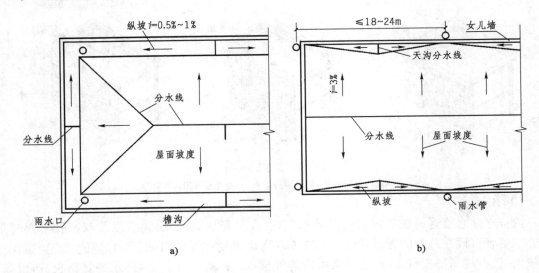

a)

b)

图12-9 天沟的形式

a)矩形天沟;b)三角形天沟

矩形天沟的断面尺度应根据地区降雨量和汇水面积的大小确定,净宽应不小于200mm,保证屋面雨水有足够的空间汇集。天沟上口与分水线的距离应不小于120mm,以免雨水从天沟外侧涌出或溢向屋面引起渗漏,如图12-10所示。

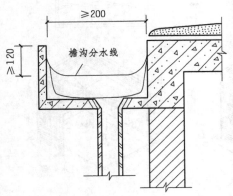

图12-10 矩形天沟的构造

2.雨水口

雨水口是设置在天沟(檐口)底部或女儿墙侧壁上的排水设施,用来将屋面雨水排至雨水管。雨水口应排水通畅,不易堵塞和渗漏。

雨水口通常为定型产品,有铸铁和塑料两类材质。塑料雨水口质地轻,不生锈,色彩多样,近年来采用的较多。雨水口分为直管式和弯管式两类,如图12-11所示。直管式设置在天沟(檐口)底部,弯管式设置在女儿墙的侧壁上。

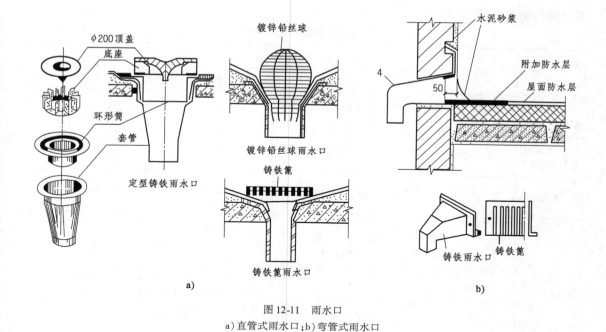

图 12-11　雨水口

a) 直管式雨水口；b) 弯管式雨水口

3. 雨水管

　　雨水管按材质分，有铸铁、镀锌铁皮、塑料（PVC）石棉水泥和陶土等雨水管。目前多采用塑料雨水管，直径有 50mm、75mm、100mm、125mm、150mm、200mm 几种规格，选择时应与雨水口配套。民用建筑雨水管的直径一般为 100mm，面积较小的阳台可用 75mm 的雨水管。雨水管的间距不宜过大，一般为 15～20m，最大不超过 24m，如图 12-12 所示。雨水管和墙面之间应留 20mm 的距离，沿高度方向每隔 1200mm 用管箍与墙面固定。

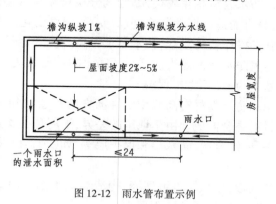

图 12-12　雨水管布置示例

三　平屋顶的防水构造

　　屋顶防水构造是屋顶构造做法的关键，防水层一般位于屋顶上部，习惯称之为屋面。根据防水材料不同，平屋顶的防水构造分为卷材防水屋面、刚性防水屋面、涂膜防水屋面等。

　　屋面应根据建筑物的使用性质、重要程度、气候特点以及防水层的合理使用年限，按不同等级进行防水设防,如表12-1所示。

屋面防水等级与防水材料 表12-1

| 项 目 | 屋 面 防 水 等 级 | | | |
	I 级	II 级	III 级	IV 级
建筑物类别	特别重要或对防水有特殊要求的建筑	重要的建筑和高层建筑	一般的建筑	非永久性的建筑
防水层合理使用年限	25 年	15 年	10 年	5 年
设防要求	三道或三道以上防水设防	二道防水设防	一道防水设防	一道防水设防
防水层选用材料	宜选用合成高分子防水卷材、高聚物改性沥青防水卷材、金属板材、合成高分子防水涂料、细石防水混凝土等材料	宜选用高聚物改性沥青防水卷材、合成高分子防水卷材、金属板材、合成高分子防水涂料、高聚物改性沥青防水涂料、细石防水混凝土、平瓦、油毡瓦等材料	宜选用高聚物改性沥青防水卷材、合成高分子防水卷材、三毡四油沥青防水卷材、金属板材、高聚物改性沥青防水涂料、合成高分子防水涂料、细石防水混凝土、平瓦、油毡瓦等材料	可选用二毡三油沥青防水卷材、高聚物改性沥青防水涂料等材料

注:1.表中采用的沥青均指石油沥青,不包括煤沥青和煤焦油等材料。

2.石油沥青纸胎油毡和沥青复合胎柔性防水卷材,系限制使用材料。

3.在 I、II 级屋面防水设防中,如仅做一道金属板材时,应符合有关技术规定。

（一）卷材防水屋面

卷材防水屋面是指以防水卷材相互搭接,黏合剂分层粘贴构成防水层的屋面。由于防水卷材具有一定的柔韧性,具有能适应振动影响、屋面变形、温度变化的能力,所以又叫作柔性防水屋面。卷材防水屋面施工操作较为复杂,技术要求较高。但只要严格遵守施工规范,一般就能保证防水质量,所以,卷材防水屋面是当前平屋顶防水的主要做法。

1.卷材防水屋面的基本构造(不考虑保温)

目前建筑工程中常用的防水卷材有高聚物改性沥青防水卷材和合成高分子防水卷材等。卷材防水平屋顶由多层材料叠合而成。由于地区的差异,平屋顶的构造层次也有所不同,一般包括结构层、找坡层、找平层、结合层、防水层和保护层等,如图12-13所示。

(1)结构层。

一般为钢筋混凝土屋面板,可预制也可现浇,构造类似于钢筋混凝土楼板,应有足够的刚度和强度,并满足安全稳定、坚固耐用的使用要求。

(2)找坡层。

平屋顶采用材料找坡时,一般宜选用轻质、廉价的材料形成排水坡度,通常做法是在结构层上铺1:(6~8)的水泥膨胀蛭石或水泥焦渣等。

(3)找平层。

在铺设卷材之前,必须先做找平层,以保证基底平整。一般为20~30mm厚的1:3水泥砂浆、细石混凝土或沥青砂浆。

（4）结合层。

结合层的作用是使基层与防水层黏接牢固。高分子卷材大多用配套的基层处理剂,也可采用冷底子油或稀释乳化沥青做结合层。

图 12-13　卷材防水屋面构造
a）不上人卷材防水屋面;b）上人卷材防水屋面

（5）防水层。

由防水卷材与胶结材料黏合而成,是屋面防水的关键层次。

铺贴高聚物改性沥青防水卷材和合成高分子防水卷材的胶结材料应与卷材的材料相适应,一般由厂家配套提供。粘贴方法有热熔法、冷粘法和自粘法。卷材的铺设方法应与屋面坡度相对应:屋面坡度小于 3% 时,卷材宜平行于屋脊线,从檐口向屋脊向上铺设,卷材上下边搭接长度不小于 70mm,通常为 80 ~ 120mm,左右边搭接长度不小于 100,通常为 100 ~ 150mm。屋面坡度在 3% ~ 15% 时,卷材可平行或垂直于屋脊线铺设;屋面坡度大于 15% 或受振动影响时,卷材应垂直于屋脊线铺设。

（6）保护层。

卷材防水层如果直接暴露在外,易受温度、阳光及氧气等作用易老化,故上部须加设保护层。保护层所用材料及做法应根据屋顶的使用要求而定。不上人屋面保护层的做法是:在最上一层沥青胶上趁热满粘一层粒径 3 ~ 5mm 的绿豆砂,也可在卷材表面涂刷水溶型或溶剂型的浅色保护着色剂,如氯丁银粉胶等。上人屋面保护层通常采用 20mm 厚 1：3 水泥砂浆铺贴缸砖、大阶砖、混凝土板等,也可现浇 30 ~ 40mm 厚 C20 细石混凝土。

2. 卷材防水屋面的细部构造

卷材防水屋面的细部构造包括泛水、檐沟、雨水口、变形缝、出入口等部位的构造处理。

（1）泛水。

泛水是屋面防水层与凸出屋面的构件,如女儿墙、水箱间、楼梯间、变形缝、检修孔等之间的防水构造。泛水处屋面与垂直墙面相交处应用找平层做出弧形或 45°斜面,铺贴泛水处的卷材应加铺一层附加防水层,并用满粘法粘贴牢固。墙体为砖墙时,卷材收头可直接铺至女儿

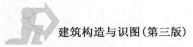

墙压顶下,用压条钉压固定并用密封材料封闭严密,压顶应做防水处理,如图 12-14a)所示;卷材收头也可压入砖墙凹槽内固定密封,凹槽距屋面找平层高度不应小于 250mm,如图 12-14b)所示;墙体为混凝土时,卷材收头可采用金属压条钉压,并用密封材料封固,如图 12-14c)所示。

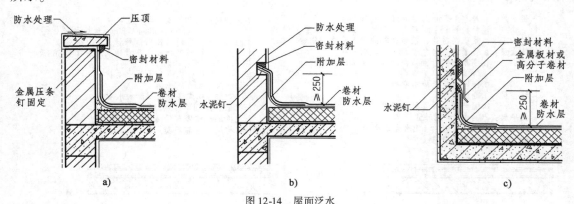

图 12-14 屋面泛水

a)女儿墙处泛水;b)砖墙泛水;c)钢筋混凝土墙泛水

泛水卷材粘贴好后,还需采取隔热防晒措施,做法是在砌砖上抹水泥砂浆或浇筑细石混凝土保护,也可采用涂刷浅色涂料或粘贴铝箔保护。

(2)檐口。

檐沟通常与圈梁现浇成整体。由于檐沟为悬挑构件,雨水在檐沟内积存时间较长,故檐沟应加强防水设防。檐沟内转角部位找平层应做成弧形或 45°斜面,采用沥青防水卷材时,应增铺 1~2 层卷材;如果采用高聚物改性沥青防水卷材或合成高分子防水卷材时,宜设置防水涂膜附加层,附加层与屋面交接处 200mm 范围应干铺,宽度不应小于 200mm。卷材收头处用水泥钉钉压条压牢固,再用密封材料(油膏或砂浆)封口,如图 12-15 所示。

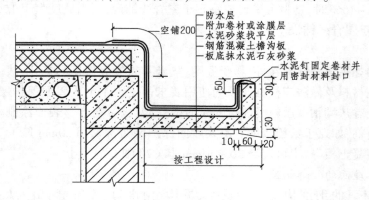

图 12-15 檐沟

(3)挑檐。

平屋顶的挑檐一般采用与圈梁整浇的钢筋混凝土挑板,屋面防水层沿屋面从檐口开始往上铺,在距离挑檐端部 800mm 范围内的卷材应采用满粘法,卷材收头压入找平层留置的凹槽内,用水泥钉钉牢,然后用密封材料密封,并在挑檐下端做滴水处理,如图 12-16 所示。

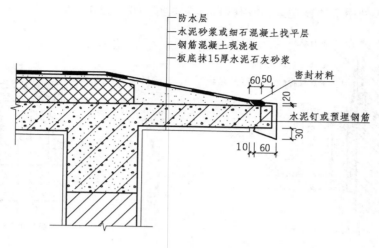

图 12-16 挑檐

（4）雨水口。

为避免雨水口周围雨水存留，雨水口周围 500mm 范围内屋面坡度不应小于 5% ，并应用厚度不小于 2mm 的防水涂料或粘贴卷材附加层加强。雨水口的埋设标高，应考虑增加的附加层和柔性密封层的厚度及排水坡度加大的尺寸。雨水口与屋面基层连接处，应留宽 20mm、深 20mm 凹槽，嵌填密封材料，如图 12-17 所示。

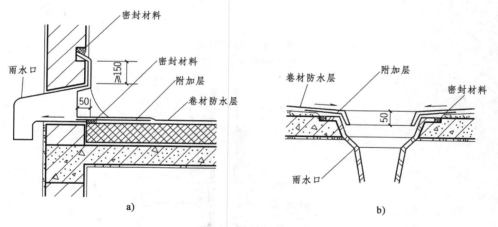

图 12-17 雨水口构造
a)弯管式雨水口;b)直管式雨水口

（5）屋面变形缝。

屋面变形缝处应采用能适应变形的密封处理，要求既能防止雨水浸入，又能保证屋顶的保温隔热效果。不上人屋面变形缝做法是在变形缝内填充泡沫塑料，上部填放衬垫材料，并用卷材封盖，顶部应加扣混凝土盖板或金属盖板，如图 12-18a) 所示;上人屋面变形缝处应保证屋面平整，以利于人的活动，如图 12-18b) 所示。

（6）伸出屋面管道。

伸出屋面管道周围的找平层应做成圆锥台形状，管道与找平层间应留凹槽，并嵌填密封材

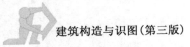

料。防水层收头处用金属箍箍紧,并用密封材料填实,如图 12-19 所示。

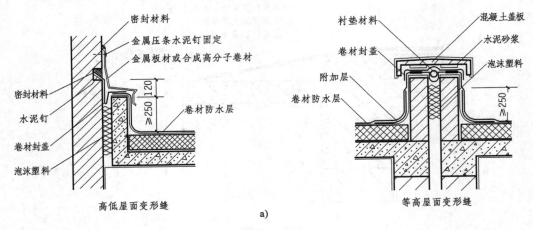

高低屋面变形缝　　　　　　　　　　　等高屋面变形缝

a)

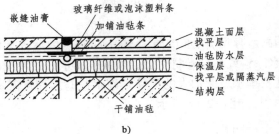

b)

图 12-18　屋面变形缝
a)不上人屋面变形缝;b)上人屋面变形缝

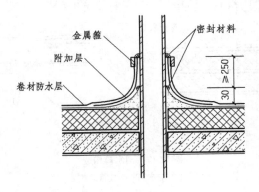

图 12-19　伸出屋面管道

(7)屋面出入口。

屋面出入口包括屋面上人孔和上人屋面出入口。屋面上人孔周围应用砖砌高出屋面不小于 250mm 的孔壁,屋面防水层沿孔壁铺贴,收头压在上部的混凝土压顶圈下如图 12-20a)所示;上人屋面出入口处的防水层收头,应压在混凝土踏步下,防水层的泛水应设护墙,如图 12-20b)所示。

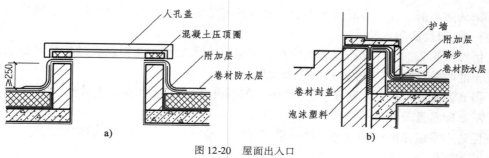

图 12-20　屋面出入口

a) 屋面上人孔；b) 上人屋面出入口

（二）刚性防水屋面

刚性防水屋面是指以刚性材料如水泥砂浆、细石混凝土、配筋细石混凝土等作为防水层的屋面。刚性防水屋面施工简单、操作容易、维修方便、造价较低，但刚性防水层对各种变形的适应性较差，对温度变化较敏感，易产生裂缝而渗水。

刚性防水屋面一般用于我国南方非保温地区，防水等级为Ⅲ～Ⅳ级的屋面防水，也可用作防水等级为Ⅰ～Ⅱ级的屋面多道设防中的一道防水层。

1. 刚性防水屋面的基本构造

刚性防水屋面由结构层、找平层、隔离层、刚性防水层组成，如图 12-21 所示。

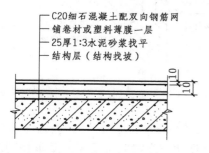

C20细石混凝土配双向钢筋网
铺卷材或塑料薄膜一层
25厚1:3水泥砂浆找平
结构层（结构找坡）

图 12-21　刚性防水屋面的基本构造

（1）结构层。

刚性防水屋面的结构层应具有足够的强度和刚度，一般采用现浇钢筋混凝土屋面板，以免结构变形过大而引起防水层开裂。当采用预制钢筋混凝土屋面板时，用掺微膨胀剂的强度等级不低于 C20 的细石混凝土灌缝。

刚性防水屋面的排水坡度一般采用结构找坡，所以结构层施工时要考虑倾斜搁置。

（2）找平层。

为使刚性防水层便于施工，厚度均匀，应在结构层上用 20mm 厚 1∶3 的水泥砂浆找平。当采用现浇钢筋混凝土屋面板时，若能够保证基层平整，可不做找平层。

（3）隔离层（浮筑层）。

为了减小结构层变形对防水层的影响，应在防水层下设置隔离层。隔离层一般采用麻刀灰、纸筋灰、低强度等级水泥砂浆或干铺一层油毡等做法。如果防水层中加有膨胀剂，其抗裂性较好，则不需再设隔离层。

（4）刚性防水层。

刚性防水层可采用水泥砂浆、细石混凝土、配筋细石混凝土等，一般宜采用细石混凝土浇筑，要求其强度等级不低于 C20，厚度不小于 40mm，并应配置直径为 4～6mm、间距为 100～200mm 的双向钢筋。钢筋应位于防水层中间偏上的位置，上面保护层的厚度不小于 10mm。

为防止刚性防水层裂缝导致漏水，可采取以下措施。

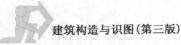

①添加防水剂。在细石混凝土中加入水泥用量 3% ～5% 的防水剂,产生不溶性物质,堵塞毛细孔道,以提高防水性能。

②掺加微膨胀剂。在细石混凝土中掺入少量矾土水泥和石膏粉制成微膨胀混凝土,以抵消混凝土的收缩,提高抗裂性而达到防水效果。

③提高密实性。控制水灰比,加强浇筑时的振捣,提高砂浆和混凝土的密实性。

2. 刚性防水屋面的细部构造

刚性防水平屋顶的细部构造包括分格缝、泛水、檐口、变形缝等部位的构造处理。

(1)分格缝。

为了避免刚性防水层因结构变形、温度变化和混凝土干缩等原因产生裂缝,刚性防水层应设置分格缝。分格缝的宽度宜为 20～30mm,间距不宜大于 6m,一般位于结构变形的敏感部位,如预制板的支承端、不同屋面板的交接处、屋面与女儿墙的交接处等。分格缝的构造处理应注意的问题有:①防水层内钢筋网片在分格缝处应断开;②屋面板缝用沥青麻丝等密封材料嵌入,缝口处用油膏堵塞;③缝口表面用防水卷材铺贴盖缝,卷材宽度为 200～300mm。分格缝有平缝和凸缝两种,如图 12-22 所示。

图 12-22　屋面分格缝
a)平缝;b)凸缝

(2)泛水。

刚性防水层与垂直墙面的交接处须做泛水处理,其构造做法与卷材防水层屋面基本相同。刚性防水层与山墙、女儿墙交接处,应留宽度为 30mm 的分格缝,并应用密封材料嵌填。泛水处应铺设卷材或涂膜附加层,卷材或涂膜应做好收头处理,如图 12-23 所示。

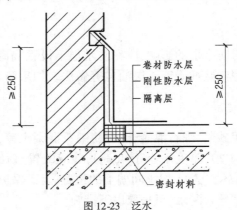

图 12-23　泛水

（3）檐口。

刚性防水屋面的檐口形式根据屋顶排水方式，分为挑檐檐口和挑檐沟檐口。

①挑檐檐口通常直接由刚性防水层挑出形成，挑出尺寸一般不大于450mm；也可设置挑檐板，刚性防水层伸到挑檐板外，如图12-24所示。

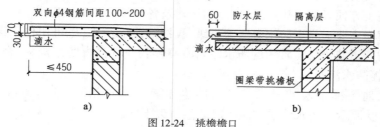

图 12-24　挑檐檐口

a）刚性防水层悬挑檐口；b）挑檐板檐口

②挑檐沟檐口的檐沟底部应用找坡材料垫置形成纵向排水坡度，铺好隔离层后再做防水层，防水层一般采用1:2的防水砂浆，如图12-25所示。

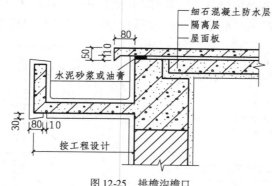

图 12-25　挑檐沟檐口

（4）变形缝。

刚性防水屋面变形缝两侧应砌砖墙，高度不小于250mm，刚性防水层与墙体交接处应留宽度为30mm的缝隙，用密封材料嵌填，然后按泛水处理。变形缝中应填充泡沫塑料，上填衬垫材料，并应用卷材封盖，顶部应加扣混凝土盖板或金属盖板，如图12-26所示。

（5）伸出屋面管道。

伸出屋面管道与刚性防水层交接处应留设缝隙，用密封材料嵌填，并应加设卷材或涂膜附加层，收头处应固定密封，如图12-27所示。

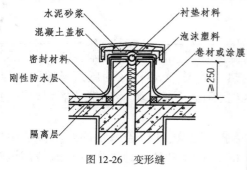

图 12-26　变形缝

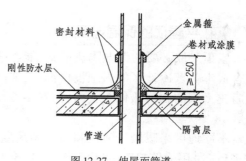

图 12-27　伸屋面管道

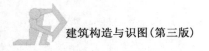

(三)涂膜防水屋面

涂膜防水屋面是在屋面基层上直接涂刷防水涂料,利用涂料固化或干燥后形成的不透水性膜达到防水的目的。涂膜防水屋面具有防水、抗渗、黏结力强、耐腐蚀、耐老化、延伸率大、弹性好、不延燃、施工方便等诸多优点,已广泛用于建筑各部位的防水工程中。

涂膜防水屋面主要适用于防水等级为Ⅲ级、Ⅳ级的屋面防水,也可用作Ⅰ级、Ⅱ级屋面多道防水设防中的一道防水层。常用的防水涂料有高聚物改性沥青防水涂料、合成高分子防水涂料、聚合物水泥防水涂料。

涂膜防水层对下面基层的要求与卷材防水屋面的基本相同,基本构造和泛水构造如图 12-28、图 12-29 所示。防水涂层在施工时应注意以下问题:

(1)防水涂膜应分遍涂布,待先涂布的涂料干燥成膜后,方可涂布后一遍涂料,且前后两遍涂料的涂布方向应相互垂直。

(2)涂膜防水层的收头,应用防水涂料多遍涂刷或用密封材料封严。

(3)涂膜防水层在未做保护层前,不得在防水层上进行其他施工作业或直接堆放物品。

(4)根据屋面防水涂膜的暴露程度,应选择耐紫外线、热老化保持率相适应的涂料。

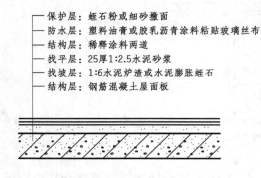

图 12-28　涂膜防水屋面构造

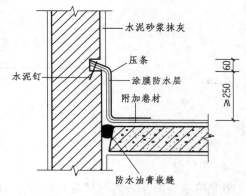

图 12-29　涂膜防水屋面泛水构造

涂膜防水屋面的细部构造与卷材防水屋面类似,限于篇幅,不再讲述。

屋面防水设计应遵循"合理设防、防排结合、因地制宜、综合治理"的原则。当采用多道设防时,可将卷材、涂膜、细石防水混凝土、瓦等材料复合使用,也可卷材叠层使用。铺设时,应将耐老化、耐穿刺的防水层放在最上面,相邻材料之间应具相容性。

四 平屋顶的保温与隔热

屋顶采取必要的保温隔热措施,能够改善室内温度环境、节约建筑整体能耗、降低建筑综合成本。寒冷地区的屋顶设保温层,能阻止室内热量散失;炎热地区的屋顶设置隔热层,能阻止太阳的辐射热传至室内;而在冬冷夏热地区(黄河至长江流域),建筑节能则要冬、夏兼顾。

不同地区采暖居住建筑和需要满足夏季隔热要求的建筑,其屋盖系统的最小传热阻应按现行《民用建筑热工设计规范》(GB 50176—2016)、《严寒和寒冷地区居住建筑节能设计标准》（JGJ 26—2010）和《夏热冬冷地区居住建筑节能设计标准》（JGJ 134—2010）来确定。

（一）平屋顶的保温

1. 保温材料

屋面保温材料一般为轻质多孔材料，根据外部形状分为以下 3 种类型。

（1）松散保温材料。

主要有膨胀蛭石、膨胀珍珠岩、炉渣、矿渣等，厚度应由设计确定。这些保温材料都属于无机材料，具有自重大、保温性能差、现场铺设工序复杂的缺点，用于经济不发达的边远地区或对保温要求不高的建筑中。

（2）整体保温材料。

一般采用水泥珍珠岩、水泥蛭石等在现场人工拌和浇筑而成，可浇筑成不同的厚度，兼做找坡层。整体保温材料克服了松散保温材料难以施工的缺点，但仍具有自重大、保温性能差的缺点。

（3）板块状保温材料。

目前多采用聚苯乙烯、聚氨酯等有机保温板等。有机保温板块具有自重轻、热效率高、防水性好、便于铺设等优点，应用广泛。

2. 保温构造

平屋顶屋面坡度平缓，常将保温层放在屋面结构层上。根据保温层的位置有以下两种构造形式。

（1）正铺保温屋面。

正铺保温屋面即保温层放在防水层之下，结构层之上。正铺保温屋面的做法符合热工原理，避免了雨水向保温层渗透，有利于保证保温层的保温效果。同时，这种做法构造简单、施工方便。具体构造如图 12-30 所示。

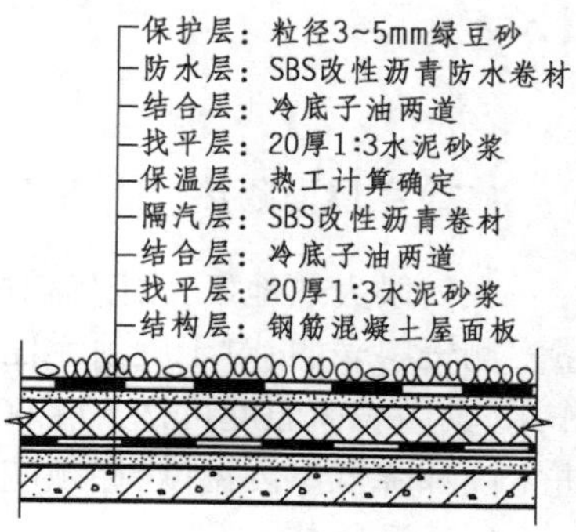

保护层：粒径3~5mm绿豆砂
防水层：SBS改性沥青防水卷材
结合层：冷底子油两道
找平层：20厚1:3水泥砂浆
保温层：热工计算确定
隔汽层：SBS改性沥青卷材
结合层：冷底子油两道
找平层：20厚1:3水泥砂浆
结构层：钢筋混凝土屋面板

图 12-30　正铺保温屋面

为了防止室内湿气进入保温层，需要在保温层下设置隔汽层，并将屋面做成排汽屋面，排汽屋面施工中应注意以下几点：

①找平层需设置分格缝作为排汽道，并宜采用空铺法、点粘法或条粘法铺贴卷材。

②排汽道应纵横贯通，并与排汽管相通。排汽管一般设在檐口下或屋面排汽道交叉处。

③排汽道宜纵横设置，间距宜为 6m。屋面面积每 36m² 宜设置一个排汽孔，排汽孔应做防水处理，如图 12-31 所示。

④在保温层下也可铺设带支点的塑料板，通过空腔层排水、排汽。

（2）倒铺保温屋面。

倒铺保温屋面即将保温层设置在防水层上，上部铺卵石做保护层。倒铺保温屋面的保温层应采用吸水率低且长期浸水不腐烂的保温材料，如干铺或粘贴聚苯乙烯泡沫保温板，也可现喷硬质聚氨酯泡沫塑料，如图 12-32 所示。

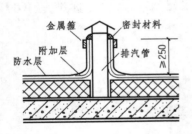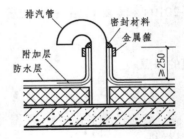

图 12-31　屋面排汽口

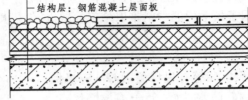

保护层：50厚20～30粒径卵石层或混凝土板
保温层：50厚聚苯乙烯泡沫塑料板
防水层：4厚SBS防水卷材
结合层：冷底子油一道
找平层：20厚1:3水泥砂浆
结构层：钢筋混凝土层面板

图 12-32　倒铺保温屋面

（二）平屋面隔热

在气候炎热地区,太阳辐射强度大,照射在近乎水平的屋顶上,使屋顶温度剧烈升高。大量实测资料表明,对于屋顶无任何隔热措施的一般民用建筑,在烈日暴晒下,对房间造成烘烤作用,其内表面温度可达 50～60℃,从而影响室内的正常工作和生活。为减少太阳辐射热传进室内和降低室内温度,屋顶应采取隔热降温措施。屋顶隔热有以下几种做法。

1. 通风隔热

通风隔热是在屋顶设置通风间层,利用风压和热压作用,使通风间层中的热空气被不断带走,达到隔热降温的目的。通风隔热屋面有两种做法:一是设架空层屋面,二是利用顶棚通风隔热。

设架空层屋面是在屋面上架空铺设一层预制板、大阶砖或瓦材等,使架空层与屋面之间形成可流动的空气间层,用以隔热。架空层进风口应朝向夏季主导风向,出风口应设于背风向。架空层高度一般为180～240mm,如果屋顶面积较大且坡度平缓时则宜高一些,以利通风,如图 12-33 所示。顶棚通风隔热是利用顶棚与屋顶之间的空间做隔热层,顶棚通风层应有足够的净空高度,一般为500mm 左右,如图 12-34 所示。

2. 蓄水隔热

在屋顶上设置蓄水池蓄水,水深为150～200mm,利用水分子蒸发带走大量的热,达到降温隔热的目的。蓄水隔热屋面可采用刚性防水屋面,也可以采用柔性防水与刚性防水结合两道设防的构造,还需在屋顶增加蓄水分仓壁、溢水孔、泄水孔和过水孔,其细部构造如图 12-35 所示。这种屋面构造复杂,投资较大,特别是后期维修管理费用高。

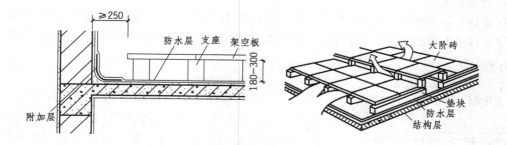

图 12-33　架空层通风隔热

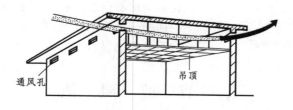

图 12-34　顶棚通风隔热

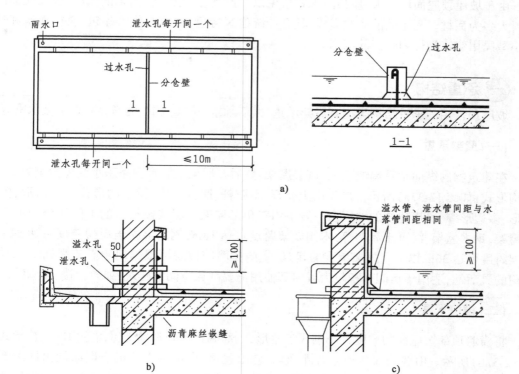

图 12-35　蓄水屋面细部构造
a)分仓壁;b)溢水口;c)排水管、过水孔

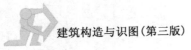

3. 种植隔热

在屋顶上种植植物,利用植物的蒸腾和光合作用,吸收太阳辐射热,达到隔热的目的。这种做法不仅能有效地隔热,同时可以美化环境,投资较小,收益较大,值得进一步研究推广,如图 12-36 所示。

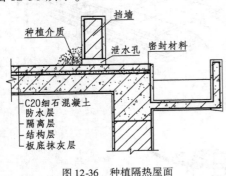

图 12-36　种植隔热屋面

4. 反射隔热

反射隔热即利用材料对阳光的反射作用,以减少接受的辐射热,达到隔热的目的。反射屋面的隔热降温作用主要取决于屋面表面反射材料的性质。材料表面颜色越浅,反射太阳辐射的能力越大。反射隔热的一般做法是在屋面上铺设浅色砂砾,或在屋面上涂刷白色涂料。如果在通风间层屋顶的基层中加铺一层铝箔纸板,利用第二次反射作用,其隔热作用会更加显著。

第三节　坡　屋　顶

由于坡屋顶屋面坡度大,屋顶防水宜采用以"导"为主,以"堵"为辅的做法,故坡屋面防水材料大多为瓦材。瓦屋面的形式多样,具有传统建筑特色,目前在仿古建筑、农村建筑和普通中小型民用建筑仍得到较多的应用。

一　承重结构

坡屋顶常用的承重结构类型有屋架承重、横墙承重、梁架承重、钢筋混凝土梁板承重等。

(一)屋架承重

在建筑物的纵向承重墙或柱上,搁置屋架,然后在屋架上搁置檩条来承受屋面重力的一种结构形式,如图 12-37a)所示。屋架由上弦杆、下弦杆、腹杆组成,屋架的形式有三角形、梯形、矩形、多边形等,民用建筑的坡屋顶一般采用三角形屋架。屋架按材料的不同又分为木屋架、钢屋架、钢木屋架、混凝土屋架等,木制屋架跨度可达 18m,钢筋混凝土屋架跨度可达 24m,钢屋架跨度可达 36m 以上。屋架承重的建筑,室内横墙的位置可根据使用需要来确定,增加了使用的灵活性,适用于房间面积较大或内部使用需要敞通空间的建筑,如教学楼、食堂等。

(二)横墙承重

将横墙顶部按屋面的坡度大小砌成三角形,上部搁置檩条来承受屋面重力的结构形式,如图 12-37b)所示。山墙端部檩条可出挑,形成悬山屋顶,也可将山墙砌出屋面做出硬山屋顶。这种承重方式用横墙代替屋架,故简化了屋顶构造,节省钢材和木材,便于施工,造价较低,有利于防火、隔声,但房间开间不够灵活。横墙承重一般适用于开间为 4.5m 以内,尺寸较小的房间,如住宅、宿舍、旅馆等建筑。

（三）梁架承重

梁架也称木构架，是我国传统的结构形式。它由柱和梁组成排架，檩条把一排排排架联系起来，形成一个整体骨架，如图 12-37c）所示。这种承重系统的主要优点是结构牢固、抗震性好，墙只起围护和分隔作用，体现了所谓"墙倒房不塌"的特点，但木材消耗量大，耐火性和耐久性均差，维修费用高，现已很少采用。

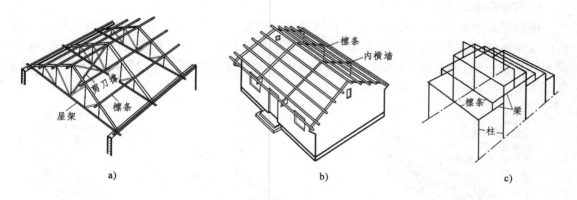

图 12-37　坡屋顶的承重结构
a）屋架承重；b）横墙承重；c）梁架承重

为了节省木材，目前很多坡屋顶采用在横墙上倾斜搁置钢筋混凝土屋面板来作为坡屋顶的承重结构，这种承重方式节省木材，提高了建筑物的防火性能，构造简单，近年来常用于住宅和风景园林建筑中，如图 12-38 所示。

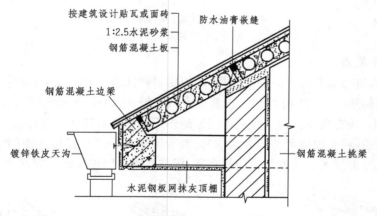

图 12-38　钢筋混凝土屋面板承重

二　屋面构造

传统坡屋顶的屋面材料一般多用瓦材，如平瓦、小青瓦、波形瓦、油毡瓦等，由于瓦材尺寸小，不能直接搁置在承重结构上，它下面必须设置基层。屋面基层按照是否设檩条，分为有檩体系和无檩体系。

(一)无檩体系屋面

无檩体系屋面基层为屋面板(钢筋混凝土板层面板或挂瓦板、木望板),将其直接搁在横墙、屋架或屋面梁上,上部铺瓦,瓦在排水和防水的同时,还起到造型和装饰的作用。这种构造方式结构简单,造型古朴美观,近年来常见于民用住宅、仿古建筑、风景园林区建筑的屋顶。

1. 钢筋混凝土屋面板瓦屋面

钢筋混凝土屋面板瓦屋面在现代坡屋顶建筑中应用广泛,它是以预制钢筋混凝土空心板或现浇板作为瓦屋面的基层,然后在其上盖瓦形成屋面。盖瓦方式有两种:一是在找平层上铺油毡一层,再钉挂瓦条挂瓦;二是在屋面板上直接用防水水泥砂浆贴瓦或陶瓷面砖。如图 12-39 所示。

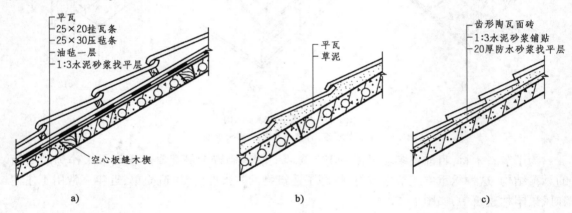

图 12-39　钢筋混凝土屋面板瓦屋面
a)挂瓦条挂瓦;b)草泥窝瓦;c)砂浆贴瓦

2. 挂瓦板瓦屋面

挂瓦板为预应力或非预应力混凝土构件,板肋根部预留有泄水孔,可以排除瓦缝渗下的雨水,挂瓦板屋面构造如图 12-40 所示。挂瓦板有双肋板、单肋板、F 形板等,长度可达 6m,搁置在横墙或屋架上,兼有檩条、望板、挂瓦条三者的作用。平瓦直接挂在挂瓦板上,板缝用 1:3 水泥砂浆嵌缝。挂瓦板瓦屋面可节约大量木材,减少施工程序。挂瓦板的横档之间可用轻质材料填充,有利于屋面保温。缺点是板与板之间、板与支座之间连接的可靠性差,不利于抗震。

图 12-40　挂瓦板瓦屋面构造
a)挂瓦板瓦屋面的剖面;b)双肋板;c)单肋板和 F 形板

(二)有檩体系屋面

1. 屋面基层

有檩体系的屋面基层包括檩条、橡条、木望板等。

(1)檩条。

檩条支承在横墙或屋架上,可采用木材、钢材或钢筋混凝土制作。檩条的断面尺寸应由结构计算确定,方木檩条一般为(75～100)mm×(100～180)mm,木檩条跨度为4m,钢筋混凝土檩条可达6m。

(2)橡条。

当檩条间距较大,不宜在上面直接铺设木望板时,可垂直于檩条布置橡条。橡条用木制成,间距一般为400mm左右,截面为50mm×50mm或40mm×40mm。

(3)木望板。

木望板在坡屋顶中形成整体覆盖层,能提高坡屋顶的保温、隔热和防风沙能力。木望板一般为20mm左右的实木板或胶合板。当檩条间距小于800mm时,可在檩条上直接铺钉木望板;檩条间距大于800mm时,应先在檩条上铺设橡条,然后在橡上铺钉木望板。

2. 屋面面层

以平瓦屋面为例,坡屋顶的屋面面层有以下两种做法。

(1)木望板瓦屋面是在檩条或橡条上直接铺钉15～20mm厚木望板,板上铺防水卷材,卷材用顺坡而设的顺水条钉固于屋面板上,然后垂直于顺水条钉挂瓦条,挂瓦形成屋面,如图12-41所示。木望板瓦屋面在瓦的底部与木望板之间留有一定空间,当有雨水渗下时可顺坡流向檐口排出,不会影响室内。瓦下铺设的油毡可作为第二道防水,因此其防水性能较好。

(2)冷摊瓦屋面是在橡条上直接铺钉挂瓦条,挂瓦形成屋面,如图10-42所示。冷摊瓦屋面不设木望板,其构造简单、造价低廉。但保温性能差,雨雪容易从瓦缝中飘入室内,通常用于标准不高的建筑物。

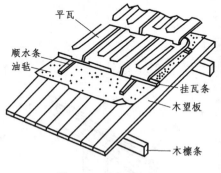

图12-41 木望板瓦屋面

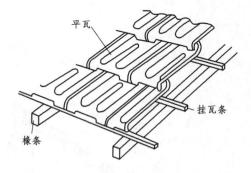

图12-42 冷摊瓦屋面

现代坡屋顶的屋面很多为压型钢板屋面。压型钢板是将镀锌钢板轧制成型,表面涂刷防腐涂层或彩色烤漆而成的屋面材料,具有多种规格,有的中间填充了保温材料,成为夹芯板,可提高屋顶的保温效果。压型钢板屋面一般与钢屋架相配合,先在钢屋架上固定工字形或槽形檩条,然后在檩条上固定钢板支架,彩色压型钢板与支架用钩头螺栓连接,如图12-43所示。

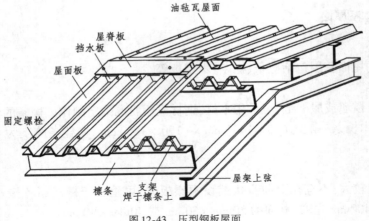

图 12-43　压型钢板屋面

三 细部构造

(一)纵墙檐口

坡屋顶的纵墙檐口形式多为挑檐,它可以保护外墙不受雨水淋湿,瓦头挑出封檐的长度宜为 50～70mm,如图 12-44 所示;油毡瓦屋面的檐口应设金属滴水板,如图 12-45 所示。

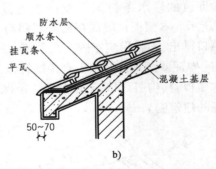

图 12-44　平瓦屋面檐口

a)木望板瓦屋面檐口;b)钢筋混凝土板瓦屋面檐口

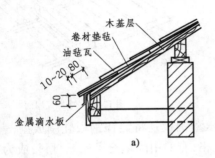

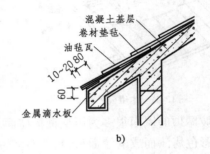

图 12-45　油毡瓦屋面檐口

a)木望板瓦屋面滴水板;b)钢筋混凝土板瓦屋面滴水板

当坡屋顶的纵墙檐口处为檐沟时,构造如图 12-46 所示。

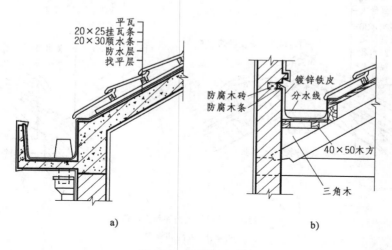

图 12-46　纵墙檐沟构造
a)挑檐沟构造;b)女儿墙封檐构造

(二)泛水

瓦屋面的泛水宜采用聚合物水泥砂浆或掺有纤维的混合砂浆分次抹成。常见的做法有细石混凝土泛水、水泥石灰麻刀砂浆泛水、小青瓦坐浆泛水和镀锌铁皮泛水等,如图 12-47所示。

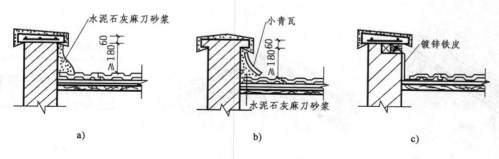

图 12-47　泛水构造
a)水泥石灰麻刀砂浆泛水;b)小青瓦坐浆泛水;c)镀锌铁皮泛水

(三)屋脊、天沟和斜沟构造

互为相反的坡面在高处相交形成屋脊,屋脊处应用 V 形脊瓦盖缝,如图 12-48a)所示。在等高跨和高低跨屋面相交处会形成天沟,两个互相垂直的屋面相交处会形成斜沟。天沟和斜沟应保证有一定的断面尺寸,上口宽度应为 300 ~ 500mm,沟底一般用镀锌铁皮铺于木基层上,镀锌铁皮两边向上压入瓦片下至少 150mm,如图 12-48b)所示。

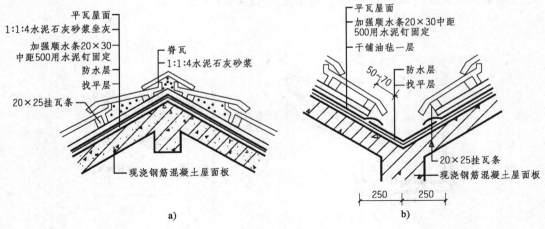

图 12-48　屋脊、天沟和斜沟构造
a)屋脊；b)天沟和斜沟

四 坡屋顶的保温与隔热

(一) 坡屋顶的保温

坡屋顶的保温有屋面保温和顶棚保温两种做法。当采用屋面保温时,保温层可设在瓦材下面或檩条之间,如图 12-49a)、b)所示;当采用顶棚层保温时,先在顶棚搁栅上铺板,板上铺油毡作隔汽层,在隔汽层上铺设保温材料,这样可收到保温和隔热的双重效果,如图 12-49c)所示。

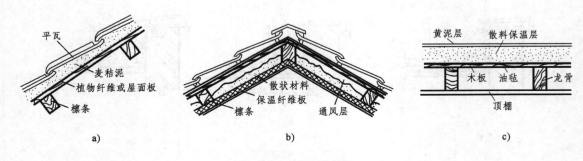

图 12-49　坡屋顶的保温
a)、b)屋面保温;c)顶棚保温

(二) 坡屋顶的隔热

坡屋顶隔热一般是在坡屋顶中设进气口和排气口,通过在屋顶组织空气对流,形成屋顶内的自然通风,减少由屋顶传入室内的辐射热,从而达到隔热降温的目的。

1. 屋面通风隔热

屋面通风隔热的做法是铺设双层瓦屋面,并将脊瓦架空,由檐口处进风,至屋脊处排风,利用空气流动带走间层中的一部分热量,以降低瓦底面的温度;还可在檩条下钉纤维板,利用檩条间的空气流动进行通风降温。

2. 吊顶通风隔热

吊顶通风隔热即利用吊顶内较大的空间组织自然通风,隔热效果明显,还能对木结构屋顶起驱潮防腐作用。通风口可设在檐口、屋脊、山墙和坡屋面上,如图 12-50 所示。

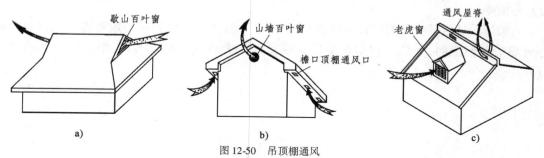

图 12-50　吊顶棚通风
a)歇山百叶窗;b)歇山百叶窗和檐口通风口;c)老虎窗与通风屋脊

◀ **本 章 小 结** ▶

1. 屋顶是建筑物的承重和围护构件,由防水层、保温层和结构层等组成。屋顶应有足够的刚度、强度和抵御自然界各种环境因素对建筑物的不利影响的能力。防止雨水渗漏是屋顶的基本功能要求,也是屋顶构造设计的关键。此外,屋顶是建筑外部形体的重要组成部分,也要注意屋顶的美观问题。

2. 屋顶按外形分为平屋顶、坡屋顶、其他形式的屋顶。平屋顶坡度平缓,排水坡度小于10% ;坡屋顶坡度一般大于 10% ;其他形式的屋顶用于大跨度的建筑中。

3. 屋面坡度的形成方法有结构找坡和材料找坡,可根据屋面做法和坡度大小选择合适的找坡方式。

4. 屋面排水方式有无组织排水和有组织排水。无组织排水一般适用于降水量较小、檐口高度较低的非临街建筑中。有组织排水克服了无组织排水的缺点,应用广泛,尤其适用于降雨量大的地区及较高房屋。有组织排水又分为外排水和内排水两种方案。

5. 平屋顶的防水按材料性质不同分为柔性防水、刚性防水和涂料防水。柔性防水屋面是以防水卷材和黏合剂分层粘贴而构成防水层的屋面,这种屋面防水效果好,适用范围广泛,但屋面构造层次和做法较复杂。刚性防水屋面是指以刚性材料作为防水层的屋面,屋面构造层次和做法较简单,但对温度变化和结构变形较敏感,不宜用于北方地区和受振动影响较大的建筑。涂膜防水屋面是在屋面基层上涂刷防水涂料,利用涂料固化或干燥后形成的不透水性膜达到防水目的,主要适用于防水等级为Ⅲ级、Ⅳ级的屋面防水,也可用作Ⅰ级、Ⅱ级屋面多道防水设防中的一道防水层。

6. 防水屋面防水的薄弱部位包括天沟、檐沟、雨水口、变形缝等,这些部位都应加强构造处理。

7.屋顶保温与隔热是为了消除外界环境对室内的影响所设置的功能层,屋顶保温可采用松散材料、板状材料或整体现喷保温层,按照保温层在屋顶的位置不同分为正铺保温和倒置式保温两种。屋顶隔热措施有通风隔热、蓄水隔热、种植隔热、反射隔热等。

8.坡屋顶中常用的承重结构类型有三类:屋架承重、横墙承重、梁架承重。坡屋顶屋面传统材料为瓦材,根据铺设方式不同,有木望板瓦屋面、冷摊瓦屋面、挂瓦板瓦屋面、钢筋混凝土板瓦屋面等。

9.坡屋顶的细部构造有平瓦屋面檐口、泛水等。坡屋顶的保温层一般布置在瓦材与檩条之间或吊顶棚上面,隔热一般做法是通过在屋顶上设进气口和排气口,组织空气对流来进行的。

第十三章 窗 与 门

了解门窗的作用、类型和特点;熟悉门窗的构造;掌握门窗的组成、尺度以及门窗的安装固定要点。

能根据建筑功能和使用要求选择窗与门的类型;具备协调窗与门洞口尺寸和加工尺寸关系的能力;掌握窗与门的安装要点。

建筑门窗是建筑物围护结构的重要组成部分,具有一定的装饰、保温、隔声、防雨、防尘、防风沙等能力。门的作用主要是交通联系,并兼有采光、通风之用;窗的作用主要是采光和通风。

第一节 窗与门的类型与尺度

 一 窗的类型与尺度

(一)窗的类型

1. 按窗的框料材质分

有铝合金窗、塑钢窗、彩板窗、木窗、钢窗等,其中铝合金窗和塑钢窗外观精美、造价适中、装配化程度高,耐久性好的优点,塑钢窗的密封、保温性能优,所以在建筑工程中应用广泛;木窗由于消耗木材量大,耐火性、耐久性和密闭性差,其应用已受到限制。

2. 按窗的开启方式分(表 13-1)

(二)窗的尺度与组成

1. 窗的尺度

窗的尺度要符合现行《建筑模数协调标准》(GB/T 50002—2013)的规定。一般平开木窗的窗扇高度为 800~1200mm,宽度不宜大于 500mm;上下悬窗的窗扇高度为 300~600mm;中悬窗窗扇高不宜大于 1200mm,宽度不宜大于 1000mm;推拉窗高宽均不宜大于 1500mm。各类窗的高度与宽度尺寸通常采用扩大模数 3M 数列作为洞口的标志尺寸。

窗按开启方式分类　　　　　　　　表 13-1

1.外平开窗	2.内平开窗	3.上悬窗 防雨好,受开启角度限制,通风效果较差	4.下悬窗 占室内空间,多用于特殊要求的房间或用作室内高窗	5.垂直推拉窗	6.水平推拉窗
构造简单,应用最为普遍,使用普通五金,便于安装纱窗				不占室内空间,窗扇受力状态好,适宜安装较大玻璃,通风面积受限制,五金及安装较复杂	
7.中悬窗 构造简单,通风效果好,多用于高侧窗	8.立转窗 引风效果好,防雨及密闭性差,多用于低侧窗	9.固定窗 构造简单,只起采光作用,密闭性好	10.百叶窗 通风效果好,用于需要通风或遮阳地区	11.滑轴窗 安装磨砂玻璃可起遮阳作用,加工较复杂	12.折叠窗 全开启时通风效果好,视野开阔,需用特殊五金

对于大洞口的窗,可通过基本窗的拼框组合而成,如图 13-1 所示。

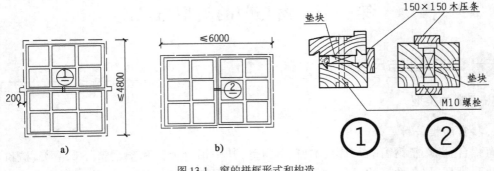

图 13-1　窗的拼框形式和构造
a)竖向拼框;b)横向拼框

2. 窗的组成

窗由窗樘(又称窗框)、窗扇和五金零件组成,如图 13-2 所示。

为满足不同的要求,窗框与墙的连接处,有时加有贴脸板、窗台板、窗帘盒等。

普通窗大多数采用 3mm 厚无色透明的平板玻璃,若单块玻璃的面积较大时,应加大窗料尺寸,以增加窗扇的刚度,玻璃厚度选用 5mm 或 6mm。此外,为满足保温隔声、遮挡视线、使用

234

安全以及防晒等方面的要求,可分别选用双层中空玻璃、磨砂或压花玻璃、夹丝玻璃、钢化玻璃等。

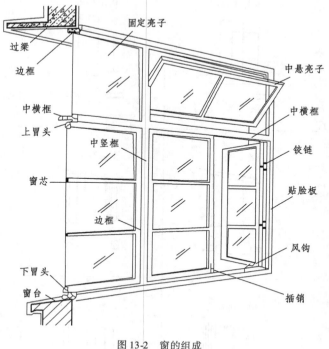

图 13-2　窗的组成

门的类型与尺度

(一)门的类型

1. 按门在建筑物中所处的位置分

有内门和外门。内门位于内墙上,应满足分隔要求,如隔声、隔视线等;外门位于外墙上,应满足围护要求,如保温、隔热、防风沙、耐腐蚀等。

2. 按门的使用功能分

有一般门和特殊门。特殊门具有特殊的功能,构造复杂,一般用于对门有特别的使用要求时,如保温门、防盗门、防火门、防射线门等。

3. 按门的框料材质分

有木门、铝合金门、塑钢门、彩板门、玻璃钢门、钢门等。木门具有自重轻、开启方便、隔声效果好、外观精美、加工方便等优点,目前在民用建筑中大量采用。

4. 按门的开启方式分(表 13-2)

5. 按门扇的构造形式分

有镶板门、拼板门、夹板门等。

(1)镶板门。镶板门由上、中、下冒头和边梃组成骨架,中间镶嵌门芯板,门芯板可采用15mm 厚的木板拼接而成,也可采用细木工板、硬质纤维板或玻璃等,如图 13-3 所示。

门按开启方式分类

表 13-2

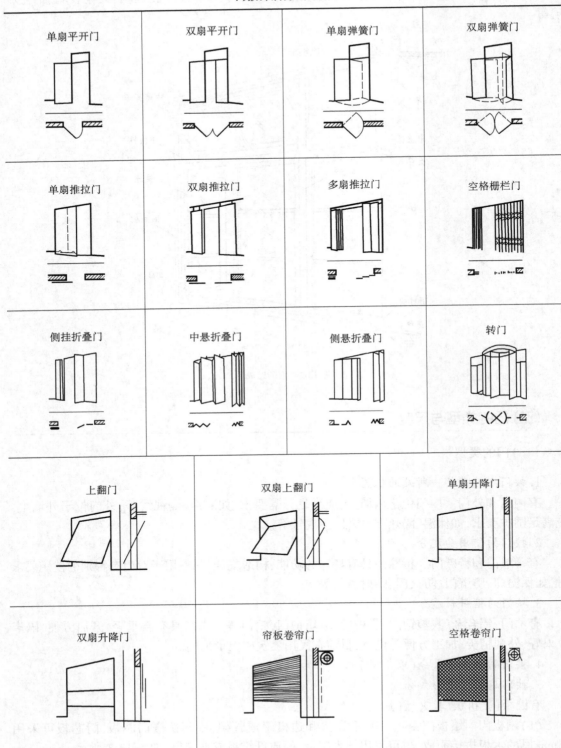

（2）拼板门。拼板门的构造与镶板门相同，由骨架和拼板组成，只是拼板门的拼板用 35 ~ 45mm 厚的木板拼接而成，因而自重较大，但坚固耐久，多用于库房、车间的外门，如图 13-4 所示。

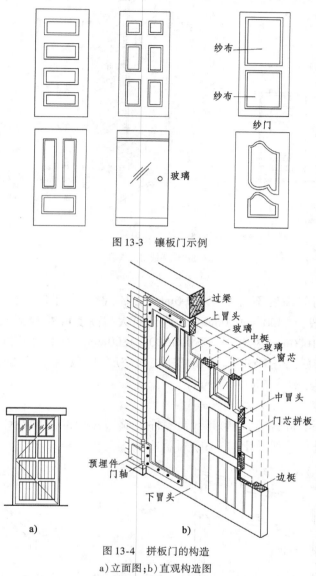

图 13-3　镶板门示例

图 13-4　拼板门的构造
a）立面图；b）直观构造图

（3）夹板门。夹板门是用小截面的木条（35mm × 50mm）组成骨架，在骨架的两面铺钉胶合板或纤维板等，如图 13-5 所示。夹板门构造简单，自重轻，外形简洁，但不耐潮湿与日晒，多用于干燥环境中的内门。

（二）门的尺度与组成

1.门的尺度

门的尺度取决于交通疏散、家具器械的搬运以及与建筑物的比例关系等，并要符合现行《建筑模数协调统一标准》（GBJ 2—1986）的规定。

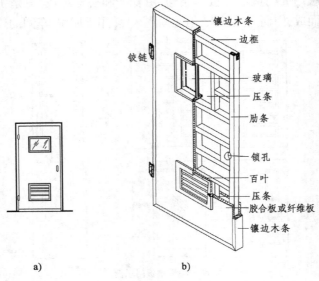

图 13-5　夹板门的构造

a)立面图;b)直观构造图

一般民用建筑门的高度不宜小于 2100mm。如门设有亮子时,亮子高度一般为 300～600mm,门洞高度一般为 2400～3000mm。公共建筑大门高度可视需要适当提高。门的宽度:单扇门一般为 700～1000mm,双扇门一般为 1200～1800mm。宽度大于 2100mm 时,一般以 3M 为模数,做成三扇、四扇门等多扇门。辅助房间(如浴厕、储藏室等)门的宽度可窄些,一般为 700～800mm,检修门一般为 550～650mm。

2.门的组成

一般门由门樘(又称门框)、门扇和五金零件组成,如图 13-6a)所示。门框和墙体之间的缝隙通过安装门套进行处理,如图 13-6b)所示。

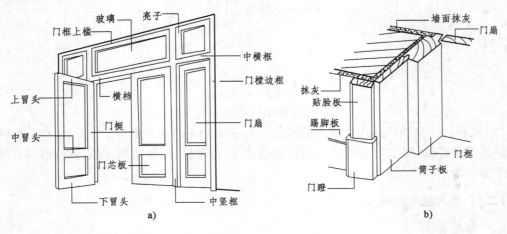

图 13-6　门的组成

a)门的组成;b)门套构造

第二节　窗与门的安装构造

窗与门一般是根据设计图纸在工厂加工,运输到施工现场装配而成。在此主要讲述窗与门的安装构造。

一　窗与门在洞口中的位置

窗与门在洞口中的位置应根据墙体厚度和使用要求来确定,一般有与墙内平、与墙外平和居中等形式,如图 13-7、图 13-8 所示。

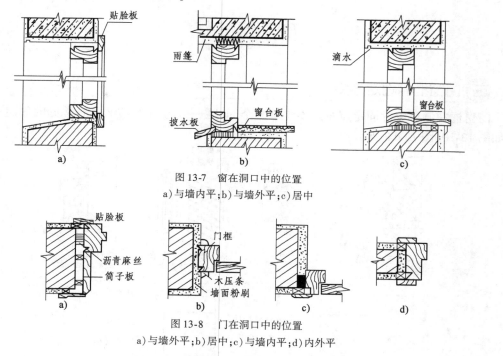

图 13-7　窗在洞口中的位置
a)与墙内平;b)与墙外平;c)居中

图 13-8　门在洞口中的位置
a)与墙外平;b)居中;c)与墙内平;d)内外平

二　窗与门的安装方式

窗与门的安装方法有立口和塞口两种,如图 13-9 所示。立口用于木门窗和较大尺寸的门窗安装,一般门窗常用塞口法安装。

(一)立口

立口是指墙体施工时先将门窗框立好,然后继续砌墙的门窗安装方式。这种安装方式会影响砌墙速度,同时砌墙时容易碰撞门窗框,不利于成品的保护,但门窗框与墙体结合紧密、牢固。

(二)塞口

塞口是指砌墙时先留出门窗洞口,砌墙完成后再安装门窗框的门窗安装方式。这种安装

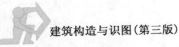

方式能够保证砌墙速度,避免了其他施工过程对门窗框的碰撞,但门窗框与墙体之间的缝隙大,门窗框的固定、连接不如立口牢固。

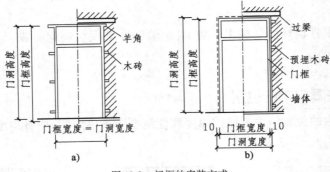

图 13-9　门框的安装方式

a)立口;b)塞口

三　门窗框的固定连接

门窗框在洞口中的固定点每边不少于 2 个,间距一般为 500～700mm,常见的固定连接方式如图 13-10、图 13-11 所示。

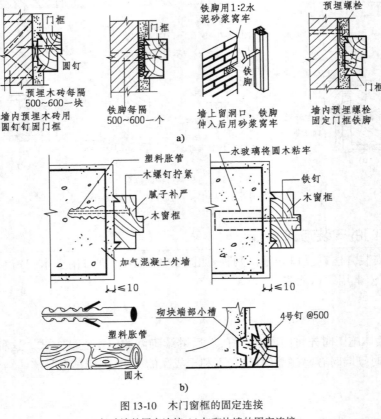

图 13-10　木门窗框的固定连接

a)与砖墙的固定连接;b)与砌块墙的固定连接

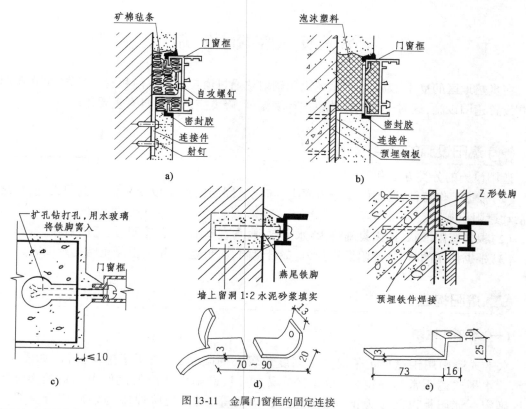

图 13-11 金属门窗框的固定连接

a)射钉与砖墙的固定连接;b)Z形铁与混凝土墙预埋钢板焊接;c)水玻璃固定铁脚连接;d)砂浆固定铁脚连接;e)Z形铁脚焊接连接

（四）全玻璃无框门简介

　　全玻璃无框门又称厚玻璃装饰门,是采用 10mm 以上厚度的平板玻璃、钢化玻璃板,按一定规格加工后直接用作门扇的无框的玻璃门。按其控制系统分为手动门和自动门,按开启方式分为平开和推拉两种,如图 13-12 所示。

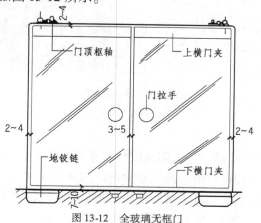

图 13-12　全玻璃无框门

第三节 遮阳设施

在炎热地区的夏季,为防止大量的太阳辐射热通过窗户进入室内和避免眩光,可在窗洞口外侧设置遮阳设施,这对于调整建筑室内环境温度,降低空调负荷具有重要作用。

一 遮阳设施的分类

遮阳设施的分类方法有多种。

(1)根据工作特征,遮阳设施分为两类:与建筑固定的遮阳设施称固定遮阳设施,反之则为活动遮阳设施。

(2)根据遮阳形状,遮阳设施分为:水平遮阳、垂直遮阳、综合遮阳、挡板遮阳等。

(3)根据使用的材料,遮阳设施分为:塑料遮阳、木制遮阳、钢筋混凝土结构遮阳等。

二 遮阳构造

(一)水平式遮阳

水平式遮阳用于遮挡正午时太阳高度角较大的阳光,一般用于南向窗口,如图13-13所示。水平式遮阳常为固定式,形式有单层、多层,遮阳板伸出的比例由当地的实际遮阳角度确定。遮阳板以前多为钢筋混凝土、石棉瓦等材料,现阶段多为轻质铝合金等金属遮阳板。

图13-13 水平式遮阳

(二)垂直式遮阳

垂直式遮阳用于遮挡上午或下午太阳高度角较小时的阳光,一般用于东西向窗口的垂直遮阳做成倾斜式,而用于北向窗口的遮阳垂直于窗口,如图13-14所示。固定式垂直遮阳常为预制或现浇钢筋混凝土板,活动式垂直遮阳可用木百叶、吸热玻璃、石棉水泥板、钢丝网水泥板或金属板制作,常用撑挡、齿轮传动或插销定位调整遮阳角度。

图 13-14　垂直式遮阳

（三）综合式遮阳

综合式遮阳适用于遮挡从窗侧上方斜射下来的阳光，如东南和西南方向的窗口，如图 13-15 所示。主要包括格式、百叶式和板式综合遮阳。

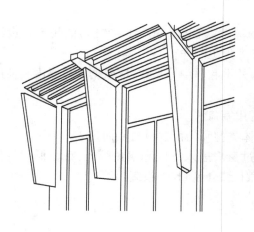

图 13-15　综合式遮阳

（四）挡板式遮阳

挡板式遮阳适用于遮挡太阳高度角较低，正射窗口的阳光。主要用于东、西向窗口，如图 13-16 所示。常用的有花格式、百叶式和板式综合遮阳。

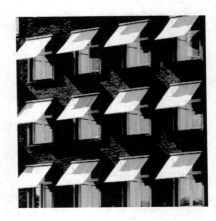

图 13-16　挡板式遮阳

◀本 章 小 结▶

1.门窗是建筑物围护结构的重要组成部分。门的主要作用是交通联系,并兼有采光、通风之用;窗的主要作用是采光和通风。

2.门窗的尺度要符合现行《建筑模数协调标准》(GB/T 50002—2013)的规定。设计图中标注的门窗尺寸为洞口尺寸,门窗按照构造尺寸加工制作。

3.门窗在洞口中的位置有与墙内平、与墙外平和居中等形式,应根据墙体厚度和使用要求来确定。

4.门窗的安装方法有立口和塞口两种,常用塞口法。

5.门窗与墙体的固定连接方式应根据墙体类型和门窗框料材质而定。

6.遮阳是为了防止大量的太阳辐射热通过窗户进入室内和避免眩光,在窗洞口外侧设置的遮阳构造,遮阳的形式有水平遮阳、垂直遮阳、综合遮阳、挡板遮阳等。

第十四章 工业建筑

了解工业建筑的基本概念和单层工业厂房内部起重运输设备及其对厂房设计和构造的影响;熟悉单层工业厂房的结构类型、组成和定位轴线的划分方法;掌握单层厂房的主要结构构件及其构造。

【职业能力目标】

能够掌握有关单层工业厂房的基本知识,读懂单层工业厂房的构造图。

工业建筑是工厂中为工业生产需要而建造的建筑物。直接用于工业生产的建筑物称为工业厂房,通常也称为车间。

第一节 概　述

一　工业建筑的特点

工业建筑在设计原则、建筑材料和建筑技术等方面与民用建筑相似,但工业建筑以满足工业生产为前提,生产工艺对建筑的平面、立面、剖面、建筑构造、建筑结构体系和施工方式均有很大影响,主要体现在以下几方面。

(一)生产工艺流程决定着厂房的平面形式

厂房的平面布置形式首先必须保证生产的顺序进行,并为工人创造良好的劳动卫生条件,以利于提高产品质量和劳动生产率。

(二)厂房内有较大的面积和空间

由于厂房内生产设备多、体量大,并且需有各种起重运输设备的通行空间,这就决定了厂房内须有较大的面积和宽敞的空间。

(三)厂房的荷载大

厂房内一般都有相应的生产设备、起重运输设备和原材料、半成品、成品等,加之生产时可能产生的振动和其他荷载的作用,因此多数厂房采用钢筋混凝土骨架或钢骨架承重。

(四)厂房构造复杂

对于大跨度和多跨度厂房,应考虑解决室内的采光、通风和屋面的防水、排水问题,需在屋顶上设置天窗及排水系统;对于有恒温、防尘、防振、防爆、防菌、防射线等要求的厂房,应考虑采取相应的特殊构造措施;对于生产过程中有大量原料、半成品、成品等需要运输的厂房,应考虑所采用的运输工具的通行问题;大多数厂房生产时,需要各种工程技术管网,如上下水、热力、压缩空气、煤气、氧气管道和电力线路等,厂房设计时应考虑各种管线的敷设要求。

这些因素都会导致工业厂房的构造比民用建筑复杂化。

 二 工业建筑的分类

(一)按厂房的用途分

1. 主要生产厂房

主要生产厂房指用于完成主要产品从原料到成品的整个生产过程的各类厂房,如机械制造厂的铸造车间、机械加工车间、装配车间等。

2. 辅助生产厂房

辅助生产厂房指为主要生产车间服务的各类厂房,如机械制造厂的机修车间、工具车间等。

3. 动力用厂房

动力用厂房指为全厂提供能源的各类厂房,如发电站、变电站、锅炉房、煤气发生站、氧气站、压缩空气站等。

4. 储藏用建筑

储藏用建筑指用来储存原材料、半成品、成品的仓库,如金属材料库、木料库、油料库、成品库等。

5. 运输用建筑

运输用建筑指用于停放、检修各种运输工具的房屋,如电瓶车库、汽车库等。

6. 其他建筑

其他建筑,如水泵房、污水处理站等。

(二)按生产特征分

1. 热加工车间

热加工车间指在高温状态下进行生产的车间,如铸造、热锻、冶炼、热轧等。这类车间在生产中散发大量余热,并伴随产生烟雾、灰尘和有害气体,应考虑其通风散热问题。

2. 冷加工车间

冷加工车间指在正常温、湿度条件下生产的车间,如机械加工车间、装配车间、机修车间等。

3. 洁净车间

洁净车间指根据产品的要求,须在无尘无菌无污染的高度洁净状况下进行生产的车间,如集成电路车间、药品生产车间、食品车间等。

4. 恒温恒湿车间

恒温恒湿车间指为保证产品的质量,需在恒定的温度湿度条件下生产的车间,如纺织车间、精密仪器车间等。

5. 特种状况车间

特种状况车间指产品对生产环境有特殊要求的车间,如防爆、防腐蚀、防微振、防电磁波干扰等车间。

(三) 按层数和跨度分

1. 单层厂房

单层厂房指层数为一层的厂房。适用于生产设备和产品的质量大,生产工艺流程需水平运输实现的厂房,如重型机械制造业、冶金业等。单层厂房按剖面形式分有单跨、不等高多跨、等高多跨,如图 14-1 所示。

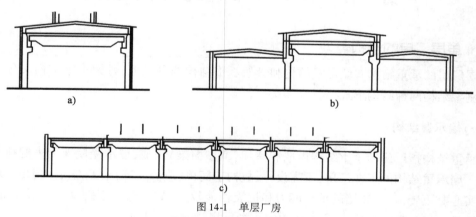

图 14-1　单层厂房

a)单跨;b)不等高多跨;c)等高多跨

2. 多层厂房

多层厂房指二层及以上的厂房。适用于产品质量轻,并能进行垂直运输生产的厂房,如仪表、电子、食品、服装等轻型工业的厂房,如图 14-2 所示。

3. 混合层厂房

混合层厂房指同一厂房内既有单层,又有多层的厂房,如图 14-3 所示。一般化工业、电力企业等的主厂房多为混合层厂房。

多层厂房一般为框架结构,构造和民用建筑差别不大,而单层厂房在结构、构造上与民用建筑有较大的差别,故本章重点介绍单层厂房。

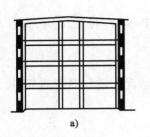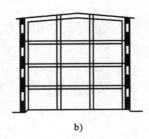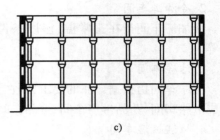

图 14-2　多层厂房

a)内廊式;b)统间式;c)大宽度式

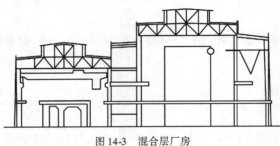

图 14-3　混合层厂房

第二节　单层厂房的结构类型和组成

一 单层厂房的结构类型

单层厂房的承重结构有墙承重结构和骨架承重结构两种类型,骨架承重结构又分为排架结构和刚架结构两种结构形式。

(一)墙承重结构

墙承重结构指厂房的承重结构由墙和屋架(或屋面梁)组成,墙承受屋架传来的荷载并传给基础。墙承重结构的工业厂房,不需设柱,故构造简单,造价经济,施工方便。但由于墙体材料多为实心黏土砖,并且砖墙的承载能力和抗震性能较差,故只适用于跨度不超过 15m,檐口标高低于 8m,吊车起重吨位不超过 5t 的中小型厂房,如图 14-4 所示。

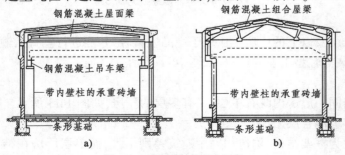

图 14-4　墙承重结构工业厂房

a)带内壁柱的承重砖墙;b)带外壁柱的承重砖墙

（二）排架结构

排架结构的工业厂房由沿厂房横向布置的横向排架作为厂房的主要受力结构，基础梁、吊车梁、连系梁为纵向连系构件，它们和支撑构件将横向排架连成一体，组成坚固的骨架结构系统。排架结构的工业厂房按横向排架用料分为下面三种类型。

1. 钢筋混凝土排架结构

厂房的主要承重构件全部采用钢筋混凝土制作。这种结构多采用预制装配式的施工方式，结构坚固耐久，施工速度快，造价低，是单层工业厂房的主要结构类型，但自重大，抗震性能比钢结构厂房的差，如图 14-5a) 所示。

2. 钢结构

厂房的主要承重构件全部采用钢材制作，结构自重轻，抗震性能好，施工速度快，主要用于跨度大、空间高度大、吊车起重量大、受高温或振动影响较大的厂房，如图 14-5b) 所示。

目前，轻钢结构的单层厂房在我国得到了广泛应用。它是以各种轻型型钢经拼接、焊接而成的组合构件为主要受力构件，用轻质材料作为围护隔离材料，具有外形美观、高强高韧性、抗震、轻质、施工进度快、符合环境保护和综合造价低等优势。

3. 混合结构

厂房的主要承重构件由两种或两种以上材料制作，如钢筋混凝土柱—钢屋架结构、砖柱—木屋架结构、砖柱—钢筋混凝土屋架结构等。用砖柱作为承重柱的厂房仅适用于无吊车或吊车起重量不超过 5t，跨度不大于 15m 的小型厂房和一些辅助性建筑，如图 14-5c) 所示。

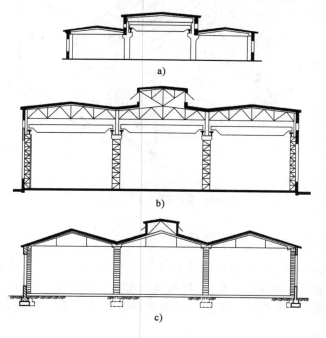

图 14-5　排架结构

a)钢筋混凝土排架结构；b)钢结构；c)砖混结构

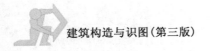

(三)刚架结构

刚架结构是将屋架(屋面梁)与柱子合并成为一个构件,柱子与基础的连接为铰接,如图14-6所示。适用于屋盖较轻、无桥式吊车或吊车吨位、跨度及高度不大的中小型厂房。

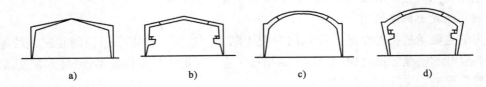

图 14-6　刚架结构

a)人字形刚架;b)带吊车梁人字形刚架;c)弧形拱刚架;d)带吊车梁弧形拱刚架

二　排架结构单层工业厂房的组成

排架结构单层工业厂房由承重结构和围护系统组成,如图14-7所示。

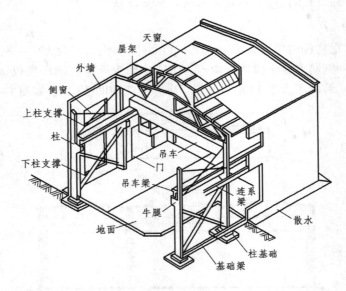

图 14-7　排架结构工业厂房的组成

(一)承重结构

承重结构由横向排架、纵向连系构件和支撑系统组成。从厂房横剖面来看,屋架、柱、基础组成一榀横向排架,屋架与柱铰接,柱与基础刚接。基础梁、吊车梁、连系梁(墙梁或圈梁)属于纵向连系构件,将横向排架沿厂房纵向连系起来。支撑系统包括柱间支撑和屋架支撑。

各构件在厂房中的作用分别如下。

1. 屋架(屋面梁)

屋架(屋面梁)是屋盖结构的主要承重构件,屋面板上的荷载、天窗荷载都要由屋架(屋面梁)承担,并将这些荷载传给柱子。

2. 柱

柱是厂房结构的主要承重构件,它承受屋盖、吊车梁、墙体传来的荷载,并承受山墙传来的风荷载(通过山墙抗风柱的顶端,传给屋架,再由屋架分别传给柱子)。

3. 基础

基础承受柱子传来的全部荷载,以及基础梁上墙体的重力,并传给地基。柱基础一般采用独立式基础。

4. 吊车梁

吊车梁安放在柱子内侧伸出的牛腿上,它承受吊车自重、吊车起重量以及吊车制动时产生的纵、横向水平冲力,并将这些荷载传给柱子。

5. 连系梁

连系梁搁置在柱外侧挑出的牛腿上,主要承托上部分墙体的荷载,同时连系梁又是厂房纵向柱列的水平连系构件,可增强厂房纵向刚度,并将风荷载传给纵向柱列。

6. 基础梁

基础梁搁置在基础顶面上,将下部分外墙重力传给基础。基础梁也是厂房纵向连系构件,可增强厂房纵向刚度。

7. 柱间支撑和屋盖支撑

柱间支撑用来承受并传递水平荷载(如吊车的水平制动力、风荷载等),加强厂房结构的空间整体刚度和稳定性。

屋架支撑用来加强屋架的刚度和稳定性。

(二)围护系统

围护系统由外墙围护系统和屋面板组成。

1. 外墙围护系统

外墙围护系统包括厂房四周的外墙和抗风柱。外墙起围护作用,以使厂房内部有良好的生产环境。抗风柱设在山墙内侧,将山墙上的风荷载一部分传给柱基础,另一部分传给厂房纵向骨架。

2. 屋面板

屋面板直接铺在屋架或屋面梁上,围护厂房的顶部空间,并承受上部屋面板自重、雪、积灰及施工等荷载,并把这些荷载通过屋面板传给屋架或屋面梁。

第三节　厂房内的起吊运输设备

厂房内常见的起吊运输设备有单轨悬挂吊车、梁式吊车和桥式吊车等。

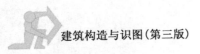

一 单轨悬挂吊车

单轨悬挂吊车是在屋架或屋面梁下弦悬挂的单根梁式钢轨,轨梁上设有可水平移动的滑轮组(或称神仙葫芦),利用滑轮组升降起重的一种吊车,如图14-8所示。单轨悬挂吊车的起重量一般在3t以下,最多不超过5t,有手动和电动两种类型。

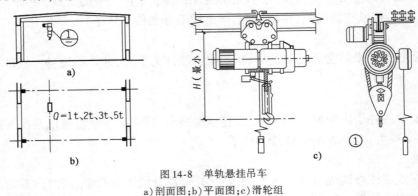

图14-8 单轨悬挂吊车

a)剖面图;b)平面图;c)滑轮组

二 梁式吊车

梁式吊车有悬挂式和支承式两种类型。悬挂式是在屋架(或屋面梁)下弦悬挂两根平行的钢轨,在两平行钢轨上设有可滑行的单梁,如图14-9a)所示。支承式是在排架柱的牛腿上搁置吊车梁,两平行吊车梁上安装钢轨,钢轨上设有可滑行的单梁,如图14-9b)所示。梁式吊车在单梁上均设有可横向移动的滑轮组(即电葫芦),起重量一般不超过5t。

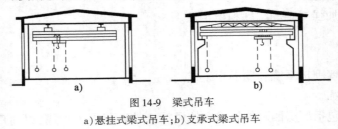

图14-9 梁式吊车

a)悬挂式梁式吊车;b)支承式梁式吊车

三 桥式吊车

桥式吊车是在厂房排架柱上设牛腿,沿厂房纵向列柱的牛腿上搁置吊车梁,吊车梁上安装钢轨,钢轨上设置能沿着厂房纵向滑移的双榀钢桥架(或板梁),桥架上设支承小车,小车能沿桥架横向滑移,并有供起重的滑轮组,如图14-10所示。桥式吊车起重量从5t至数百吨,在桥架一端设有驾驶员室,由专门驾驶员控制吊车的运行。

厂房内的起吊运输设备还有移动式悬臂吊车、固定式转臂吊车,但它们的起重范围小,起重量不大,如图14-11a)、b)所示。厂房中还会因生产情况的不同而采用其他不同的运输设备,如龙门式起重机[图14-11c)]、各式地面起重车、火车、汽车、电瓶车、输送带、进料机和升降机等。

根据工作班时间内吊车工作时间与工作班时间的比率,吊车工作制分轻级、中级、重级、超重级四种,以JC(%)表示。轻级工作制:JC在15%～25%;中级工作制:JC在25%～40%;重级工作制:JC在40%～60%;超重级工作制:JC＞60%。吊车工作制是进行厂房结构构件和构造设计的重要依据。

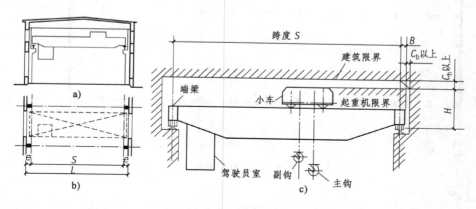

图 14-10　桥式吊车

a)剖面图;b)平面图;c)桥式吊车组成

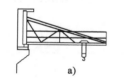 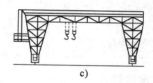

图 14-11　其他起吊运输设备

a)移动式悬臂吊车;b)固定式转臂吊车;c)龙门式起重机

第四节　单层厂房的定位轴线

厂房的定位轴线是确定厂房主要构件的位置及其标志尺寸的基线,同时也是设备定位、安装及厂房施工放线的依据。

 柱网尺寸

在单层厂房中,柱子纵横向定位轴线在平面上形成有规律的网格称为柱网。柱子的纵向定位轴线间的距离称为跨度,横向定位轴线间的距离称为柱距,如图 14-12 所示。柱网尺寸的确定,实际上就是确定厂房的跨度和柱距。

《厂房建筑模数协调标准》(GB/T 50006—2010)对单层厂房柱网尺寸做了如下规定。

1.跨度

单层厂房的跨度在18m以下时,应采用扩大模数30M数列,即9m、12m、15m、18m;跨度在18m以上时,应采用扩大模数60M数列,即24m、30m、36mm……

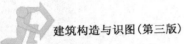

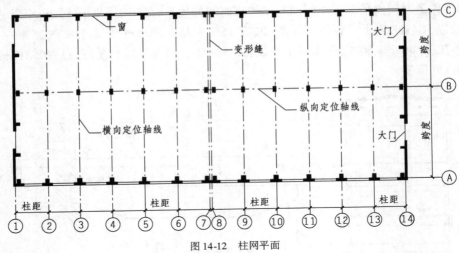

图 14-12　柱网平面

2. 柱距

单层厂房的柱距应采用扩大模数 60M 数列,根据我国情况,采用钢筋混凝土或钢结构时,常采用 6m 柱距,有时也可采用 12m 柱距。

山墙处的抗风柱柱距宜采用扩大模数 15M 数列,常用的有 4.5m、6.0m、7.5m。

二 定位轴线的定位

(一)横向定位轴线

横向定位轴线一般与屋面板、吊车梁、连系梁、基础梁、墙板、支撑等纵向构件长度的标志尺寸相一致,并尽可能与屋架及柱的中心线相重合。

1. 中间柱与横向定位轴线的关系

除了靠山墙的端部柱和横向变形缝两侧柱以外,横向定位轴线应与厂房纵向柱列(包括中柱列和边柱列中的中间柱)的中心线相重合,且通过屋架中心线和屋面板、吊车梁等构件的横向接缝,如图 14-13 所示。

2. 山墙处的柱

(1)当山墙为非承重墙时,横向定位轴线应与墙体内缘重合,且端部柱及端部屋架的中心线应自横向定位轴线向内移 600mm,如图 14-14 所示。

(2)当山墙为承重山墙时,横向定位轴线与墙体内缘间的距离按砌体的块材类别,分别为半块或半块的倍数或墙厚的一半,如图 14-15 所示。

3. 横向变形缝两侧的柱与横向定位轴线的关系

在横向伸缩缝或防震缝处,应采用双柱及两条横向定位轴线。两条定位轴线分别通过两侧屋面板、吊车梁等纵向构件的标志尺寸端部,两轴线间所需缝的宽度 a_e 应符合现行国家标准的规定(即对伸缩缝、防震缝宽度的规定)。柱的中心线自定位轴线向两侧各移 600mm,如图 14-16 所示。

254

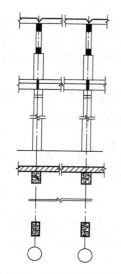

图 14-13　中间柱与横向定位
　　　　轴线的关系

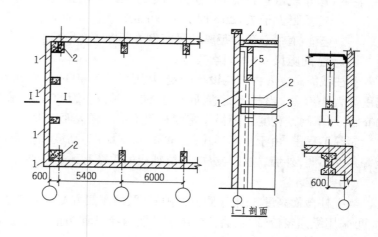

图 14-14　山墙处的柱与横向定位轴线的关系
1-抗风柱;2-承重端柱;3-吊车梁;4-屋面板;5-屋架

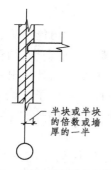

图 14-15　承重山墙与横向定位
　　　　轴线的关系

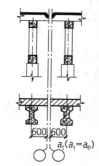

图 14-16　横向变形缝两侧的柱与
　　　　横向定位轴线的关系
a_i-插入距;a_e-变形缝宽度

(二)纵向定位轴线

排架结构厂房中,纵向定位轴线是按照屋架跨度的标志尺寸从两端垂直引下来的,是确定屋架跨度的基准线。

1.边柱与纵向定位轴线的关系

在有梁式或桥式吊车的厂房中,为了使厂房结构和吊车规格相协调,保证吊车和厂房尺寸的标准化,并保证吊车的安全运行,厂房跨度与吊车跨度两者关系规定为(图14-17):

$$S = L - 2e$$

式中:L——厂房跨度,即纵向定位轴线间的距离;

S——吊车跨度,即吊车轨道中心线间的距离;

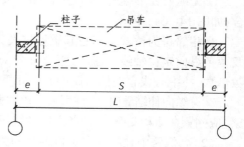

图 14-17　吊车跨度与厂房跨度的关系

255

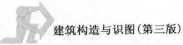

e——吊车轨道中心线至厂房纵向定位轴线间的距离（一般为750mm，当构造需要或吊车起重量大于75/20 t时为1000mm），由上柱截面高度h、吊车侧方宽度B（吊车端部至轨道中心线的距离）、吊车侧方间隙C_b（吊车运行时，吊车端部与上柱内缘间的安全间隙尺寸）等因素决定。

上柱截面高度h由结构设计确定，常用尺寸为400mm或500mm；吊车侧方间隙C_b与吊车起重量大小有关，当吊车起重量小于50 t时，C_b为80mm，吊车起重量大于63t时，C_b为100mm；吊车侧方宽度B随吊车跨度和起重量的增大而增大。

实际工程中，由于吊车形式、起重量、厂房跨度、高度和柱距不同，以及是否设置安全走道板等条件不同，外墙、边柱与纵向定位轴线的关系有下述两种。

（1）封闭结合。

当上柱截面高度h、吊车侧方间隙C_b及吊车侧方宽度B三者之和$h+C_b+B$小于或等于e时，可采用纵向定位轴线、边柱外缘和外墙内缘三者相重合的定位方式，使上部屋面板与外墙之间形成"封闭结合"的构造，如图14-18a）所示。

封闭结合适用于厂房中无吊车或只有悬挂吊车及柱距为6.0m、吊车起重量不大且不需增设联系尺寸的厂房。

（2）非封闭结合。

当柱距大于6.0m，吊车起重量及厂房跨度较大时，由于h、C_b、B均可能增大，因而可能导致$h+C_b+B$大于e，此时若继续采用上述"封闭结合"便不能满足吊车安全运行所需净空要求，造成厂房结构的不安全。因此，需将边柱的外缘从纵向定位轴线处向外移出一定尺寸a_c，使$e+a_c$大于$h+C_b+B$，以保证安全生产。这时屋架端部标志尺寸与柱子外缘、外墙内缘不能相重合，上部屋面板与外墙之间便出现空隙，这种情况称为"非封闭结合"，如图14-18b）所示。

a_c称为"联系尺寸"。是否需要设置联系尺寸及联系尺寸的大小，除了与吊车起重量有关外，还与柱距以及是否设置吊车梁走道板等因素有关。为了与墙板模数协调，a_c应为300mm或其整数倍，但围护结构为砌体时，a_c可采用M/2或其整数倍数。

采用这种"非封闭结合"的构造时，屋顶上部空隙处应加设补充构件，如图14-19所示。

2. 中柱与纵向定位轴线的关系

（1）等高跨中柱与纵向定位轴线的关系。

等高厂房的中柱一般设置单柱，按有无纵向变形缝考虑与纵向定位轴线的关系。

①无纵向变形缝时：宜设单柱和一条纵向定位轴线，上柱的中心线宜与纵向定位轴线相重合，如图14-20a）所示。

当相邻跨为桥式吊车且起重量较大，或厂房柱距及构造要求设插入距时，中柱可采用单柱及两条纵向定位轴线，其插入距应符合3M数列，但围护结构为砌体时，a_i可采用M/2或其整数倍数，柱中心线宜与插入距中心线相重合，如图14-20b）所示。

②有纵向伸缩缝时：中柱可采用单柱并设两条纵向定位轴线。伸缩缝一侧的屋架（或屋面梁）应搁置在活动支座上，两条定位轴线间插入距a_i即为伸缩缝的宽度a_e，如图14-21所示。

（2）高低跨中柱与纵向定位轴线的关系。

高低跨中柱按单柱和双柱两种情况考虑与纵向定位轴线的关系。

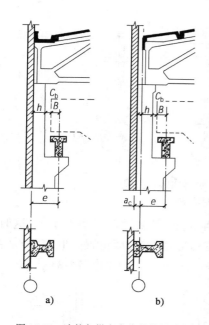

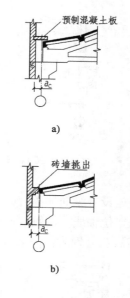

图 14-18　边柱与纵向定位轴线的关系

a)封闭结合;b)非封闭结合

C_b-吊车侧方间隙;B-吊车侧方尺寸;a_c-联系尺寸

图 14-19　"非封闭结合"屋面

板与墙空隙的处理

a_c-联系尺寸

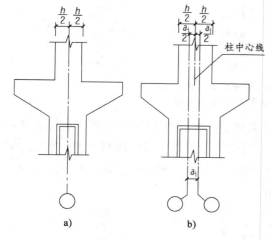

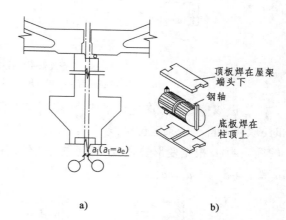

图 14-20　等高跨中柱单柱(无纵向伸缩缝)

与纵向定位轴线的关系

a)一条定位轴线;b)两条定位轴线

图 14-21　等高跨中柱单柱(有纵向伸缩缝)与纵向定

位轴线的关系

a_i-插入距;a_e-伸缩缝宽度

①设单柱时的纵向定位轴线:当高跨为"封闭结合"时,若高跨封墙底面高于低跨屋面,采用单柱单轴线,纵向定位轴线与高低跨屋架端头重合,如图 14-22a)所示。若封墙底面低于低跨屋面时,则采用两条纵向定位轴线。此时插入距 a_i 等于封墙厚度,即 $a_i = t$,如图 14-22b)所示。

当高跨为"非封闭结合"时,应采用两条纵向定位轴线。其插入距 a_i 视封墙底面位置的高低不同有两种情况,即 $a_i = a_c$ 或 $a_i = a_c + t$,如图 14-22c)、d)所示。

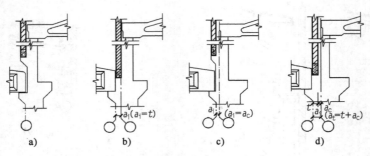

图 14-22　平行高低跨单柱中柱与纵向定位轴线的关系

a_i-插入距；a_c-联系尺寸；t-封墙厚度

当低跨处设有纵向伸缩缝时，低跨的屋架（或屋面梁）一般搁置在活动支座上，这时应采用两条纵向定位轴线。两轴线间的插入距 a_i 应根据变形缝宽度、封墙位置高低、高跨是否"封闭结合"来确定，分别为：$a_i = a_e + t$、$a_i = a_e + t + a_c$、$a_i = a_e$、$a_i = a_e + a_c$，如图 14-23 所示。

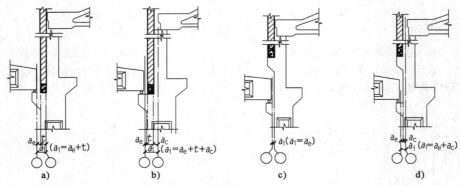

图 14-23　平行高低跨单柱中柱与纵向定位轴线的关系

a_i-插入距；a_c-联系尺寸；t-封墙厚度；a_e-伸缩缝宽度

②设双柱时的纵向定位轴线：单层厂房为满足纵向变形或抗震的需要，高低跨处设置双柱时，双柱各自有一条定位轴线，其与定位轴线的关系同边柱的相似。双柱的两条定位轴线之间的插入距 a_i 根据变形缝宽度、封墙位置高低、各跨是否"封闭结合"来确定，分别为：$a_i = a_e + t$、$a_i = a_e + a_c + t$、$a_i = a_e$、$a_i = a_e + a_c$，如图 14-24 所示。

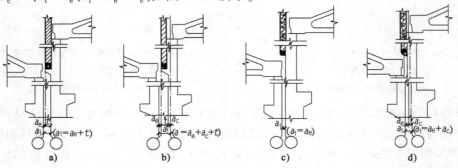

图 14-24　平行高低跨双柱中柱与纵向定位轴线的关系

a_i-插入距；a_c-联系尺寸；t-封墙厚度；a_e-纵向变形缝宽度

258

(三)纵横跨相交处的定位轴线

当工艺要求厂房为纵横跨时,须在纵横跨相交处设变形缝,使纵横跨各自独立。这时变形缝一侧纵跨,按山墙处端柱处理与定位轴线的关系;对于横跨,按边柱处理与定位轴线的关系。两轴线的距离视纵横跨高低不同和单墙或双墙方案而异,如图14-25所示。

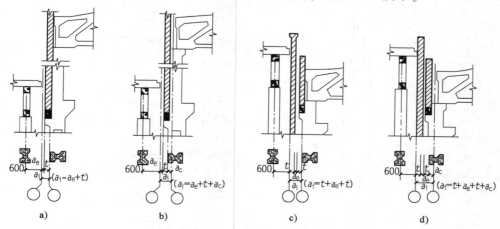

图 14-25　纵横跨相交处柱与定位轴线的关系
a)、b)单墙方案;c)、d)双墙方案
a_i-插入距;a_c-联系尺寸;t-封墙厚度;a_e-变形缝宽度

当封墙为砌体时,a_e值为变形缝宽度;封墙为墙板时,a_e值取变形缝的宽度或吊装墙板所需净空尺寸的较大者。

第五节　单层厂房的主要结构构件

 承重柱

单层厂房承重柱一般采用的钢筋混凝土柱,可分为单肢柱和双肢柱两大类。单肢柱截面形式有矩形、工字形及单管圆形。双肢柱是由两肢矩形柱或两肢圆形管柱,用腹杆(平腹杆或斜腹杆)连接而成,如图14-26所示。跨度、高度和吊车起重量都比较大的大型厂房可以采用钢柱。

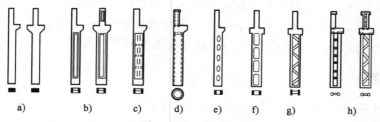

图 14-26　常用的钢筋混凝土柱
a)矩形柱;b)工字形柱;c)预制空腹板工字形柱;d)单肢管柱;e)双肢柱;f)平腹杆双肢柱;g)斜腹杆双肢柱;h)双肢管柱

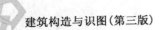

钢筋混凝土柱应根据其在厂房中的位置以及柱与其他构件连接的需要,在柱身预埋铁件(如钢板、螺栓、锚拉钢筋等),如图14-27所示。

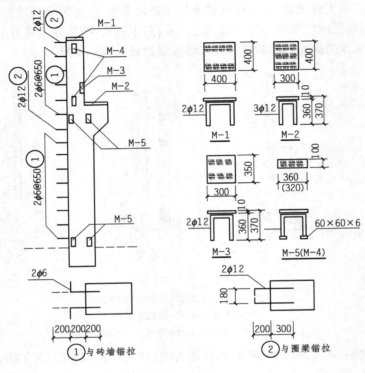

图14-27 柱的预埋件

二 基础和基础梁

(一) 基础

1. 现浇柱下基础

现浇钢筋混凝土柱下基础与柱均为现场浇筑,但先浇筑基础。浇筑时基础顶面应留出钢筋,其数量应不少于柱中受力钢筋,伸出长度满足构造要求。

2. 预制柱下基础

钢筋混凝土预制柱下基础顶部应做成杯口,柱安装在杯口内,故称杯形基础,如图14-28a)所示。为使安装在埋置深度不同的杯形基础中的柱子规格统一,便于施工,有时把基础做成高杯基础,如图14-28b)所示。在伸缩缝处,双柱的基础做成双杯口基础。

(二) 基础梁

钢筋混凝土排架结构的外墙或内墙仅起围护或分隔作用,内、外墙一般砌筑在基础梁上,由基础梁将墙体的重力传给基础,如图14-29所示。基础梁一般采用预应力钢筋混凝土梁,截面形状与尺寸见图14-30。

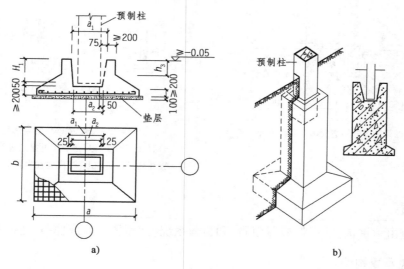

a)   b)

图 14-28　预制柱下杯形基础

a) 普通杯形基础;b) 高杯口基础

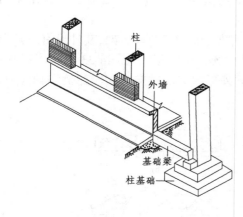

图 14-29　基础梁的作用

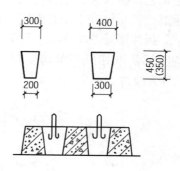

图 14-30　基础梁的截面形式与尺寸

　　为了避免影响开门及满足防潮要求,基础梁顶面标高至少应低于室内地坪标高 50mm,高于室外地坪标至少 100mm。基础梁底回填土时一般不需夯实,并留有不少于 100mm 的空隙,如图 14-31 所示。在寒冷地区为防止土层冻胀导致基础梁隆起而开裂,应在基础下及周围铺一定厚度的砂或炉渣等松散材料。

　　基础梁搁置在杯形基础顶面的方式,视基础埋置深度而异,如图 14-32 所示。当基础杯口顶面与室内地坪的距离不大于 500mm 时,则基础梁可直接搁置在杯口上;当基础杯口顶面与室内地坪大于 500mm 时,可设置 C15 混凝土垫块搁置在杯口顶面,垫块的宽度当墙厚 370mm 时为 400mm,当墙厚 240mm 时为 300mm;当基础埋置很深时,也可设置高杯口基础或在柱上设牛腿来搁置基础梁。

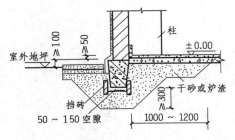

14-31 基础梁搁置的构造要求及其防冻胀措施

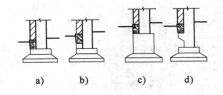

图 14-32 基础梁的位置与搁置方式
a)直接搁置在杯口上;b)搁置在垫块上;c)搁
置在高杯口基础上;d)搁置在牛腿上

 屋盖

厂房屋盖由承重构件(屋架或屋面梁)和覆盖系统(大型屋面板或檩条、瓦材等)组成。

(一)屋盖承重构件

1. 屋架

屋架(或屋面梁)直接承受屋面荷载,有些厂房的屋架(或屋面梁)还承受悬挂吊车、管道或其他工艺设备及天窗架等荷载。

屋架按其材料分主要有钢屋架和钢筋混凝土屋架,多为桁架式屋架,其外形有三角形、梯形、拱形、折线形等基本形式。屋架外形对其杆件内力的影响很大,图 14-33 表示了在相同的屋面均布荷载作用下,同样跨度和矢高的四种不同外形屋架的轴向力大小比例和轴向力符号("+"号为拉力,"-"号为压力)。

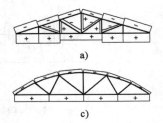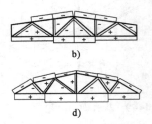

图 14-33 几种不同外形屋架的轴向力大小比较和轴向力符号
a)三角形屋架;b)梯形屋架;c)拱形屋架;d)折线形屋架

当厂房全部或局部柱距为 12.0m 或 12.0m 以上,而屋架间距仍保持 6.0m 时,需在 12.0m 柱距间设置托架来支承中间屋架,通过托架将屋架上的荷载传递给柱子,如图 14-34 所示。托架有预应力混凝土和钢托架两种类型。

2. 屋面梁

屋面梁的断面呈 T 形或工字形,有单坡和双坡之分,如图 14-35 所示。屋面梁的外形简单,高度小,稳定性好,便于加工和安装,但跨度受限制。一般适用于厂房跨度较小、有较大振动荷载和有腐蚀性介质的厂房。

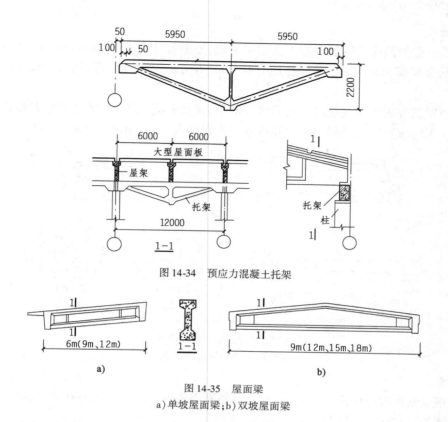

图 14-34　预应力混凝土托架

6m(9m、12m)

9m(12m、15m、18m)

a)

b)

图 14-35　屋面梁
a)单坡屋面梁;b)双坡屋面梁

(二)屋盖的覆盖构件

厂房屋盖覆盖系统分为有檩体系和无檩体系。有檩体系屋盖一般用轻型屋面材料如瓦材作为屋面,由檩条将屋面荷载传给屋架(屋面梁)。这种屋盖质量轻、刚度较差,适用于中、小型或有泄爆要求的厂房,如图 14-36a)所示。无檩体系的屋盖是将大型屋面板直接搁置在屋架(屋面梁)上,不设檩条,屋盖刚度大,大中型厂房多采用这种屋盖形式,如图 14-36b)所示。

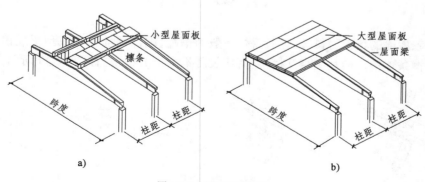

a)

b)

图 14-36　屋盖结构体系
a)有檩体系屋盖;b)无檩体系屋盖

1. 屋面板

屋面板一般为预应力钢筋混凝土大型屋面板，外形尺寸为 1.5m×6.0m，用于无檩体系屋盖中。为配合屋架尺寸和檐口做法，还有 0.9m×6.0m 的嵌板和檐口板，如图 14-37a)、b) 所示。

预应力钢筋混凝土天沟板的截面形状为槽形，两边肋高低不同，低肋依附在屋面板边，高肋在外侧。天沟板宽度是随屋架跨度和排水方式而确定的，常用规格见图 14-37c)。

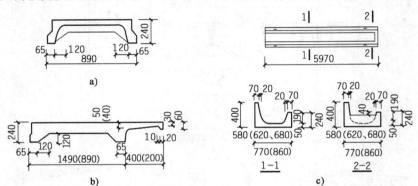

图 14-37　屋面嵌板、檐口板、天沟板
a)嵌板；b)檐口板；c)天沟板

2. 檩条

檩条用以支承有檩体系屋盖的瓦材，并将屋面荷载传给屋架。檩条有钢筋混凝土、型钢和冷弯钢板檩条，与屋架上弦焊接，如图 14-38 所示。

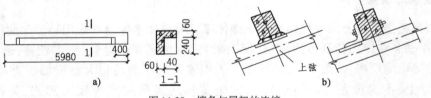

图 14-38　檩条与屋架的连接
a)檩条；b)檩条与屋架的连接

3. 瓦材

有檩体系屋盖的覆盖材料多采用瓦材，一般为槽瓦，端部预埋挂环或预留插销孔，用钢筋钩或插铁与檩条连接。槽瓦应相互搭接，搭接长度不少于 150mm，如图 14-39 所示。

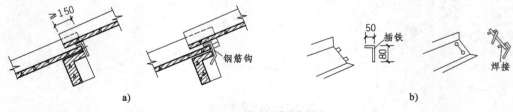

图 14-39　槽瓦的搭接与固定
a)槽瓦的搭接；b)槽瓦的固定

四 吊车梁、连系梁、圈梁

(一)吊车梁

桥式吊车和支承式梁式吊车都需在柱牛腿上设置吊车梁,并在吊车梁上铺设轨道供吊车运行。

1. 吊车梁类型(表14-1)

常用单层工业厂房吊车梁类型

表14-1

项目	构件简图	适用范围
钢筋混凝土吊车梁	6.0m　0.9m 约1.2m	1. 跨度不大于6m时。 2. 中轻级工作制吊车起重量不大于30/5t、重级工作制吊车起重量不大于20/5t
预应力混凝土吊车梁	等高吊车梁　0.9m 约1.5m 鱼腹式吊车梁　约1.4m	1. 柱距6m时,中级工作制吊车起重量不大于150/20t、重级工作制吊车起重量不大于100/20t。 2. 柱距不小于12m时,中级工作制吊车起重量不大于100/20t、重级工作制吊车起重量不大于75t
钢吊车梁	桁架式钢吊车梁	1. 下列情况优先采用: (1)吊车起重量较大或有振动设备的重型厂房; (2)钢柱厂房或有硬钩吊车时。 2. 桁架式吊车梁适应吊车质量较轻时

2. 吊车梁的预埋件及连接

吊车梁应预留孔固定轨道及安装滑触线,安装预埋件用于与柱及车挡连接使用,如图14-40、图14-41所示。

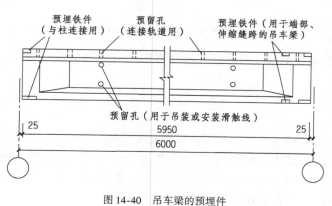

图14-40　吊车梁的预埋件

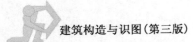

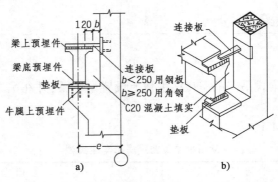

图 14-41　吊车梁与柱的连接

(二)连系梁

连系梁是柱与柱之间的纵向水平连系构件,一般预制,有在墙内(也称墙梁)和不在墙内两种。

墙梁分非承重和承重两种。非承重墙梁一般用螺栓或钢筋与柱拉结;承重墙梁应搁置在柱的牛腿上,并用焊接或螺栓连接,如图 14-42 所示。

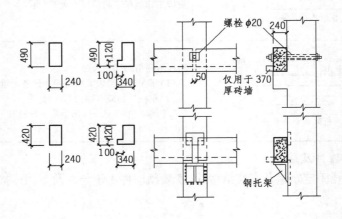

图 14-42　连系梁与柱的连接

不在墙内的连系梁主要起连系纵向列柱和增加厂房纵向刚度的作用,一般布置于多跨厂房的中列柱的顶端。

(三)圈梁

根据厂房高度、荷载和地基等情况以及抗震设防要求,应将一道或几道墙梁沿厂房四周连通做成圈梁,以增加厂房结构的整体性,抵抗由于地基不均匀沉降或较大振动荷载所引起的内力。布置圈梁时,还应与厂房立面结合起来,尽可能兼做窗过梁用。

圈梁可预制或现浇,与柱的连接构造如图 14-43 所示。

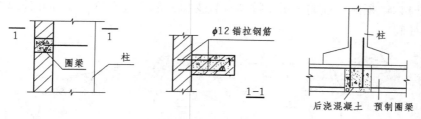

图 14-43　圈梁与柱的连接

五 抗风柱与支撑系统

（一）抗风柱

当单层厂房的跨度比较大时，需在山墙处设置抗风柱来承受风荷载，使一部分风荷载由抗风柱直接传至基础，另一部分风荷载由抗风柱的上端通过屋盖系统传到厂房纵向列柱上去。根据以上要求，抗风柱与屋架之间一般采用竖向可以移动、水平方向又具有一定刚度的 Z 形弹簧板连接，如图 14-44a）所示。同时屋架与抗风柱间应留有不少于 150mm 的间隙。若厂房沉降较大时，则宜采用图 14-44b）所示的螺栓连接方式。

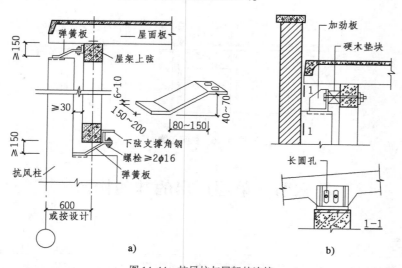

图 14-44　抗风柱与屋架的连接

一般情况下抗风柱只与屋架上弦连接，当屋架设有下弦横向水平支撑时，则抗风柱可与屋架下弦相连接，作为抗风柱的另一支点。

（二）支撑系统

单层厂房结构中，支撑是连系各主要承重构件以构成厂房空间骨架的重要组成部分，包括屋架支撑和柱间支撑。

1. 屋架支撑

屋架支撑包括上弦横向水平支撑、下弦横向水平支撑、纵向水平支撑、垂直支撑、纵向水平

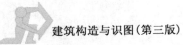

系杆等,如图 14-45 所示。横向水平支撑和垂直支撑一般布置在厂房端部和伸缩缝两侧的第二(或第一)柱间。

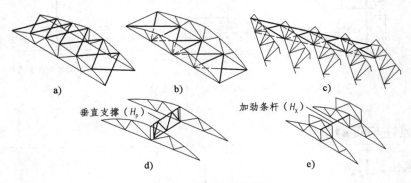

图 14-45　屋架支撑的类型

a)上弦横向水平支撑;b)下弦横向水平支撑;c)纵向水平支撑;d)垂直支撑;e)纵向水平系杆

2.柱间支撑

柱间支撑一般用钢材制作,多采用交叉式,其交叉倾角通常在 35°～55°之间。当柱间需要通行或需放置设备或柱距较大采用交叉式支撑有困难时,可采用门架式支撑,如图 14-46 所示。

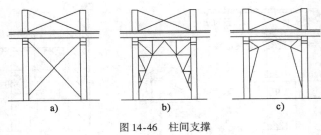

图 14-46　柱间支撑

第六节　单层厂房的其他构造

屋面

屋面排水和防水是厂房屋面构造的主要问题,通常要防排结合,统筹考虑,综合处理。

(一)屋面排水

1.排水方式

厂房屋面排水方式同样分为无组织排水和有组织排水。

(1)无组织排水。

无组织排水在条件允许时宜优先选用,尤其是对屋面有特殊要求的厂房,如屋面容易积灰的冶炼车间,屋面防水要求很高的铸工车间以及对内排水的铸铁管具有腐蚀作用的炼铜车间等均宜采用无组织排水。

（2）有组织排水。

单层厂房有组织排水根据屋顶雨水组织又分为：外檐沟外排水、长天沟外排水、内落外排水和内排水等方式。

①外檐沟外排水：具有构造简单，施工方便，造价低，且不影响车间内部工艺设备的布置等特点，故在厂房中应用较广。檐沟一般采用钢筋混凝土槽形天沟板，天沟板支承在屋架端部的水平挑梁上，如图14-47a）所示。

②长天沟外排水：即沿厂房纵向设通长天沟汇集雨水，天沟内的雨水由端部的雨水管排至室外地坪的排水方式。这种排水方式构造简单，施工方便，造价较低。但天沟长度大，采用时应充分考虑地区降水雨量、汇水面积、屋面材料、天沟断面和纵向坡度的等因素进行确定。当采用长天沟外排水时，须在山墙上留出洞口，天沟板伸出山墙，并在天沟板的端壁上方留出溢水口，如图14-47b）所示。

③内落外排水：将屋面雨水先排至室内的水平管（为了保证排水顺畅，水平管设有0.5%～1%的纵坡度），由室内水平管将雨水导至墙外的排水立管来排除雨水的排水方式。这种排水方式克服了内排水需在厂房地面下设雨水地沟、室内雨水管影响工艺设备的布置等缺点，但水平管易被堵塞，不宜用于屋面有大量积尘的厂房，如图14-47c）所示。

④内排水：将屋面雨水由设在厂房内的雨水管及地下雨水管沟排除的排水方式。其特点是排水不受厂房高度限制，排水比较灵活，但屋面构造复杂，造价及维修费高，并且室内雨水管容易与地下管道、设备基础，工艺管道等发生矛盾。内排水常用于多跨厂房，特别是严寒多雪地区的采暖厂房和有生产余热的厂房，如图14-47d）所示。

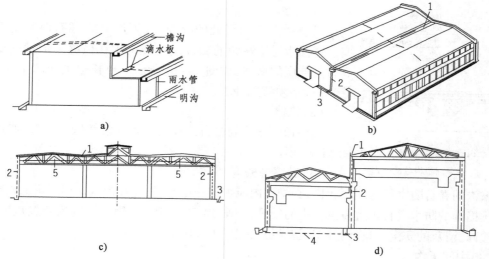

图14-47　单层厂房屋面有组织排水形式

a）外天沟外排水；b）长天沟外排水；c）内落外排水；d）内排水

1-天沟；2-立管；3-明（暗）沟；4-地下雨水管；5-悬吊管

2. 排水坡度

排水坡度的大小主要取决于屋面基层的类型、防水构造方式、材料性能、屋架形式以及当地气候条件等因素。各种屋面的坡度可参考表14-2选择。

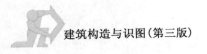

单层厂房屋面坡度选择参考表　　　　　　　　　　表 14-2

防 水 类 型	卷 材 防 水	构 件 自 防 水				压 型 钢 板
		嵌缝式	F形板	槽板	石棉瓦等	
常用坡度	1:5～1:10	1:5～1:8	1:4～1:5	1:3～1:4	1:2.5～1:4	1:20

3.排水组织及排水装置

（1）排水组织。

屋面排水应进行排水组织设计。首先要将整个厂房屋面划分为若干个排水区段，并定出排水方向。然后，根据当地降雨量和屋面汇水面积，选定合适的雨水管管径、雨水斗型号。

（2）排水装置。

排水装置包括天沟、雨水口和雨水管，与民用建筑的做法相同，在此不再重复。

（二）屋面防水

单层厂房屋面防水主要有卷材防水和构件自防水等类型。

1.卷材防水屋面

卷材防水屋面在单层工业厂房中应用较为广泛（尤其是北方地区需采暖的厂房和振动较大的厂房），其构造原则和做法与民用建筑基本相同，区别在于节点的细部处理上。

下面以基层为 1.5m×6m 钢筋混凝土屋面板的屋面为例，介绍单层工业厂房中卷材防水屋面的节点构造如下。

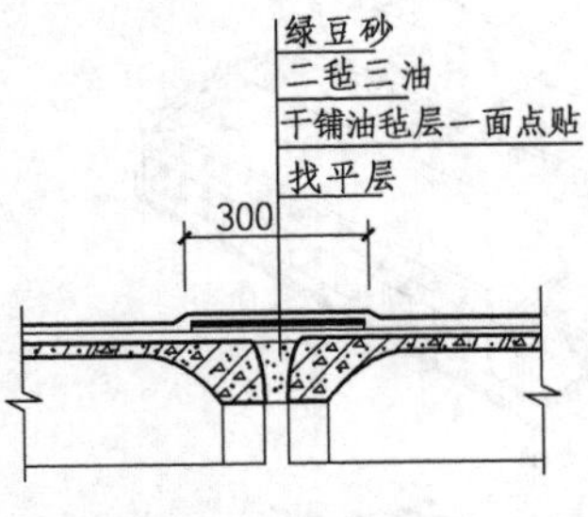

图 14-48　无保温（隔热）层的
　　　　　屋面板横缝的处理

（1）接缝。

大型屋面板相接处的缝隙，必须用 C20 细石混凝土灌缝填实。屋面板短边端肋的交接缝一般采用在横缝上加铺一层干铺卷材延伸层的做法，如图 14-48 所示。板长边主肋的接缝（即纵缝）一般不须特别处理。

（2）挑檐。

挑檐通常采用卷材自然收头和附加镀锌铁皮收头的方法，如图 14-49 所示。

（3）纵墙挑檐沟。

檐沟的卷材防水层与屋面相比，在檐沟内应加铺一层卷材，并在雨水口周围附加玻璃布两层。挑檐沟的防水卷材也应注意收头的处理，如图 14-50a）所示。因檐沟的檐壁较矮，为保证屋面检修、清灰的安全，可在沟外壁设铁栏杆，如图 14-50b）所示。

（4）中间天沟。

中间天沟设于等高多跨厂房的两坡屋面之间，有槽形天沟和自然天沟两种。槽形天沟一般用两块槽形天沟板并排布置，两块槽形天沟板接缝处的防水构造是将天沟卷材连续覆盖，其防水处理、找坡等构造方法与纵墙内天沟基本相同，如图 14-51a）所示。

直接利用两坡屋面的坡度形成的 V 形"自然天沟"仅适用于内排水（或内落外排水），其构造如图 14-51b）所示。

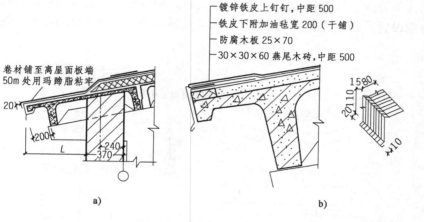

图 14-49　挑檐构造

a)卷材自然收头;b)附加镀锌铁皮收头

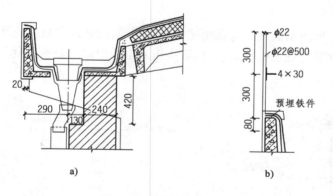

图 14-50　纵墙挑檐沟构造

a)纵墙外天沟及卷材收头处理;b)天沟外壁设铁栏杆

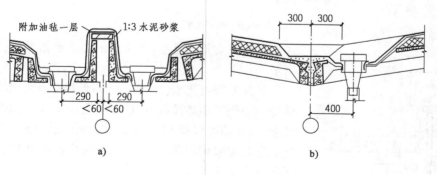

图 14-51　中间天沟构造

a)槽形天沟;b)自然天沟

(5)长天沟。

采用长天沟外排水时,须在山墙上留出洞口,将天沟板伸出山墙,该洞口可兼做溢水口用,洞口的上方应设置预制钢筋混凝土过梁。长天沟及洞口处应注意卷材的收头处理,如图14-52所示。

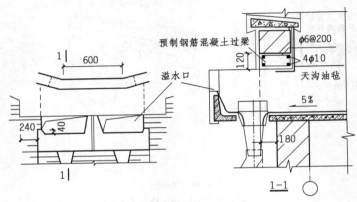

图14-52 长天沟外排水构造

(6)泛水。

①山墙泛水:山墙泛水的做法与民用建筑基本相同,应做好卷材收头和转折处理。振动较大的厂房,可在卷材转折处加铺一层卷材,端头压入山墙顶部的钢筋混凝土压顶下,如图14-53所示。

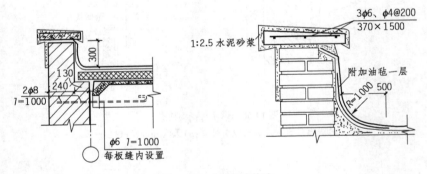

图14-53 山墙泛水构造

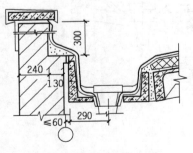

图14-54 纵向女儿墙泛水构造

②纵向女儿墙泛水:做法与山墙泛水相类似,如图14-54所示。

③高低跨处泛水:厂房平行高低跨处无变形缝,由墙梁承受高跨侧墙墙体荷载时,墙梁下需设牛腿。因牛腿有一定高度,因此高跨墙梁与低跨屋面之间必然形成一个大空隙,这段空隙应采用较薄的墙来填充,并做泛水处理,如图14-55所示。

④变形缝处泛水:屋面的横向变形缝处最好设置矮墙泛水,如图14-56a)所示。如横向变形缝处不设矮墙泛水,其构

造如图 14-56b) 所示。

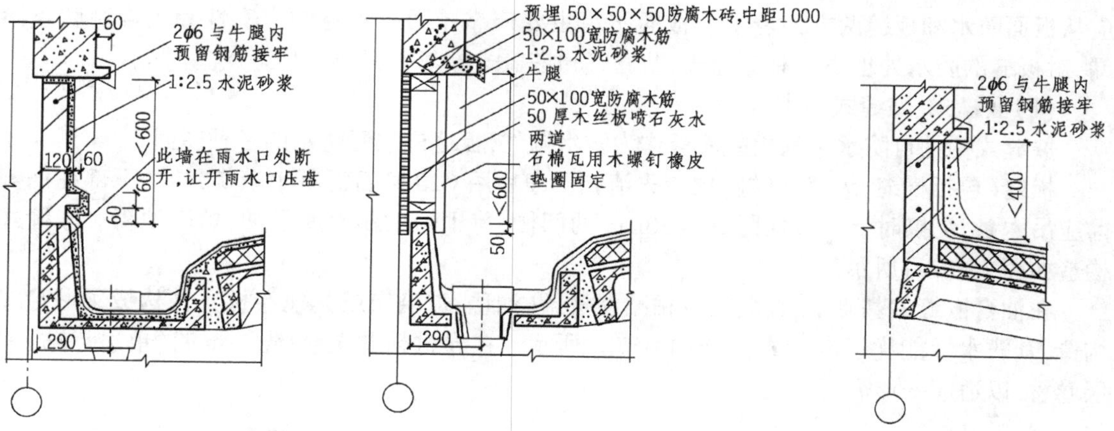

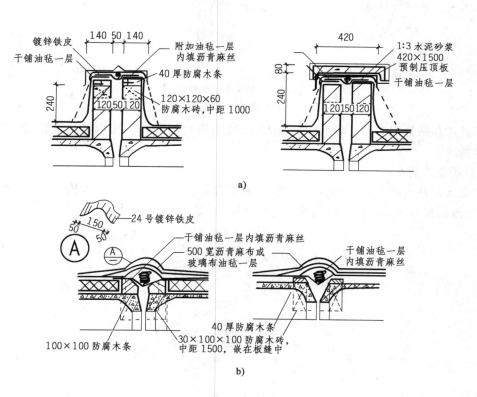

图 14-55　高低跨处泛水
a)、b) 有天沟高低跨泛水；c) 无天沟高低跨泛水

图 14-56　屋面横向变形缝处理
a) 有矮墙泛水；b) 无矮墙泛水

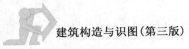

2.构件自防水屋面

构件自防水屋面的屋面板主要有钢筋混凝土屋面板、钢筋混凝土 F 形板等,其屋面防水应从板面防水和板缝两方面着手。板面防水主要依靠屋面板本身的密实性和抗渗性防止渗漏,对板缝的防水处理主要有嵌缝式、贴缝式和搭盖式等基本类型。

（1）嵌缝式、贴缝式防水。

嵌缝式构件自防水是利用屋面板作为防水构件,板缝嵌油膏防水的一种屋面。

板缝（包括横缝、纵缝、脊缝）内应先清扫干净后用 C20 细石混凝土填实,缝的下部在浇捣前应吊木条,浇捣时上口应预留 20～30mm 的凹槽,待干燥后刷冷底子油,填嵌油膏。嵌缝式构造如图 14-57a）所示。

在油膏嵌缝的基础上,板缝处再粘贴卷材条（油毡、玻璃布或其他卷材）,便构成了贴缝式构造,其防水性能优于嵌缝式,如图 14-57b）所示。在卷材粘贴之前,先要干铺（单边点贴）一层卷材,以适应变形需要。

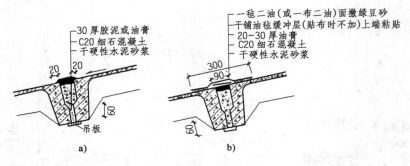

图 14-57 嵌缝式、贴缝式板缝构造
a）嵌缝式;b）贴缝式

嵌缝式和贴缝式构件自防水屋面的天沟（或檐沟）及泛水、变形缝等局部位置,应采用卷材防水做法。

（2）搭盖式防水。

搭盖式构件自防水是以断面呈 F 形的预应力混凝土屋面板为防水构件,屋面板相互搭盖,配合盖瓦和脊瓦等附件组成的构件自防水屋面,如图 14-58 所示。

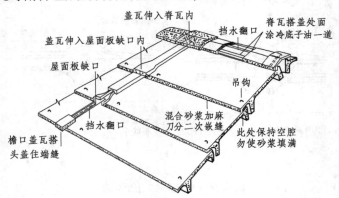

图 14-58 F 形屋面板的搭盖构造

二 天窗

大跨度或多跨的单层厂房中,为满足厂房中部天然采光与自然通风的要求,需在屋面上设置天窗。主要用作采光的有:矩形天窗、锯齿形天窗、平天窗、三角形天窗、横向下沉式天窗等;主要用作通风的有:矩形避风天窗、纵向或横向下沉式天窗、井式天窗、M形天窗。图14-59所示为各种天窗示意。

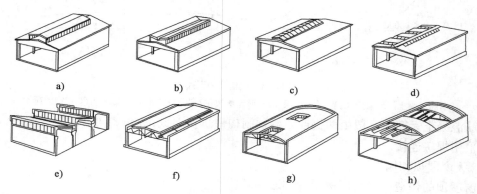

图14-59 各种天窗示意

a)矩形天窗;b)M形天窗;c)三角形天窗;d)采光带;e)锯齿形天窗;f)双侧下沉式天窗;g)中井式天窗;h)横向下沉式天窗

1. 矩形天窗

矩形天窗两侧的采光面垂直,采光通风效果好,所以在单层厂房中应用最广,但其构造复杂、自重大、造价较高。矩形天窗沿厂房纵向布置,在厂房的两端和横向变形缝的第一个开间通常不设,以便留置消防通道。每段天窗的端壁应设置上天窗屋面的消防梯(兼检修梯),如图14-60a)所示。

矩形天窗由天窗架、天窗屋顶、天窗端壁、天窗侧板及天窗扇组成,如图14-60b)所示。

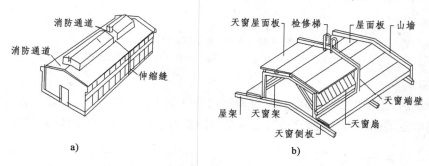

图14-60 矩形天窗布置与组成

a)矩形天窗的布置;b)矩形天窗的组成

(1)天窗架。

天窗架是天窗的承重构件,有钢筋混凝土和钢天窗架两种,如图14-61所示。天窗架的跨度采用扩大模数30M系列,有6.0m、9.0m、12.0m三种。

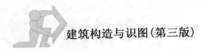
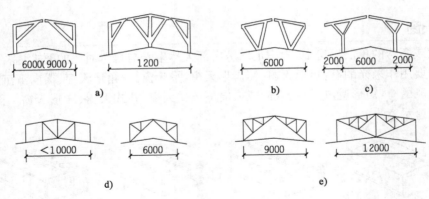

图 14-61　天窗架的形式

a)钢筋混凝土门形窗架;b)W 形天窗架;c)Y 形天窗架;d)多压杆式钢天窗架;e)桁架式钢天窗架

　　钢筋混凝土天窗架一般由两榀或三榀预制构件拼接而成,各榀之间采用螺栓连接,其支脚与屋架采用焊接连接。

　　(2)天窗屋顶和檐口。

　　天窗屋顶的构造一般与厂房屋顶构造相同。

　　天窗檐口一般采用带挑檐的屋面板,挑出长度为 300～500mm。檐口下部的屋面上须铺设滴水板。雨量多的地区或天窗高度和宽度较大时,宜采用有组织排水,做法如图 14-62 所示。

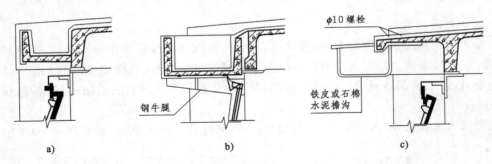

图 14-62　有组织排水的天窗檐口

a)带檐沟的屋面板;b)钢牛腿上铺天沟板;c)挑檐板挂铁皮檐沟

　　(3)天窗端壁。

　　天窗两端的"山墙"称为天窗端壁,有预制钢筋混凝土天窗端壁、石棉瓦天窗端壁等类型。预制钢筋混凝土端壁板可代替天窗架,是承重与围护合一的构件,如图 14-63 所示。

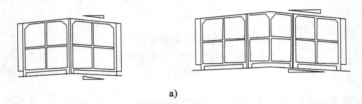

a)

图　14-63

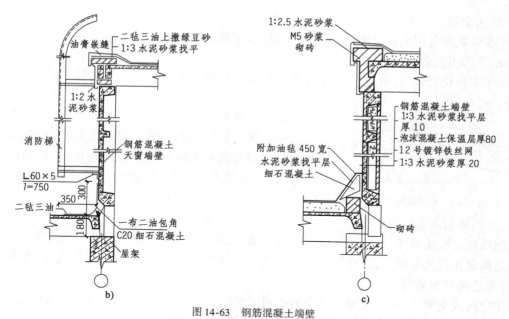

图 14-63　钢筋混凝土端壁

a)天窗端壁板立面;b)不保温屋面天窗端壁板;c)保温屋面天窗端壁板

（4）天窗侧板。

天窗侧板是天窗下部的围护构件,能够防止天窗屋面的雨水溅入厂房及避免因积雪堆积影响天窗扇开启,如图 14-64 所示。

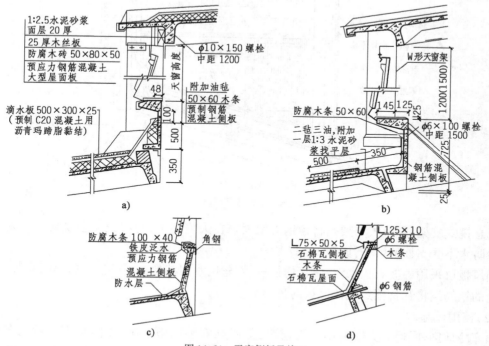

图 14-64　天窗侧板及檐口

a)门形钢筋混凝土天窗架天窗侧板和檐口(保温方案);b)W形钢筋混凝土天窗架天窗侧板和檐口(非保温方案);c)预应力混凝土平板侧板;d)石棉水泥波瓦侧板

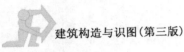

(5)天窗扇。

工业建筑中常用钢天窗扇,一般采用上悬式、中悬式等开启方式。

(6)天窗开关器。

由于天窗位置较高,需要设置开关器。天窗开关器分电动、手动、气动等多种,均有定型产品。

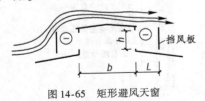

图 14-65　矩形避风天窗

2. 矩形避风天窗

矩形避风天窗与矩形天窗不同之处是:矩形避风天窗根据自然通风原理在天窗两侧增设挡风板,天窗洞口处不设窗扇,使厂房能保持持续、稳定的通风效果,如图 14-65 所示。

(1)挡风板的形式与构造。

挡风板的形式多样,常见的有垂直式和外倾式,此外还有内倾式、折板式和曲线式等。挡风板是固定在支架上的,支架按结构的受力方式分为立柱式(包括直立柱与斜立柱)和悬挑式(包括直悬挑和斜悬挑)两类。

①立柱式支架:立柱式支架是将型钢或钢筋混凝土立柱支承在屋架上弦的柱墩上,并用支撑与天窗架连接,常用于大型屋面板类的屋盖,如图 14-66 所示。

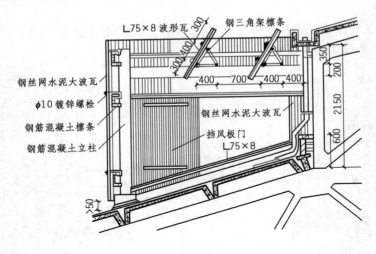

图 14-66　立柱式支架挡风板

②悬挑式支架:悬挑式支架是将角钢支架固定在天窗架上,与屋盖完全脱离。布置灵活,且屋面防水不受支柱的影响,如图 14-67 所示。

挡风板可采用中波石棉水泥瓦、瓦楞铁皮、钢丝网水泥波形瓦、预应力槽瓦等,安装时可用带螺栓的钢筋钩将瓦材固定在挡风板的骨架上。

(2)挡雨设施。

除寒冷地区外,通风天窗多不设天窗扇,但必须安装挡雨设施,以防止雨水飘入车间内。天窗口的挡雨设施有大挑檐挡雨、水平口设挡雨片和垂直口设挡雨板三种构造形式,如图 14-68 所示。

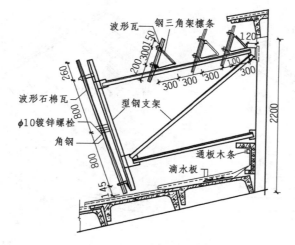

图 14-67　悬挑式支架挡风板

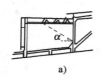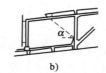

图 14-68　挡雨设施形式

a)水平口挡雨;b)大檐口挡雨;c)垂直口挡雨

挡雨片可采用石棉瓦、钢丝网水泥板、钢筋混凝土板、薄钢板、瓦楞铁等。当通风天窗还有采光要求时,宜采用透光较好的材料制作,如夹丝玻璃、钢化玻璃、玻璃钢波形瓦等。

3.平天窗

平天窗是在屋面安装透光材料来采光的,因其多与屋面相平,所以叫平天窗。平天窗的构造形式有采光板、采光罩和采光带三种类型,如图 14-69 ~ 图 14-71 所示。

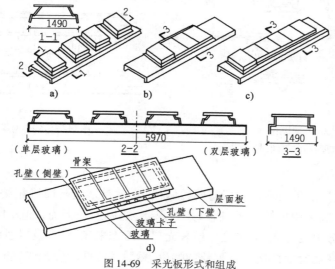

图 14-69　采光板形式和组成

a)小孔采光板;b)中孔采光板;c)大孔采光板;d)采光板的组成

Architectural Construction and Architectural Recognition Graph

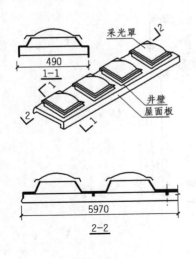

图 14-70　采光罩

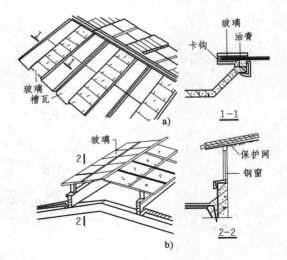

图 14-71　采光带

（1）平天窗孔壁构造。

平天窗与屋面板交接处要设置孔壁,孔壁一般高出屋面 150~250mm,有垂直和倾斜两种形式,后者可提高采光效率。孔壁应按泛水进行防水处理,如图 14-72 所示。

（2）玻璃的安全防护。

平天窗宜采用安全玻璃(如钢化玻璃、夹丝玻璃和玻璃钢罩等)。当采用平板玻璃、磨砂玻璃、压花玻璃等非安全玻璃时,需在玻璃下面设安全网,如图 14-73 所示。

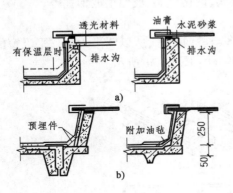

图 14-72　孔壁构造
a)现浇垂直孔壁;b)预制倾斜孔壁

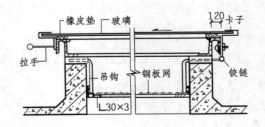

图 14-73　安全网构造示例

（3）平天窗的通风。

设置平天窗时,厂房解决通风一般有两种做法:一种是采光与通风相结合,即采用可开启的采光板或采光罩,或采用加挡风板、通风井的采光、通风型平天窗,如图 14-74 所示;另一种是采用采光与通风分离的方式,即采光板或采光罩只考虑采光,另外设置通风屋脊来解决通风问题。通风屋脊是在屋脊处留出一条狭长的喉口,然后将此处的脊瓦或屋面板架空,形成屋脊状的通风口,如图 14-75 所示。

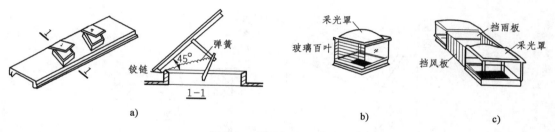

图 14-74　平天窗的通风措施

a) 开启式采光板; b) 单个通风; c) 组合通风

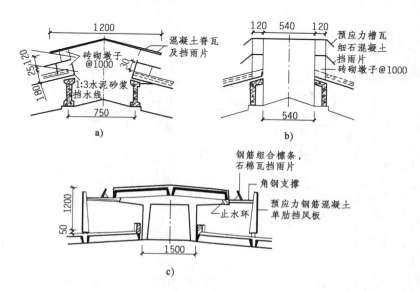

图 14-75　通风屋脊示例

a) 采用脊瓦及挡雨片的通风屋脊; b) 采用檩瓦及挡雨片的通风屋脊; c) 带挡风板的通风屋脊

三 外墙、侧窗与大门

（一）外墙

单层厂房的外墙按其材料分为砖墙、砌块墙、板材墙、轻型板材墙等; 按其承重形式则可分为承重墙、承自重墙、填充墙和幕墙等, 如图 14-76 所示。

1. 砖墙、砌块墙

排架结构单层厂房的外墙一般属于承自重墙, 多由普通砖或砌块砌筑而成。为了保证墙体有足够的稳定性与刚度, 在构造上应使墙与柱、山墙与抗风性、墙与屋架或屋面梁之间有可靠的连接, 如图 14-77 所示。

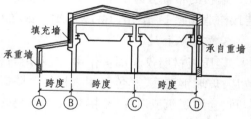

图 14-76　单层厂房外墙类型

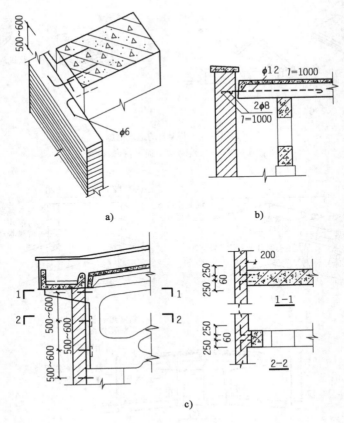

图 14-77　墙沿与相临构件的连接

a)墙与柱的连接;b)山墙与屋面板的连接;c)墙与屋架的连接

2.板材墙

为了加快厂房的建造速度,减轻墙体质量,厂房可采用板材墙。板材墙板有单一材料的墙板(如钢筋混凝土槽形板、空心板和配筋轻混凝土墙板等)和复合墙板(如轻质高强的夹心墙板)。墙板的规格尺寸应符合我国《厂房建筑模数协调标准》(GB/T 50006—2010)的规定。长和高一般采用 3M 为扩大模数,板长有 4500mm、6000mm、7500mm 和 12000mm 等,板高有 900mm、1200mm、1500mm 和 1800mm。板厚以 1/5M 为模数,常用厚度为 160～240mm。

墙板的布置分为横向布置、竖向布置和混合布置三种类型。以横向布置墙板为例,墙板的连接构造如图 14-78、图 14-79 所示。板缝的形式与构造如图 14-80 所示。

3.轻质板材墙

轻质板材墙仅起围护作用,常采用石棉水泥波瓦、镀锌铁皮波瓦、压型钢(铝)板、塑料波瓦、玻璃钢波瓦、彩色压型钢板复合墙板等,适用于不要求保温、隔热的热加工车间、防爆车间、仓库建筑或对保温、隔热要求不高的厂房。石棉水泥波瓦墙板的连接构造如图 14-81 所示。

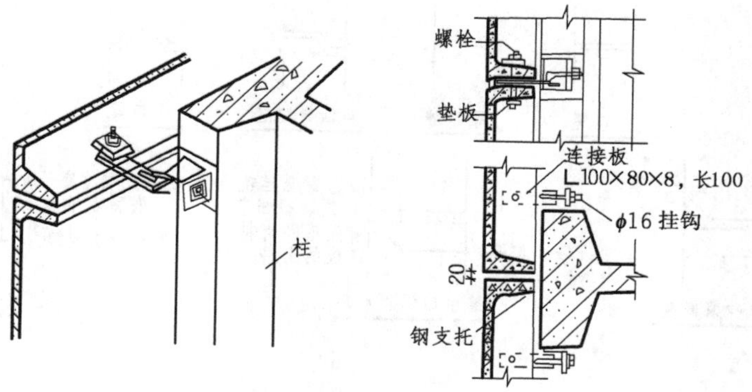
螺栓
垫板
连接板
∟100×80×8，长100
φ16 挂钩
柱
20
钢支托

a)

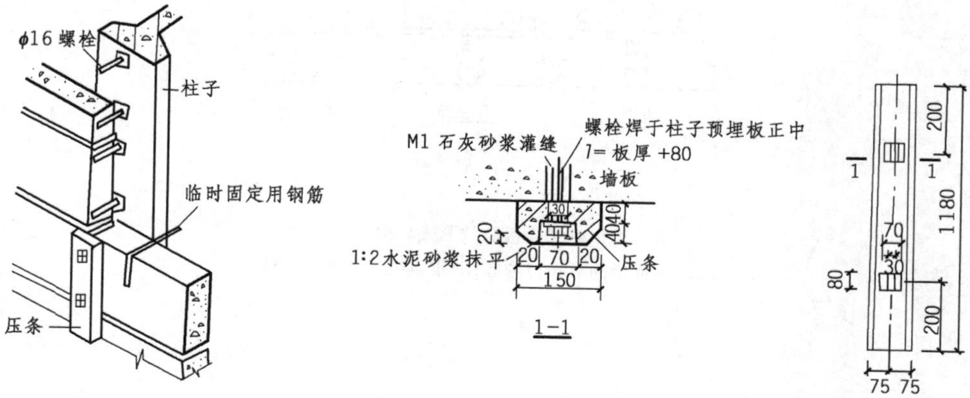
φ16 螺栓
柱子
临时固定用钢筋
压条
螺栓焊于柱子预埋板正中
M1 石灰砂浆灌缝
l= 板厚 +80
墙板
30
40
40
20
1:2水泥砂浆抹平
20
70
20
压条
150
1-1
200
1
1
1180
70
30
80
200
75
75

b)

图 14-78　柔性连接

a)螺栓挂钩柔性连接构造；b)压条柔性连接构造

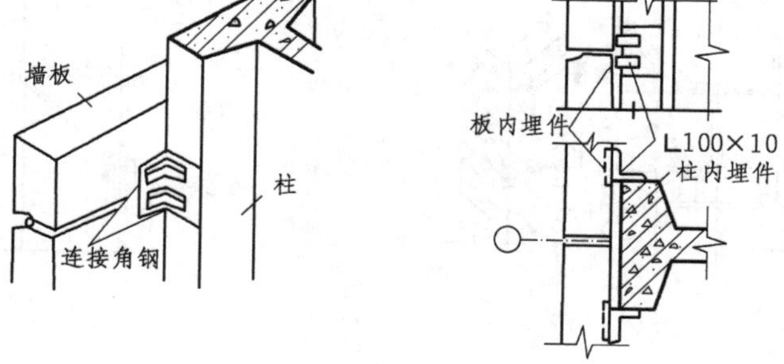
墙板
柱
连接角钢
板内埋件
∟100×10
柱内埋件

a)　　b)

图 14-79　刚性连接

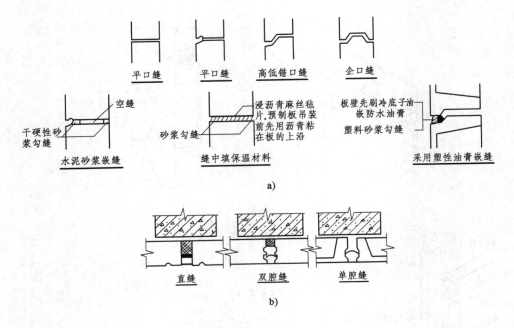

图 14-80　板缝的形式与构造

a)水平板缝的形式与构造；b)垂直缝的形式与构造

284

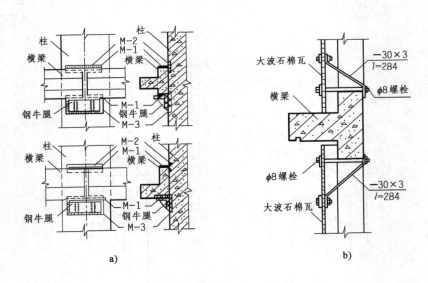

图 14-81　轻质板材墙的连接构造

a)横梁与柱子的连接；b)石棉水泥波瓦与横梁的连接

4. 彩色涂层钢板墙

彩色涂层钢板墙多用于钢结构的单层厂房中,固定在钢柱上,图 14-82 所示为彩色涂层钢板的外墙构造。彩色涂层钢板是在热轧钢板或镀锌钢板上涂以 0.2~0.4mm 软质或半硬质聚氯乙烯塑料薄膜或其他树脂的构件,具有绝缘、耐磨、耐酸碱、耐油等优点,并具有较好的加工性能,可切段、弯曲、钻孔、铆边、卷边。

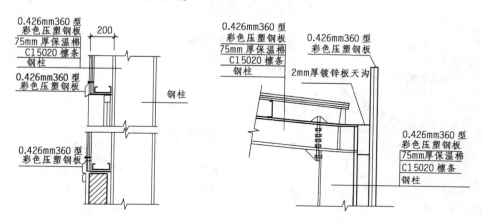

图 14-82　彩色涂层钢板的外墙构造

5. 开敞式外墙

为了使厂房获得良好的自然通风和散热效果,在炎热地区的热加工车间常采用开敞式外墙。开敞式外墙通常是在下部设矮墙,上部的开敞口设置挡雨遮阳板,如图 14-83 所示。挡雨板常用的有石棉水泥瓦挡雨板和钢筋混凝土挡雨板,如图 14-84、图 14-85 所示。

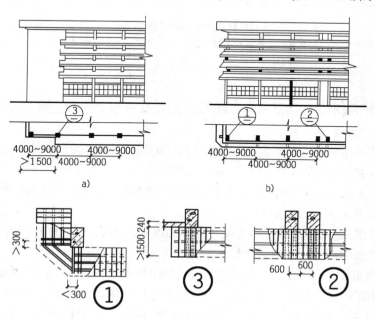

图 14-83　开敞式外墙的布置

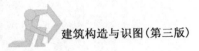

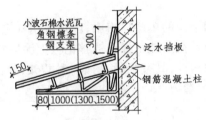

图 14-84 石棉水泥波瓦挡雨板构造

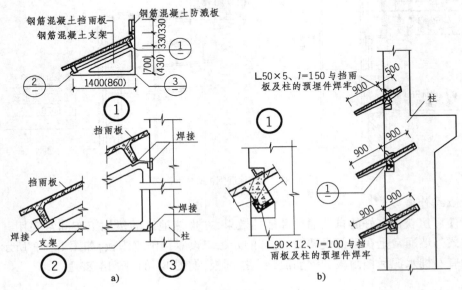

图 14-85 钢筋混凝土挡雨板构造
a)有支架钢筋混凝土挡雨板;b)无支架钢筋混凝土挡雨板

(二)侧窗

单层厂房的侧窗不仅应满足采光和通风要求,还要根据生产工艺特点,满足泄压、保温隔热、防尘、密闭等特殊要求。

单层厂房的侧窗一般为单层窗,但在寒冷地区的采暖车间,距地 3.0m 以内应设双层窗。若生产有特殊要求(如恒温恒湿、洁净车间等),则应全部采用双层窗。

侧窗按开启方式分类有中悬窗、平开窗、垂直旋转窗和固定窗;按材料分类有木侧窗、金属侧窗(如钢窗、铝合金窗和塑钢窗)。

侧窗的布置形式:一种是被窗间墙隔开的单独的窗口形式,另一种是厂房整个墙面或墙面大部分做成大片玻璃墙面或带状玻璃窗。

当厂房的侧窗洞口尺寸较大,无法安装基本窗时,可根据采光、通风需要,将平开窗、中悬窗、固定窗等组合在一起成为组合窗。组合窗的左右拼接称为横向拼框,组合窗的上下拼接称为竖向拼框,如图 14-86 所示。侧窗组合时,在同一横向高度内,宜采用相同的开启方式。

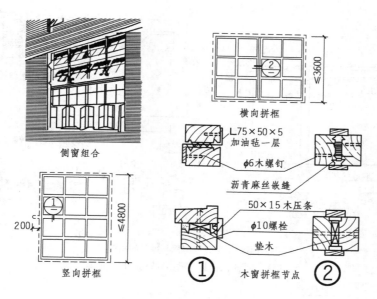

图 14-86　侧窗的组合和拼框

(三)大门

1.大门类型

厂房大门按用途可分为一般大门和特殊大门。一般大门的常见开启方式如图 14-87 所示。特殊大门是根据特殊要求设计的,有保温门、防火门、冷藏门、射线防护门、防风沙门、隔声门等。

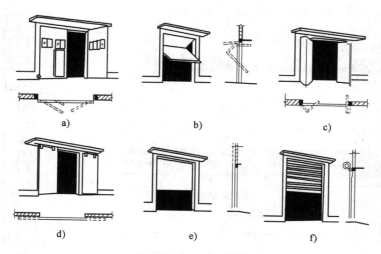

图 14-87　厂房大门的常见开启方式

2.大门的构造

厂房各类大门的构造各不相同,一般均有标准图可供选择。平开门构造如图 14-88、图 14-89所示。

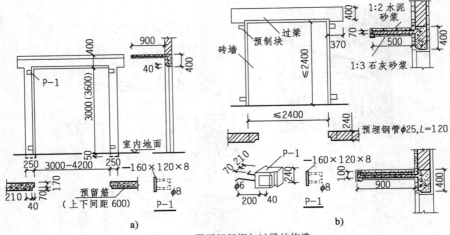

图 14-88　平开门门框与过梁的构造

a) 钢筋混凝土门框与过梁；b) 砖砌门框与过梁

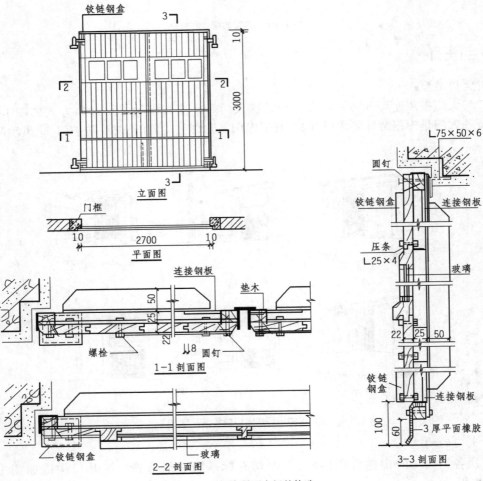

图 14-89　钢木平开大门的构造

四 地面及其他设施

（一）地面

1. 地面

厂房地面与民用建筑一样,一般由面层、垫层和基层(地基)组成。根据使用要求或构造要求可增设其他构造层,如结合层、找平层、隔离层等,特殊情况下,还需增设保温层、隔绝层、隔声层等。

厂房地面根据使用要求可分为一般地面及特殊地面(如防腐、防爆),选择时应考虑生产特征和使用要求等因素,按《建筑地面设计规范》(GB 50037—2013)的有关规定确定构造做法。

2. 地沟和盖板

由于生产工艺的需要,厂房内往往有许多生产管道(如电缆、采暖、压缩空气、蒸汽管道等),为了避免这些管线影响生产设备的布置和占用生产操作空间,常将它们设在地沟里。地沟由底板、沟壁、盖板三部分组成,其构造如图 14-90 所示。

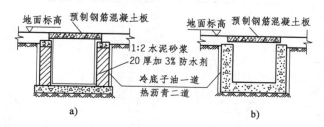

图 14-90 地沟构造

a)砖砌地沟;b)混凝土地沟

3. 坡道

厂房的室内外高差一般为 150mm,为了便于各种车辆通行,在门口外侧须设置坡道。当坡道的坡度大于 10% 时,应在坡道表面做齿槽防滑。当车间有铁轨通入时,则坡道设在铁轨两侧,如图 14-91 所示。

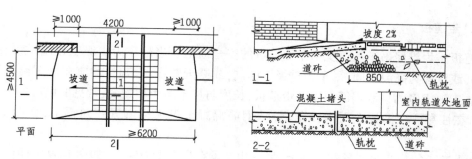

图 14-91 入口处轨道地面

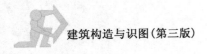

(二)钢梯

在工业厂房中,为满足生产、消防和检修等要求,常设置各种钢梯,如作业平台钢梯、吊车钢梯、屋面检修及消防钢梯等,如图 14-92 所示。

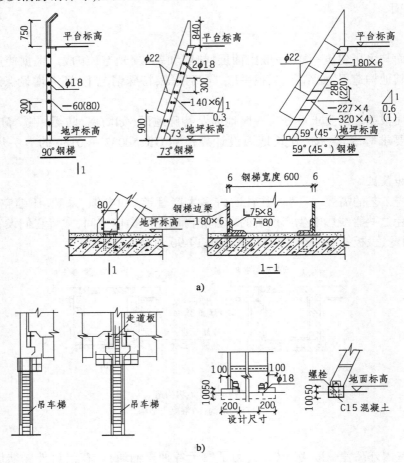

图 14-92　钢梯的类型与连接
a)作业钢梯;b)吊车钢梯及其固定

(三)走道板

走道板是为维修吊车轨道及吊车而设置的安全通道。当吊车为中级工作制、轨顶高度大于 8.0m,或厂房为高温车间、吊车为重级工作制,或露天跨设吊车时,均应在吊车梁处设通长走道板。走道板多为预制钢筋混凝土走道板,长度与柱子净距相配套,常见的做法如下:

(1)在柱身预埋钢板上面焊接角钢,将钢筋混凝土走道板搁置在角钢上,如图 14-93a)所示。

(2)走道板的一侧边支承在侧墙上,另一边支承在吊车梁翼缘上,如图 14-93b)所示。

(3)利用 T 断面的连系梁(圈梁)的翼缘做走道板,如图 14-93c)所示。

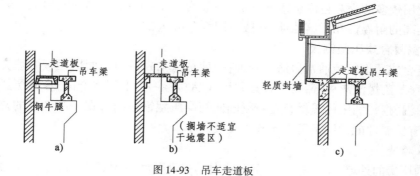

图 14-93　吊车走道板

第七节　钢结构单层工业厂房简介

　　随着我国经济建设的腾飞,钢结构单层工业厂房的建造量越来越大。主要原因是:①钢结构工业厂房的建设速度快;②施工受季节和气候影响较小;③适应范围广泛。

一　钢结构厂房的结构类型和构造特点

　　钢结构工业厂房的结构类型主要有普通钢结构和轻型钢结构。它在构造组成上与钢筋混凝土结构厂房基本类似,如图 14-94 所示。其差别主要表现为,钢结构厂房因使用压型钢板外墙板和屋面板而在构造上增设了墙梁和屋面檩条等构件,从而在构造上产生了相应的变化。

图 14-94　钢结构厂房

二　钢结构厂房的构造

(一)压型钢板外墙

1.外墙材料

(1)非保温单层压型钢板。

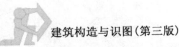

目前使用较多的为彩色涂层镀锌钢板,一般为 0.4～1.6mm 厚的波形板。彩色涂层镀锌钢板具有较高的耐温性和耐腐蚀性,一般使用寿命可达 20 年左右。

(2)保温复合式压型钢板。

保温复合式压型钢板通常做法有两种:一种是施工时在内外两层钢板中填充以板状的保温材料,如聚苯乙烯泡沫板等;另一种是利用成品材料——工厂生产的,在两层压型钢板中填充发泡型保温材料,利用保温材料自身凝固使两层压型钢板结合在一起形成的复合式保温外墙板,这种有保温性能的墙板可直接施工安装。

2. 外墙构造

钢结构厂房的外墙,一般采用下部为砌体(一般高度不超过 1.2m),上部为压型钢板墙体,或全部采用压型钢板墙体的构造形式,如图 14-95 所示。当抗震烈度为 7 度、8 度时,不宜采用柱间嵌砌砖墙;9 度时,宜采用与柱子柔性连接的压型钢板墙体。

图 14-95 钢结构厂房的外墙
a)压型钢板砖墙;b)全压型钢板外墙

压型钢板外墙构造力求简单,施工方便,与墙梁连接可靠。转角等细部构造为有足够的搭接长度,一般采用包角板处理,以保证防水效果,如图 14-96 所示。

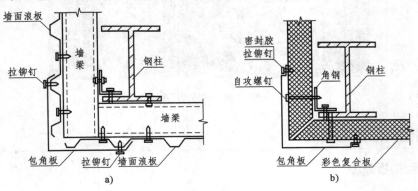

图 14-96 外墙转角构造
a)非保温外墙转角构造;b)保温外墙转角构造

窗洞口四周,为了提高窗框与压型钢板间的密闭性,需先固定专门的压缝板,然后用密封胶进行密封,如图 14-97 所示。

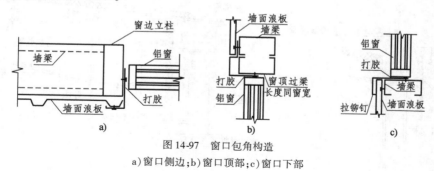

图 14-97　窗口包角构造

a)窗口侧边;b)窗口顶部;c)窗口下部

(二) 压型钢板屋面

钢结构厂房屋面一般采用压型钢板有檩体系,即在屋架上设置 C 形或 Z 形冷轧薄壁钢檩条,再铺设压型钢板屋面。彩色压型钢板屋面施工速度快,重量轻,表面带有色彩涂层,防锈、耐腐、美观,并可根据需要设置保温、隔热、防结露涂层等。

压型钢板屋面的构造要点是屋面与女儿墙处构造、屋脊构造、檐口构造等,如图 14-98 ~ 图 14-100所示。

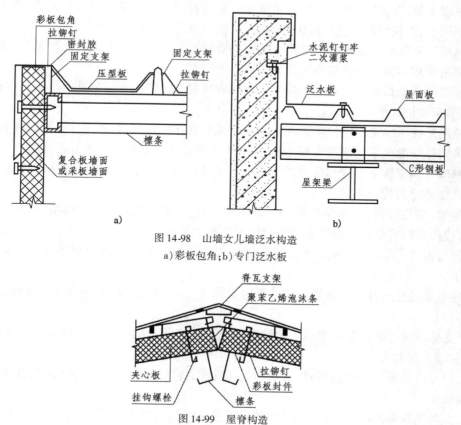

图 14-98　山墙女儿墙泛水构造

a)彩板包角;b)专门泛水板

图 14-99　屋脊构造

Architectural Construction and Architectural Recognition Graph

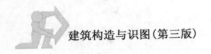

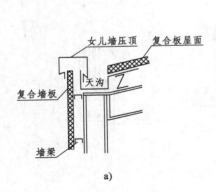

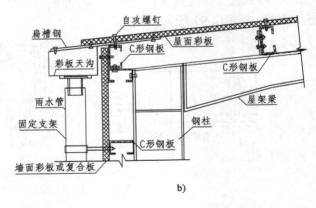

a)   b)

图 14-100　压型钢板屋面及檐沟构造
a)女儿墙内檐沟檐口;b)挑檐沟檐口

◀ 本 章 小 结 ▶

1. 单层工业厂房的结构形式和民用建筑有较大差别,但构造理论相通,学习时应注意两者之间的异同点,抓住单层工业厂房的特点,通过比较进行学习。

2. 单层工业厂房的承重结构主要有排架结构和刚架结构两种形式。钢筋混凝土排架结构厂房主要由承重结构和围护结构两部分组成。

3. 起重吊车是目前厂房中应用最为广泛的一种起重运输设备。常见的吊车有单轨悬挂吊车、梁式吊车和桥式吊车。

4. 柱网是柱子纵横向定位轴线在平面上形成有规律的网格,柱网尺寸包括跨度和柱距。

5. 排架柱一般多采用钢筋混凝土柱,从外形上可分为单肢柱和双肢柱两大类。

6. 基础分现浇柱下基础和预制柱下基础。基础梁两端搁置在相邻柱基础的杯口顶面,承受上部分墙体重力传给基础。

7. 屋架(或屋面梁)是屋盖结构的主要承重构件。屋盖的覆盖构件包括屋面板、天沟板、檩条等,按构造形式分为有檩体系和无檩体系两种。

8. 设有桥式吊车(或支承式梁式吊车)时,需在柱牛腿上设置吊车梁承受吊车的重力,并传给柱子。

9. 连系梁是柱与柱之间在纵向的水平连系构件,分为设在墙内和不在墙内两种,前者也称墙梁。

10. 支撑系统是联系各主要承重构件以构成厂房空间骨架的重要组成部分。支撑有屋架支撑和柱间支撑两大部分。

11. 厂房应根据屋面构造形式、有无积灰、降雨量等选择排水方式,要防排结合,统筹考虑,综合处理。

12. 大跨度或多跨的单层厂房中,为满足天然采光与自然通风的要求,在屋面上常设置各种形式的天窗,如矩形天窗、矩形避风天窗以及平天窗等。矩形天窗由天窗架、天窗屋顶、天窗端壁、天窗侧板及天窗扇组成。

13. 单层厂房的外墙有砖墙、砌块墙、板材墙、轻型板材墙及开敞式外墙。侧窗不仅应满足采光和通风的要求,还要根据生产工艺的特点,满足特殊要求,如泄压、保温隔热、防尘和密闭等。

14. 厂房的侧窗、大门、地面等的基本构造与民用建筑相同,区别在于节点与细部处理。

第三篇 专业识图

　　本教材的教学目标是培养学生在掌握识图基础和建筑构造知识的基础上，熟悉建筑工程施工图的形成和图示方法，提高绘制和快速、准确识读建筑工程图样的能力。

　　一套完整的建筑工程施工图包括建筑、结构、设备和装饰装修等专业施工图。本篇将简单介绍建筑工程施工图的组成和识读方法与步骤，目的是使学生对整套建筑工程施工图有一个整体认识，重点介绍建筑施工图和装饰装修施工图的形成、图示内容、图示方法、识读与绘制方法和步骤，使学生能够熟练识读建筑和装饰装修施工图。

第十五章
建筑施工图

【学习目标】

　　了解建筑工程施工图和建筑施工图的组成、图纸编排顺序；熟悉房屋建筑工程图的有关制图规定；掌握建筑施工图各图样的形成规律、表达内容、图示方法、识读方法及绘图步骤。

【职业能力目标】

　　具备识读建筑工程施工图和建筑施工图的基本技能，掌握识读建筑施工图的方法和步骤。

　　建筑工程施工图是建筑工程技术人员表达设计思想、交流设计意图、组织工程施工、监理工程、完成工程预算的重要依据。房屋建筑除了自身结构组成外，为了满足生活、工作需要，还需配置必要的给排水设施、供暖设施、电气设施和进行必要的装饰。建筑工程施工图就是把对整个房屋建筑的设计意图按专业分工表达出来的图样，并按照一定的顺序进行编排。一般整套建筑工程图的排列顺序是：建筑施工图（简称"建施"）、结构施工图（简称"结施"）、设备施工图（简称"设施"）和装饰装修施工图（简称"装施"）。其中，设备施工图按专业又分为：给水排水施工图（简称"水施"）、采暖通风施工图（简称"暖施"）、电气施工图（简称"电施"）等。各专业图纸应按照图纸内容的主次关系、逻辑关系有序排列，一般是重要图纸在前，次要图纸在后;先施工的在前,后施工的在后;基本图在前,详图在后。

(一)建筑施工图

建筑施工图由建筑设计师通过建筑设计来完成,是结构、水、暖、电和装饰装修等专业设计的依据。建筑施工图主要表示建筑物的总体布局、外部造型、内部布置、内外装饰装修和细部构造,是施工定位放线、确定各部位施工做法、编制工程预算和施工组织设计、进行工程监理的主要依据。

建筑施工图一般包括图纸目录、建筑设计说明、总平面图、建筑平面图、建筑立面图、建筑剖面图、建筑详图等。

(二)结构施工图

结构施工图由结构设计师通过结构设计来完成,主要表达建筑承重结构的类型、梁、板、柱(墙)等构件的平面布置,各构件的材料、截面尺寸配筋和构造做法,是施工时开挖基坑、支设模板、绑扎钢筋、设置预埋件以及安装梁、板、柱等构件的依据,也是编制工程预算和施工组织设计、进行工程监理的主要依据。

结构施工图一般包括:结构设计说明、基础平面图和详图、各层结构平面图和详图、结构构件详图等。

(三)设备施工图

设备施工图由各专业工程师来完成,是用来表达建筑物中水、暖、电等设备的布置及安装情况的图样,也是编制工程预算及工程监理的主要依据。

设备施工图主要包括各专业平面布置图、系统轴测图和详图等。其中给水排水施工图主要表达给水、排水管道的布置和设备安装要求;采暖通风施工图主要表达供暖、通风管道的布置和设备的安装要求;建筑电气照明施工图主要表达电气线路布置、接线原理和安装要求等。

(四)装饰装修施工图

装饰装修施工图是用来表达建筑物室内外装饰做法和施工要求的图样,一般包括:平面布置图、顶棚平面图、墙柱装饰装修立面图、剖面图、节点详图等,必要时增绘家具制作图,其中的装饰装修详图是反映装饰装修施工细部做法的图样,用于表明节点形式、细部尺寸、凹凸变化、连接做法、工艺要求等。

本章重点介绍建筑施工图的形成、图示内容、图示方法和识读方法。

第一节　建筑施工图概述

一　建筑施工图的特点

(1)建筑施工图中的图样如房屋的平、立、剖面图等主要是利用正投影原理绘制的,读图时要准确判断各部位的位置及其相互关系。

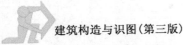

（2）由于房屋建筑体型较大，故建筑施工图一般采用缩小比例来绘制，如建筑的平、立、剖面图一般采用 1:100、1:50 等比例，建筑详图采用 1:5、1:20 等比例。

（3）为了表达方便和使图面清晰，建筑施工图中常见的建筑构件、配件、设备及建筑材料均采用国标规定的图例、代号或符号来表示。

（4）建筑施工图中的图线符合《房屋建筑制图统一标准》（GB/T 50001—2010）的规定。

二　识读建筑施工图须具备的基本知识

建筑施工图的绘制是对投影理论、图示方法和建筑构造等相关专业知识的综合应用，要读懂建筑施工图，必须具备下列基本知识：

（1）熟悉正投影原理，掌握投影图的正确图示方法。

（2）掌握房屋建筑的基本构造。

（3）熟悉建筑工程图中常用的图例、符号、线型等的含义及应用。

（4）掌握各专业施工图的组成、用途、图示内容和表达方法。

（5）会查阅建筑标准图集。

三　识读建筑施工图的方法

识读包括识图和读图两层含义。识图就是要求根据投影规律，将建筑平面图纸还原出建筑空间形状；读图就是根据国家制图标准图例、符号和要求，解读图形表达的各种意思。识读建筑工程施工图的一般方法如下：

（1）熟悉和掌握建筑施工图的常用符号和图例。图纸中许多内容需要用制图符号、图例等来表达，要想读懂图纸，首先就必须从熟悉建筑施工图的常用符号和图例开始。

（2）按照先粗看、后细看的顺序识读。一套完整的建筑施工图纸有数十张或更多，各张之间都存在相互联系，在开始读图时，先按照图纸的装订顺序，整体粗看后，再找出具体要看的图纸，并仔细研究图形、说明、技术要求等。

（3）采用形体分析方法分析建筑施工图。运用投影规律，将建筑物的平面图、立面图和立体图有机联系起来，互相对照，弄清彼此之间的关系，想象整个建筑的形状和大小。

（4）对有疑点的地方，应做出标记，积极查阅有关图集资料，寻求准确的解释，并标注在图形旁边。

（5）经常积极实践，针对识读图纸中的问题多请教。识读建筑工程施工图能力的提高，要依靠经常性的实践练习，在多看工程图样和对照工程实况中，积累识读经验，提高识读建筑工程施工图的速度和准确率。

四　识读建筑施工图的步骤

在识读建筑施工图时，一般应按照先整体后局部、先文字说明后图样、先基本图样后详图、先图形后尺寸等原则进行阅读，具体识读步骤是：一看标题，二看说明，三看形体，四看尺寸，五看要求，最后综合总结。

1. 看标题

对一整套建筑工程施工图应先看工程图样的总标题,了解建设项目名称。具体到某张图纸,应先看标题栏,了解建筑图纸名称、类别、设计单位等信息。

2. 看说明

主要是看设计说明和总平面图,掌握建筑平面形状、结构、用途、总长、总宽、室内外标高、图例、材料说明等,了解地理位置情况。

3. 看形体

读平面图、立面图、剖面图等主要图样,分析各图样间的相互关系,熟悉建筑平面形状和空间关系,根据建筑各部分的使用功能,认清平面与平面、平面与立面、立面与剖面、平面与剖面、局部与整体、详图与整图、建施与结施(或水施、暖施、电施)等建筑图样之间的对应关系。

4. 看尺寸

阅读楼层平面图、主要立面图及剖面图等图样,了解各层和各构造的相互联系及细部尺寸。

看工程图的尺寸不仅是要了解这个建筑的长宽和大小,而且还要弄清楚这些尺寸在施工、检验时的起止位置。

5. 看技术要求和做法说明

6. 综合总结所有图纸内容和问题

(1)前后联系识读构造详图。阅读构件图和构造图,熟悉建筑局部和构件的详细构造、材料及施工技术说明,了解构造做法。

(2)综合了解建筑所使用的材料。通过阅读工程做法表、图例表、钢筋明细表及说明等,了解使用材料的信息。

(3)全面复核与查漏。看懂平、立、剖面图后,再看各细部尺寸,进行仔细复核,检查有无错误或遗漏。

实际看图时,决不可机械地照搬,而要前后联系、互相穿插、突出重点地来看,多向老师或有经验的工程技术人员请教,并通过自己的反复实践,经常将图形与实物对照,以提高自身的识读能力。

第二节　首页图和总平面图

首页图

首页图是一套建筑施工图的第一页图纸,主要包括图纸目录、建筑设计总说明、工程做法和门窗表等。现结合某单位职工住宅楼建筑施工图加以说明。

(一)图纸目录

图纸目录安排在本专业图纸的最前面,主要包括图纸序号、图号、图纸名称和图幅等,以方便图纸的排序和查阅。表15-1为某住宅楼图纸目录。

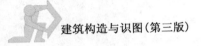

图 纸 目 录

表 15-1

序　号	图　号	图 纸 名 称	图 幅	备　注
1	建施-01	设计说明、工程做法、门窗表	A2	
2	建施-02	总平面图	A2	
3	建施-03	地下室平面图	A2	
4	建施-04	一层平面图	A2	
5	建施-05	标准层平面图	A2	
6	建施-06	屋顶平面图	A2	
7	建施-07	正立面图	A2	
8	建施-08	背立面图	A2	
9	建施-09	单元平面图、侧立面图	A2	
10	建施-10	1-1 剖面图、2-2 剖面图	A2	
11	建施-11	墙身大样图	A2	
12	建施-12	楼梯平面图、楼梯剖面图、楼梯详图	A2	
13	建施-13	阳台详图、雨篷详图	A2	

(二) 建筑设计总说明

建筑设计总说明是以文字形式表达工程概况和施工要求的图样,是对整个工程项目的全局性的说明,主要内容包括:工程概况、设计依据、标注说明、构造做法、引用的标准图集、施工注意事项和采用新材料、新工艺的情况等。

下面是某职工住宅楼设计说明举例。

建筑设计说明

一、工程概况

(1)项目名称:××公司六层职工住宅楼(有地下室)。

(2)建设地点:山西省太原市。

(3)设计使用年限:50 年。

(4)建筑分类:一类高层。

(5)耐火等级:地上建筑为一级,地下建筑为一级。

(6)建筑物抗震设防烈度:八度。

(7)建筑结构类型:框架结构。

(8)总建筑面积:27428m²。

(9)建筑基底面积:1283m²。

(10)建筑层数:地上 16 层,地下 1 层。

(11)建筑高度:48.9m;地下室深度:5.1m。

(12)设计标高:相对标高 ±0.000,等于绝对标高值(黄海系)为 376.300。

二、设计依据

1. 相关文件

(1)设计合同。

(2)规划、人防、消防、市政主管部门的批复文件(或经批准的报建图)。

(3)地质勘探报告。

2. 相关主要规范、规定

(1)《建筑设计防火规范》(GB 50045—

2014)。

(2)《民用建筑设计通则》(GB 50352—2005)。

(3)《全国民用建筑工程设计技术措施》(规划·建筑 2009 年)。

(4)现行的国家有关建筑设计规范、规程及规定。

三、标注说明

除标高及总平面图中的尺寸以 m 为单位外,其他图纸的尺寸均以 mm 为单位。图中所注的标高除注明者外,均为建筑完成面标高。尺寸均以标注的数字为准,不得在图中量取。

四、构造做法

(1)楼地面和墙面装饰装修做法见工程做法表。

(2)窗台板采用 20mm 厚浅米黄花岗石,窗台板宽出窗洞口两侧各 60mm,嵌入墙内。

(3)地下室外墙 ±0.000 以下做垂直防潮层,做法为防水砂浆(详见做法表)做好后刷冷底子油一道,热沥青两道。

(4)所有室外坡道、散水、台阶的构造层下均设 300mm 厚中砂防冻层。

五、引用的标准图集

外墙门窗为提高气密、水密、隔音和节能性

能,选用塑钢材料制作,表面白色,采用双层中空玻璃,标准图集为 05J4(一);内墙门窗采用木质材料,罩灰白色磁漆三道,标准图集为 05J4(二)。

六、施工注意事项

(1)施工前请认真阅读本工程各专业的施工图文件,并组织施工图技术交底。施工中如遇图纸问题,应及时与设计单位协商处理。未经设计单位认可,不得任意变更设计图纸。

(2)根据《建筑工程质量管理条例》第二章第十一条的规定,建设单位应将本工程的施工图设计文件报有关主管部门审查,未经审查批准,不得使用。

(3)当门窗(含采光屋顶、防火门窗、人防门)、幕墙(玻璃、金属及石材)、电梯、特殊钢结构等建筑部件另行委托设计、制作和安装时,生产厂家必须具有国家认定的相应资质。其产品的各项性能指标应符合相关技术规范的要求。还应及时提供与结构主体有关的预埋件和预留洞口的尺寸、位置、误差范围,并配合施工。厂家在制作前应复核土建施工后的相关尺寸,以确保安装无误。

(4)其他未尽事宜在施工时应严格遵守现行施工操作要求和验收规范。

(三) 工程做法表

工程做法表是对建筑物各部位构造做法、尺寸、施工要求等的详细说明,是现场施工和备料、施工监理、工程预决算的重要技术文件。某住宅楼工程做法如表 15-2 所示。

名称	工　程　做　法	施工范围	名称	工　程　做　法	施工范围
平屋面	20 厚 SBS 高聚物改性沥青卷材防水层一道	屋面	抹灰内墙面	喷内墙涂料	除卫生间以外的内墙面
	20 厚 1:3 水泥砂浆找平层			5 厚 1:2.5 水泥砂浆罩面压实赶光	
	1:6 水泥焦渣最低处 30 厚,找 2% 坡度,振捣密实,表面抹光			13 厚 1:3 水泥砂浆打底扫毛	
	100 厚聚苯乙烯泡沫塑料板保温层			素水泥浆一道(内掺水重 3.5% 的 807 胶)	
	钢筋混凝土现浇楼板				
水泥砂浆楼地面	1:2 水泥砂浆抹面压实赶光	楼梯间、阳台、地下室	釉面砖内墙面	贴 5 厚釉面砖面层(品种颜色另定),白水泥擦缝	卫生间
	素水泥浆结合层一道			8 厚 1:0.1:2.5 水泥石灰膏砂浆结合层	
	40 厚 1:2:3 细石混凝土随打随抹			12 厚 1:3 水泥砂浆打底扫毛	
	钢筋混凝土楼板				
铺地砖楼面(一)	10 厚地砖楼面,干水泥擦缝(防滑地砖)	卫生间	外墙面	外墙防水乳胶漆	颜色详见立面图
	撒素水泥面(洒适量清水)			6 厚 1:2.5 水泥砂浆罩面	
	20 厚 1:4 干硬性水泥砂浆结合层			12 厚 1:3 水泥砂浆打底扫毛	
	素水泥浆结合层一道		墙身防潮	20 厚 1:2.5 水泥砂浆内加水泥质量 10% 的 UEA-H 型膨胀剂抹平	±0.00 以下外墙
	聚氨酯防水涂膜防水层		板底抹灰顶棚	喷内墙涂料	
	50 厚(最高处)1:2:4 细石混凝土从门口处向地漏找泛水,最低处不小于 30 厚			2 厚仿瓷涂料罩面	
				5 厚 1:2.5 水泥砂浆罩面	
	聚氨酯防水涂膜防水层			5 厚 1:3 水泥砂浆打底	
	20 厚 1:3 水泥砂浆找平层,四周抹小八字角			钢筋混凝土板底刷素水泥浆一道(内掺水泥质量 5% 的 807 胶)	
	素水泥浆结合层一道		踢脚	8 厚 1:2.5 水泥砂浆罩面压实赶光	随楼地面,踢脚高 120
	钢筋混凝土现浇楼板			12 厚 1:3 水泥砂浆打底扫毛	
铺地砖楼面(二)	10 厚地砖铺面,干水泥擦缝	客厅、餐厅、卧室	水泥台阶	20 厚 1:2.5 水泥砂浆罩面压实赶光	
	撒素水泥面(洒适量清水)			60 厚 C15 混凝土,台阶面向外坡 1%	
	20 厚 1:4 干硬性水泥砂浆结合层			300 厚 3:7 灰土(分两次夯实)	
	40 厚 1:2:3 细石混凝土随打随抹			素土夯实	
	钢筋混凝土现浇楼板		金属面	调和漆两遍	楼梯栏杆,刷浅灰色
				红丹防锈漆一遍	

301

(四)门窗表

门窗表是一幢建筑所选用门窗的类型、编号、数量、尺寸规格等内容的列表,作为产品定型、工程预算的依据。为了标注的方便,门窗一般用相应的代号进行表达,门的代号为"M",编号为 M-1、M-2…,有时也用"M 宽×高"来表示,如 M1020 表示门洞口的宽度为 1000mm、高度为 2000mm。窗的代号为"C",编号方法与窗相同。特殊门窗用相应的代号,如门连窗的代号为"MC",防火门的代号为"FM",推拉窗的代号为"TC"。表 15-3 为某住宅楼门窗表。

表 15-3

门 窗 统 计 表

序号	图中编号	洞口尺寸(mm)		数量合计	采用标准图集		备 注
		宽	高		图集代号	型号	
1	M-1	1000	2100	24	05J4(二)	1M17	木门
2	M-2	900	2100	72	05J4(二)	1M37	木门
3	M-3	750	2000	48	05J4(二)	1M02	木门
4	M-4	1500	2100	2	05J4(二)	1M$_1$57	木门
5	M-5	900	1900	24	05J4(二)	1M02	木门,高度改为 1900
6	MC-1	2400	2500	24	05J4(一)	2CM$_{3,4}$-88	塑钢门联窗,高度改为 2500
7	MC-2	2100	2500	24	05J4(一)	2CM$_{3,4}$-78	塑钢门联窗,高度改为 2500
8	C-1	1500	1500	48	05J4(一)	2TC$_3$-55	塑钢推拉窗
9	C-2	1200	1200	12	05J4(一)	2TC$_1$-44	塑钢推拉窗
10	C-3	1200	1500	12	05J4(一)	2TC$_1$-45	塑钢推拉窗
11	C-4	900	1500	12	05J4(一)	2TC$_1$-35	塑钢推拉窗
12	C-5	1200	600	22	05J4(一)	2TC$_1$-43	塑钢推拉窗,高度改为 600

二 总平面图

(一)总平面图的形成和作用

总平面图是假想观察者位于高空,将新建建筑连同四周一定范围内的拟建、原有、计划拆除的建筑物、构筑物和周围的地形、地物状况,用正投影的方法向 H 面投影,采用一定比例绘制而成的。总平面图主要是表示新建建筑的位置、朝向、与原有建筑物的关系,以及周围道路、绿化和给水、排水、供电条件等方面的情况,作为新建建筑施工定位、设备管网平面布置和施工现场总平面布置的依据。

（二）总平面图的图示方法与图示内容

1. 总平面图的图示方法

总平面图是按照正投影原理绘制的，由于其需要表达的范围较大，所以通常采用1:500、1:1000、1:2000等小比例绘制。总平面图中的图线绘制应遵照《房屋建筑制图统一标准》（GB/T 50001—2010）中的相关规定，图形采用《总图制图标准》（GB/T 50103—2010）中规定的图例。总平面图中常用的图例如表15-4所示。

常用总平面图例　　　　　　　　　　表15-4

序号	名　称	图　例	备　注
1	新建的建筑物	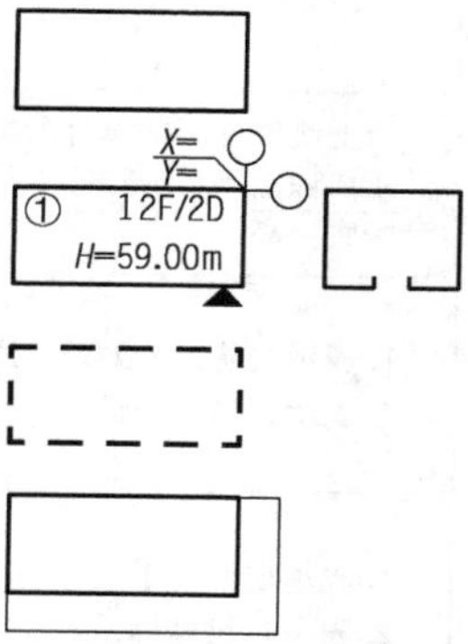 ① 12F/2D H=59.00m	新建建筑物以粗实线表示与室外地坪相接处±0.00外墙定位轮廓线。 建筑物一般以±0.00高度处的外墙定位轴线交叉点坐标定位。轴线用细实线表示，并标明轴线号。 根据不同设计阶段标注建筑编号，地上、地下层数，建筑高度，建筑出入口位置（两种表示方法均可，但同一图纸采用同一种表示方法）。 地下建筑物以粗虚线表示其轮廓。 建筑上部（±0.00以上）外挑建筑用细实线表示。 建筑上部连廊用细虚线表示并标注位置
2	原有建筑物	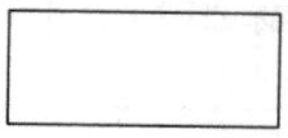	用细实线表示
3	计划扩建的预留地或建筑物		用中粗虚线表示
4	拆除的建筑物	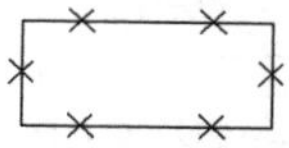	用细实线表示
5	室内地坪标高	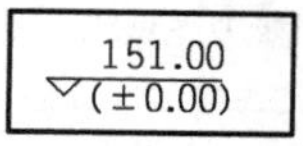 151.00 ▽(±0.00)	数字平行于建筑物书写
6	室外地坪标高	 ▼ 145.00	室外标高也采用等高线
7	建筑物下面的通道	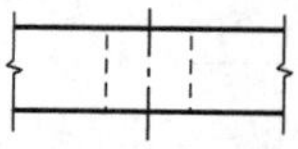	
8	散状材料露天堆场	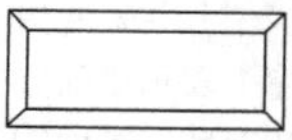	需要时可注明材料名称
9	其他材料露天堆场或露天作业场	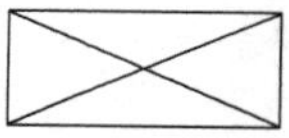	需要时可注明材料名称
10	铺砌场地	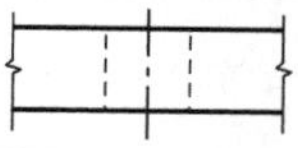	

Architectural Construction and Architectural Recognition Graph

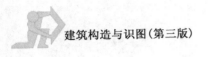
续上表

序号	名　称	图　例	备　注
11	敞棚或敞廊		
12	水池、坑槽		也可以不涂黑
13	烟囱		实线为烟囱下部直径,虚线为基础,必要时可注写烟囱高度和上、下口直径
14	围墙及大门		
15	挡土墙	5.00 1.50	挡土墙根据不同设计阶段的需要标注 墙顶标高 墙底标高
16	台阶及无障碍坡道	1. 2.	1.表示台阶(级数仅为示意) 2.表示无障碍坡道
17	坐标	1. X196.70 Y258.10 2. A=260.20 B=182.60	1.表示地形测量坐标系 2.表示自设坐标系 坐标数字平行于建筑标注
18	方格网交叉点标高	−0.50 | 77.85 78.35	"78.35"为原地面标高 "77.85"为设计标高 "−0.50"为施工高度 "−"表示挖方("+"表示填方)
19	填方区、挖方区、未平正区及零线	+　− +　−	(+)表示填方区,(−)表示挖方区,中间为未平整区,点划线为零点线
20	填挖边坡		
21	截水沟	1 40.00	"1"表示1%的沟底纵向坡度,"40.00"表示变坡点间距离,箭头表示水流方向
22	排水明沟	107.50 + 1 40.00 107.50 + 1 40.00	上图用于比例较大的图面,下图用于比例较小的图面 "1"表示1%的沟底纵向坡度,"40.00"表示变坡点间距离,箭头表示水流方向 "107.50"表示沟底变坡点标高(变坡点以"+"表示)
23	盲道		
24	地下车库入口		机动车停车场

总平面图中的坐标、标高、距离均以"m"为单位,数字至少取至小数点后两位。

2. 总平面图的图示内容

（1）新建建筑的位置。新建建筑的定位有三种方式:一种是利用新建建筑与原有建筑或道路中心线的距离确定;第二种是利用施工坐标确定;第三种是利用地形测量坐标确定。

（2）新建建筑的方位、当地刮风情况。

（3）相邻建筑、计划拆除建筑。

（4）附近的地形、地物情况。

（5）道路的位置、走向以及与新建建筑的联系等。

（6）用指北针或风向频率玫瑰图指出建筑区域的朝向。

（7）绿化情况。

（8）补充图例。若图中采用了建筑制图规范中没有的图例时,则应在总平面图下方画出补充图例,并予以说明。

（三）总平面图的识读

现以图 15-1 为例,说明总平面图的识读方法。

1. 先看总平面区域形状和功能布局

总平面图为一矩形,左侧为生活区,右侧为厂区,新建房屋（粗实线线框）在生活区内。

2. 了解方位和当地风向

总平面图中一般要绘出指北针和风向频率玫瑰图（简称风玫瑰）,用来表示建筑物的朝向和当地的主导风向。指北针常与风向频率玫瑰图结合绘制,如图 15-1 中所示,箭头指向为北向。风向频率玫瑰图是根据某一地区多年平均统计的各个方向吹风次数占总吹风次数的百分率,按一定比例画在 8 个或 16 个方位线上,然后将各点用线连成一个类似玫瑰的多边形。粗实线表示全年的风向频率,虚线表示 6、7、8 月份的风向频率。风向频率玫瑰图上所表示风向为风的来向,是指从外面吹向地区中心的方向。

从图 15-1 中右侧的风向频率玫瑰图可知该总平面为上北下南、左西右东。建筑场地范围内常年主导风向为西北风。明确风向有助于建筑构造的选用及材料的堆场,如有粉尘污染的材料应堆放在下风向。

3. 了解地形地貌、工程性质、用地范围和新建建筑周围环境情况

从等高线的变化可以看出,该厂区地形北部高、南部低。在总平面的西侧,本次新建四栋住宅楼（粗实线图形中突出部分为阳台的投影）,每栋为六层,室内一层地面 ±0.00m 相当于绝对标高782.00m。北面预留两栋住宅楼的拟建空地（见细虚线框）。在住宅楼北面为一片绿化区,其内有须拆除的房屋两座。东侧的厂前区有办公楼、科研楼、公寓楼、食堂、招待所等,在这些建筑的北面依次排列有仓库、车间,最北面有篮球场和排球场。而在北围墙后面是东西向的护坡和排水渠。该厂区的外围为砖围墙。

4. 熟悉新建建筑的定形、定位尺寸

图中新建住宅楼的长、宽分别为 31.70m、10.40m。两楼东西间距 14.0m、南北间距23m。

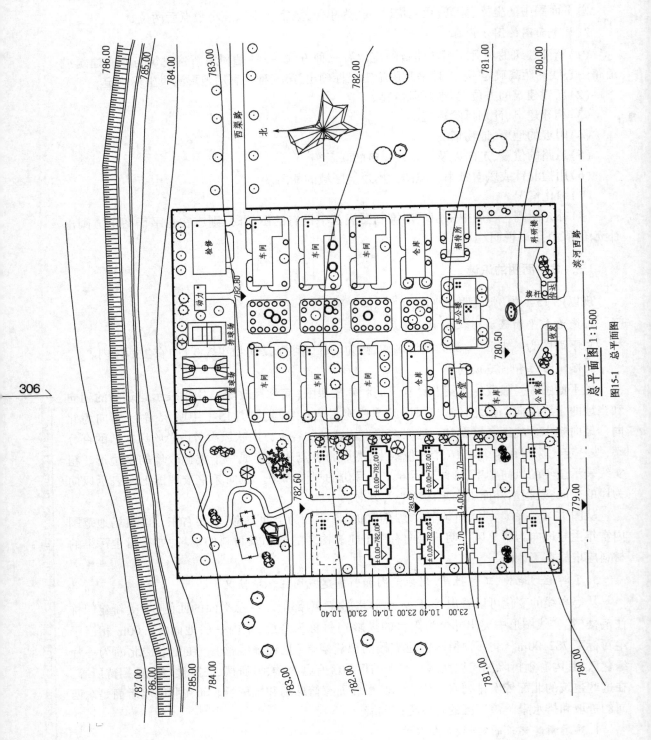

总平面图 1:1500

图15-1 总平面图

5. 了解新建建筑附近的室外地面标高、明确室内外高差

总平面图中对不同高度的地坪均应标注标高，一般标注绝对标高（以我国黄海海面为基准的标高），如标注相对标高时，则应注明相对标高与绝对标高的换算关系。实际工程中，一般将建筑物的室内地坪标高作为相对标高 ±0.000 的标高位置。

图中新建建筑物之间路面标高 780.90m，室内底层地面为 782.00m，所以室内外高差为 782.00 − 780.90 = 1.10m。

第三节　建筑平面图

建筑平面图的形成和作用

（一）建筑平面图的形成

建筑平面图包括楼层平面图和屋顶平面图。楼层平面图是用一个假想的水平剖切平面，沿略高于窗台的位置剖切房屋后，移去上面部分，对剩下部分向 H 面做正投影，所得的水平剖面图。屋顶平面图则是从建筑物上方往下看得到屋顶的水平正投影图。

（二）建筑平面图的作用

楼层平面图反映新建建筑的平面形状、房间大小、功能布局、墙柱选用的材料、截面形状和尺寸、门窗的类型及位置等，作为施工时放线、砌墙、安装门窗、室内外装修及编制预算等的重要依据，是建筑施工中的重要图纸。

屋顶平面图主要表示屋顶的排水组织、排水装置布置和水箱间、屋面上人孔、檐口做法、消防梯及其他构筑物的布置，作为确定屋顶构造做法、组织施工、编制预算的依据。

二 建筑平面图的图示方法

一般来讲，建筑有几层就应画几个楼层平面图，并应根据对应的楼层进行命名，注写在图的下方，如底层平面图、二层平面图、…、顶层平面图。如果建筑各楼层平面布置相同，则可以用两个平面图表达，即只画底层平面图和上部各层平面图（称标准层平面图或×～×层平面图）。

因楼层平面图是水平剖面图，所以在绘图时，应按剖面图的绘图方法绘制，被剖切到的墙和柱轮廓用粗实线（b）、门扇投影用中粗实线（0.5b）、窗的轮廓线以及其他可见轮廓和尺寸线等均用细实线（0.25b）绘制。楼层平面图常用的比例是 1:50、1:100、1:150，而实际工程中使用 1:100 最多。在建筑施工图中，比例小于等于 1:50 的图样，可不画材料图例和墙柱面抹灰线。为了有效加以区分，墙、柱体画出轮廓后，在描图纸上砖砌体断面范围用红铅笔涂红，而钢筋混凝土则用涂黑的方法表示，晒出蓝图后分别变为浅蓝和深蓝色，即可识别其材料的选用。

因屋顶平面图是水平投影图，所以在绘图时，应按照正投影图的绘图方法绘制，主要轮廓用中粗实线（0.5b）绘制，其他投影轮廓用细实线（0.25b）绘制。屋顶平面图常用的绘图比例为 1:100、1:200。

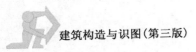

三 建筑平面图的图示内容

（1）图名和绘图比例。

（2）纵横向定位轴线及编号，各种使用空间的布局。

（3）墙、柱的断面形状和尺寸。

（4）门窗的位置及编号。

（5）表示楼梯间的位置及楼梯上、下行方向。

（6）阳台、室内设备，如卫生器具、水池、橱柜、隔断及的位置、形状。

（7）详图索引符号。

（8）建筑内外部的尺寸、不同地坪的标高。

（9）底层平面图还应表达出散水（明沟）、室外台阶、花池等的投影，画出指北针和剖面图对应的剖切符号及编号；二层或标准层还应表达出雨篷的投影。

（10）当有地下室时，表示地下室的布局和墙上留洞、门窗等位置、尺寸。

（11）屋顶平面图表示檐口、檐沟、屋面坡度、分水线与雨水口的投影，出屋顶水箱间、屋面上人孔、消防梯及其他构筑物等内容。

（12）施工说明。

四 建筑平面图的图例符号

对于建筑平面图中经常要表达的内容，为了达到表达方便、统一，制图标准中规定了常用的图例符号，如表 15-5 所示。

建筑平面图中常用的图例和符号　　　　　　　　　　　　　　表 15-5

名　称	图　例	说　明	名　称	图　例	说　明
单层外开平开窗			单扇门（包括平开或单面弹簧）		1. 窗的名称代号用 C 表示。 2. 立面图中的斜线表示窗的开启方向，实线为外开，虚线为内开；开启方向线交角的一侧为安装合页的一侧，一般设计图中不表示。 3. 图例中，剖面图所示左为外、右为内，平面图所示下为外、上为内。 4. 平面图和剖面图上的虚线仅说明开关方式，在设计图中不需表示。 5. 门窗的立面形式应按实际绘制
单层内开平开窗			双扇门（包括平开或单面弹簧）		
上拉窗			对开折叠门		
推拉窗			双扇内外开双层门（包括平开或单面弹簧）		

名　称	图　例	说　明	名　称	图　例	说　明
楼梯	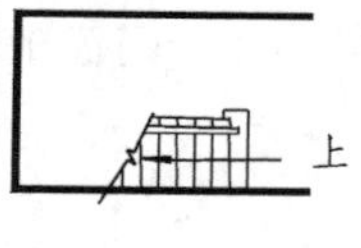	1. 上图为底层楼梯平面,中图为中间层楼梯平面,下图为顶层楼梯平面。 2. 楼梯及栏杆扶手的形式和梯段踏步数应按实际情况绘制	高窗		
坡道	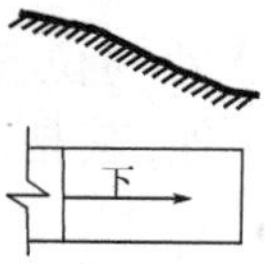	上图为长坡道,下图为门口坡道	转门	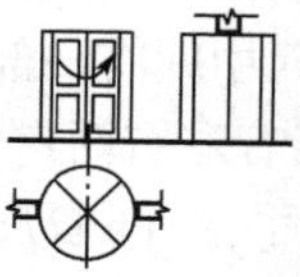	
			烟道	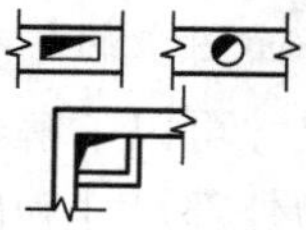	1. 阴影部分可以涂色代替。 2. 烟道与墙体为同一材料,其相接处墙身线应断开
			通风道	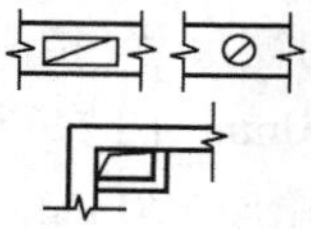	
			检查孔		左图为可见检查孔,右图为不可见检查孔
淋浴间			污水池		
厕所间			小便槽	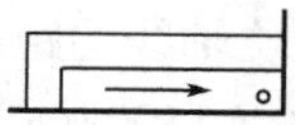	

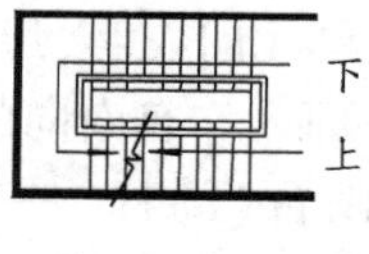

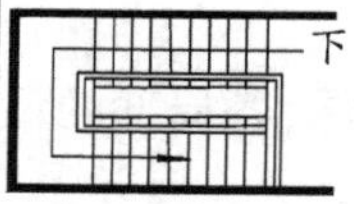

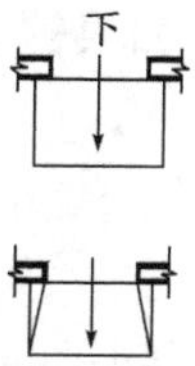

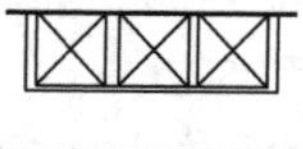

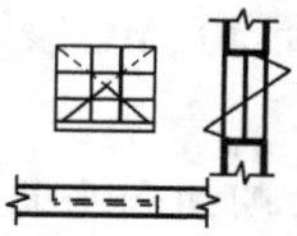

五 建筑平面图的识读

(一)楼层平面图的识读

建筑平面布局中,楼梯间和主要承重墙、柱的平面位置应遵守结构布置规律,上下对齐。识读楼层平面图主要了解房间布局、门窗开设、墙体厚度、室内设备、阳台位置等内容,同时注意楼面标高的变化。各楼层平面图识读要重点查找与其他层平面图的异同。

下面以图 15-2 某厂职工住宅楼为例说明楼层平面图的识读方法和识图步骤。

1. 识读图名、比例及建筑总长、总宽尺寸

图 15-2 所示为住宅楼的底层平面图,比例为 1:100。总长为 31.70m,总宽为 13.70m。图中 M 表示门,C 表示窗,MC 表示门联窗。如"C-1"则表示窗、编号为 1。门窗的设计情况需查看门窗统计表。

2. 识读建筑的朝向和平面布局

结合图中指北针可以看出,该建筑的朝向是坐北朝南,为两单元组合式住宅楼。①～⑦轴线为一单元,每单元中间有一部双跑平行楼梯,楼梯间入口设有单元门 M-4,形式为双扇外开门。楼梯平台连接着左右两户住宅(简称"一梯两户")。每户平面内均有南向的两间、北向的一间卧室,一间客厅、一间餐厅和两间卫生间,并有前后两个阳台(简称"三室两厅一厨两卫")。⑦～⑬轴线为第二单元,这个单元也为一梯两户,套型与第一单元相同。

3. 识读建筑平面图中的各项尺寸

通过标注的尺寸可以了解建筑的总长、总宽,房间的开间、进深,各局部的尺寸等。建筑平面图上的尺寸分为外部尺寸和内部尺寸。

(1) 内部尺寸。

说明建筑内门窗尺寸(指门窗洞口尺寸)、墙厚和固定设备的大小与位置。如图中进户门(M-1)门洞宽 1000mm、门垛宽 300mm;除卫生间隔墙厚 120mm 外,其他位置内墙厚度为 240mm,楼梯间内墙厚 370mm。

(2) 外部尺寸。

为便于读图和施工,一般在图形的下方及左侧注写三道尺寸。如果建筑平面布局不对称时,则不对称的两侧均须标注尺寸。

第一道尺寸:表示建筑物外轮廓的总尺寸,即从一端外墙边到另一端外墙边的总长和总宽尺寸,如图中建筑长为 31.70m、宽为 13.70m。

第二道尺寸:表示定位轴线之间的尺寸,即开间和进深尺寸。开间是指房间相邻两道横向定位轴线之间的距离;进深是指房间相邻两道纵向定位轴线之间的距离。如图中餐厅的开间、进深分别为 3.30m 和 3.90m,楼梯间的开间、进深分别为 2.40m 和 5.70m。

第三道尺寸:表示门、洞窗洞等细部位置的定形、定位尺寸。如图中 C-1 洞口长度为 1800mm,离左右定位轴线的距离均为 750mm 等。图中还应注明阳台、散水、台阶等细部尺寸,如图中南向阳台挑出 1500mm、散水宽 900mm 等。

4. 识读各组成部分的标高情况

在平面图中,各功能区域如地面、楼面、楼梯平台,室外台阶平台、阳台面等处,一般均应注明标高,这些标高都采用相对标高形式。如有坡度时,应注明坡度方向和坡度值。如图中卧室标高为 ±0.000,卫生间为 −0.020,表明卫生间比卧室地面低 20mm。如相应位置不易标注标高时,以文字说明形式在图内注明。

5. 识读门窗的位置、编号、选材、数量及宽高尺寸

在平面图中,只能表示门窗的位置、编号和洞口宽度尺寸,而对门窗选材、数量及洞高尺寸无法表示(这些内容可通过门窗统计表、建筑立面图、剖面图中读到)。

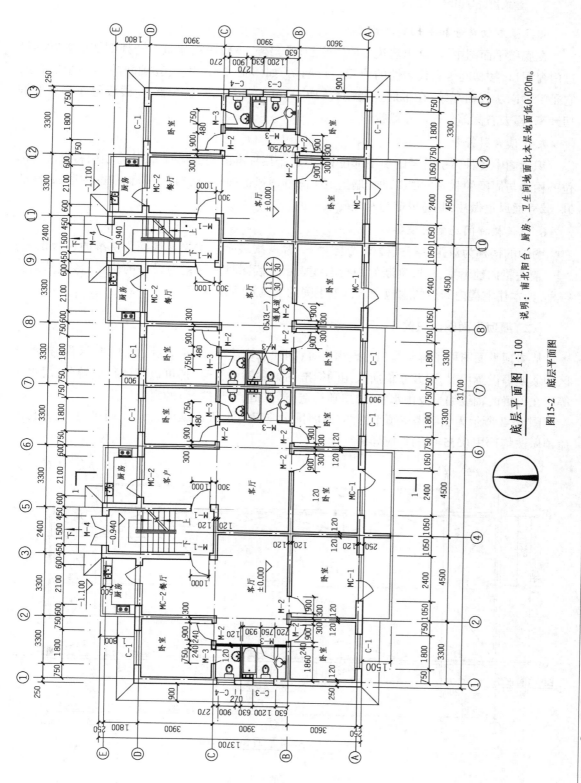

底层平面图 1:100　　说明：南北阳台、厨房、卫生间地面比本层地面低0.020m。

图15-2　底层平面图

6. 注意剖切符号和剖切到的构造

在底层平面图中,应画出建筑剖面图的剖切符号。一般民用建筑在选择剖切位置时须经过门窗洞口、楼梯间等有代表性的位置进行剖切,如图 15-2 中的⑤、⑥轴间的 1-1 剖切符号,它是沿横向从Ⓐ轴开始,在平面上经阳台、MC-1、M-2、MC-2,将上下墙体、楼板屋面等全部剖切开来,移去右侧部分并向左侧投影。

7. 识读索引符号

识读图中各种索引符号的引出部位和含义、采用标准图集的代号等,注意索引符号所指部位的构造与周围的联系。如⑦轴线墙上卫生间的通风道即采用05J3(一)标准图中第38页的⑪、⑫号通风道做法,此通风道为水泥砂浆风道。

8. 识读楼梯间及室内设备

图中的楼梯为双跑平行式楼梯,"上""下"箭头线表示以本层楼地面为基准的梯级走向。"下"箭头指向地下室,梯段剖断处用折断线表示。读图时注意室内设备的位置、形式及索引符号,如本住宅楼内厨房的水池、灶台,卫生间的洁具及通风道等。

(二)屋顶平面图的识读

从屋顶平面图可了解到屋顶的投影内容,如通风道出屋顶、上人孔、雨水口、天沟、排水分区和坡度等设置情况,以及它们所采用的标准图集和索引符号;还可以了解平面转角、雨水管等所在位置的轴线编号及雨水管、出屋顶构造(通风道、变形缝等)的定位尺寸。

图 15-3 所示为住宅楼屋顶平面图,屋面排水坡度2%,天沟纵坡0.5%,通风道、上人孔出屋顶做法均选用 05J5 中的相应详图。

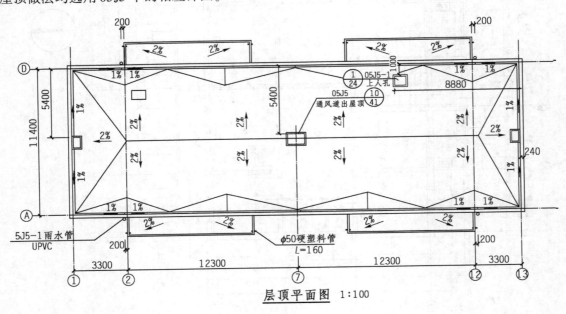

层顶平面图   1:100

图 15-3   住宅楼的屋顶平面图

第四节　建筑立面图

一　建筑立面图的形成与作用

在与建筑物立面平行的铅直投影面上所作的正投影图,称为建筑立面图。建筑立面图是最直接反映建筑物外部形象的图样,表达了建筑物立面各部位的高度和层数、门窗形式、屋顶造型等,是确定建筑物外部造型和尺寸、选择外装修做法的主要依据。

二　建筑立面图的图示方法与命名

(一)建筑立面图的图示方法

立面图的绘图比例应与平面图的比例一致。为使建筑立面图主次分明、表达清晰,通常将建筑物外轮廓和有较大转折处的投影线用粗实线(b)表示;外墙上突出凹进的部位,如壁柱、窗台、窗楣线、挑檐、阳台、门窗洞等轮廓线用中粗实线($0.5b$)表示;而门窗细部分格、雨水管、外墙装饰线以及尺寸线、标高符号等用细实线($0.25b$)表示;室外地坪线用加粗实线($1.4b$)表示。对于立面上重复设置的内容,如门窗形式及开启符号、阳台栏杆花饰和墙面复杂的装修等细部,为了简化作图,习惯上只画出其中一个或两个作为代表,其余的简化画出,即只需画出它们的轮廓及主要分格。

(二)建筑立面图的命名

建筑立面图的命名方式有以下三种。

1. 用朝向命名

建筑立面朝向哪个方向就称为某向立面图,如朝南称南立面图,朝北称北立面图。

2. 用外貌特征命名

一般将反映主要出入口或比较显著地反映建筑外貌特征的那一面的立面图,称为正立面图,与之相对的称为背立面图,其余的为侧立面图(包括左立面图和右立面图)。

3. 用立面图上首尾轴线编号命名

用立面图上首尾轴线编号命名时,将左侧轴线编号在前,右侧轴线编号在后。如图15-4、图15-5中的南、北立面图可改称为①～⑬立面图和⑬～①立面图。

如果建筑立面成圆弧形、折线形、曲线形时,可将建筑立面展开使之与投影面平行,再作正投影画出立面图,但应在图名后注写"展开"两字。

建筑立面图的数量是根据各立面的形状和墙面的装修要求决定的,当建筑各立面造型不同、墙面装修不同时,就需要画出所有立面图。如果建筑各侧面造型与装饰装修做法相同时,只需一个侧立面图。

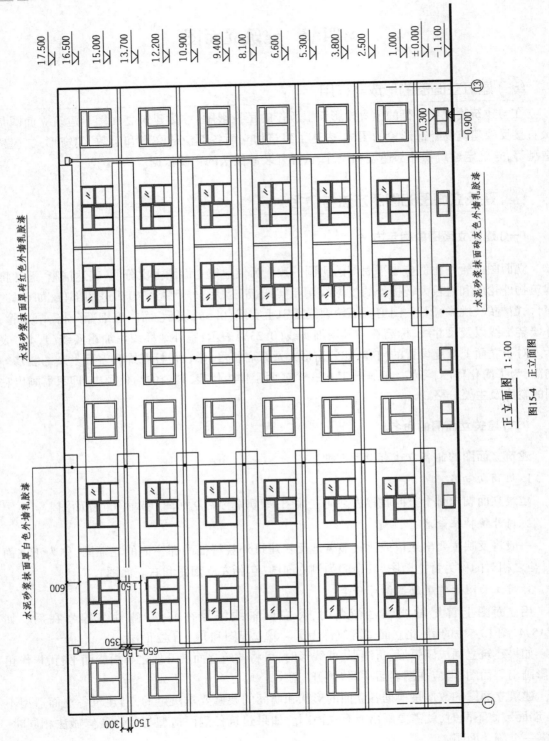

正立面图 1:100

图15-4 正立面图

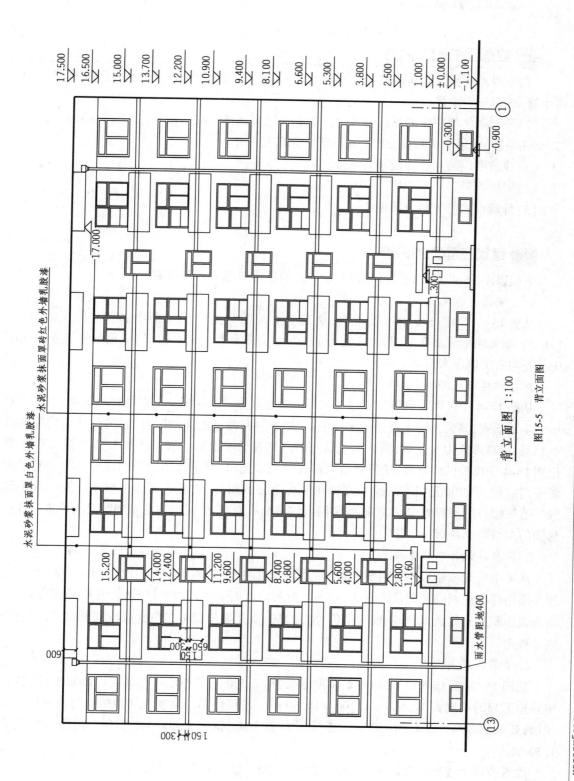

背立面图 1:100

图15-5 背立面图

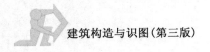

三 立面图的图示内容

(1)室外地坪线及建筑的勒脚、台阶、花池、门窗、雨篷、阳台、室外楼梯、墙柱、檐口、屋顶、雨水管、墙面分格线等。

(2)外墙各主要部位的标高与尺寸。如室外地面、台阶顶面、窗台、窗上口、阳台、雨篷、檐口、女儿墙顶、屋顶水箱间及楼梯间屋顶等的标高与尺寸。

(3)建筑两端的定位轴线及其编号。

(4)索引符号。

(5)外墙面装修材料及其做法。

四 建筑立面图的识读

下面以图 15-4、图 15-5 为例,说明建筑立面图的识读方法和步骤。

1. 了解图名和比例

从图 15-4 和图 15-5 中可以看出,这两个立面图分别为正立面图和背立面图,比例为 1:100。如果用轴线来命名,图名分别为①~⑬立面图和⑬~①立面图(以尾数轴号在立面图中从左向右的顺序来命名)。

2. 了解建筑的外貌和特征

从图 15-4 中可以看到该住宅楼为六层。外轮廓形状为矩形。下部带有地下室,该地下室属于半地下室,其采光窗在室外地面以上;上部各层有两组连通的阳台,各房间外窗的外形基本相同;檐口形式为女儿墙,靠近两端窗户的内侧各设一根雨水管。从图 15-5 中除了可以看出图 15-4 中反映的内容外,还可看出该楼有两个单元门,与平面图结合识读可知楼梯间就在单元门部位,因此单元门上的窗为楼梯间平台上方的窗户,与各房间的外窗不在同一水平位置。若该楼每层都有圈梁,则楼梯间窗洞可能将圈梁断开,此时应注意附加圈梁的设置。各楼梯间的左右两侧各有一单独阳台。

3. 熟悉建筑外装修要求

从图中可知该建筑外墙面装修做法。图中全部用文字加以注明,有时也用代号表示,在工程做法中详细说明墙面的装修方法,如正立面图的墙面采用水泥砂浆抹面,外罩外墙乳胶漆;墙面大面积为砖红色,装饰横线为白色,宽为 150;女儿墙位置为白色乳胶漆,勒脚为砖灰色外墙乳胶漆。

4. 了解建筑高度

从图 15-4、图 15-5 可知,该建筑屋顶标高为 17.500m,室外地坪标高 −1.100m,住宅楼自室外地面起的高度为 17.500 + 1.100 = 18.600m。各层窗洞的高度为窗顶标高与窗台标高的差值,如 2.500 − 1.000 = 1.500m。楼梯间窗洞为 4.000 − 2.800 = 1.200m,雨篷底标高为 1.300m。

读者按照上述识读建筑立面图的方法练习识读图 15-6 中的侧立面图。

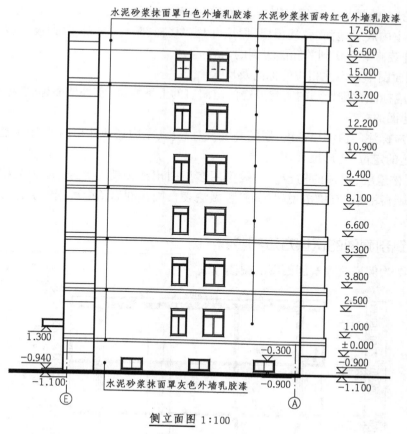

水泥砂浆抹面罩白色外墙乳胶漆　　水泥砂浆抹面砖红色外墙乳胶漆

	17.500
	16.500
	15.000
	13.700
	12.200
	10.900
	9.400
	8.100
	6.600
	5.300
	3.800
	2.500
	1.000
	±0.000
	−0.900
	−1.100

1.300

−0.940

−1.100

−0.300

−0.900

Ⓔ　水泥砂浆抹面罩灰色外墙乳胶漆　　Ⓐ

侧立面图 1:100

图 15-6　建筑侧立面图

第五节　建筑剖面图

一　建筑剖面图的形成与作用

假想用一个或一个以上垂直于墙体轴线的铅直平面剖切建筑后,所得到的投影图称为建筑剖面图。建筑剖面图表达了建筑的结构布局、分层情况、竖向墙身、楼地层、屋顶檐口等的构造做法及相关尺寸和标高。

剖面图的数量及其位置应根据建筑自身的复杂程度而定,一般剖切位置应选择建筑的主要部位或构造较为典型的部位,如楼梯间等,并应通过门窗洞口。剖面图的图名应与底层平面图上的剖切符号编号相对应。

二　建筑剖面图的图示内容

(1)表示被剖切到的墙、柱、门窗洞口及其所属定位轴线。剖面图的比例应与平面图、立面图的比例一致,因此在1:100的剖面图中一般也不画材料图例,而用粗实线表示被剖切到的

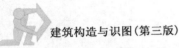

墙、梁、板等轮廓线,被切断的钢筋混凝土梁板等应涂黑表示。

(2)表示室内底层地面、各楼板层、屋顶、门窗、楼梯、阳台、雨篷、踢脚板、室外地面、散水、明沟及室内外装修等剖切到的和能看到的内容。

(3)在剖面图中要标注相应的标高及尺寸。

①标高:应标注被剖切到的所有外墙门窗洞口的上下标高,室外地面标高,檐口、女儿墙顶以及各层楼地面的标高。

②尺寸:应标注门窗洞口高度、层间高度及总高度,室内还应注出内墙上门、窗洞口的高度以及内部设施的定位、定形尺寸。

(4)说明楼地层、屋顶的构造。一般可用多层引出线说明楼地层、屋顶的构造层次和做法。如果另画详图或已有构造说明(如工程做法表),则在剖面图中可用索引符号引出说明。

三 建筑剖面图的识读方法和步骤

以图 15-7 为例说明建筑剖面图的阅读方法。

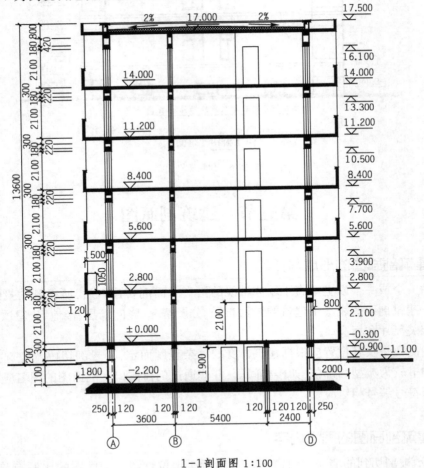

1-1剖面图 1:100

图 15-7　1-1 剖面图

1.了解图名、比例

首先应将剖面图的图名与底层平面图上的剖切符号对照识读,弄清楚剖切位置及剖视方向。从图 15-7 中可以看到,该剖面图为 1-1 剖面图,对照底层平面图剖切符号可以看到剖切位置在⑤~⑥轴线之间,将整座楼剖切开并向左侧投影。

2.明确建筑的主要结构材料和构造形式

从图中可以看到,该住宅的垂直承重构件是砖墙,水平承重构件从地下室底板、各层楼板到屋顶均为现浇钢筋混凝土。从图中还可看到,楼板与内外墙相交处均有现浇钢筋混凝土圈梁(高度为 300mm、宽度与墙厚相同),门窗洞口上均有高为 180mm 的钢筋混凝土过梁,阳台与楼板浇筑成整体,所以可判断该住宅是砖混结构。

3.识读构造做法

从图中可知该建筑屋面坡度是 2%,为保温屋面(画有网状材料图例)。图中标高为 17.000m 的位置为屋面板的上皮标高。

4.注意建筑各部位的竖向高度

从图中可知,该建筑室内外高差为 1.10m,住宅楼总高为 18.60m。首层室内地面标高为 ±0.000,地下室标高为 -2.20m,所以地下室的层高为 2.2m。一层至五层层高为 2.80m,六层层高为 3.00m。除地下室窗洞外,其他窗洞的高度均为 1.50m。地下室门高为 1.90m,其他各层门高为 2.10m。阳台栏板高为 1.05m。

5.识读图中的水平尺寸

图中下方标注了住宅楼的横向尺寸,如墙厚、进深等尺寸。

第六节　建 筑 详 图

建筑平面图、立面图、剖面图表达了建筑物的整体外形、平面布局、墙柱及门窗设置和主要尺寸,但因绘图比例比较小,表达的内容多、范围大,因此对建筑的细部构造就难以表达清楚。为了满足施工要求,对建筑的细部构造用较大的比例,详细地表达出来,这样的图称为建筑详图,也叫大样图。建筑详图常用的比例有 1:50、1:20、1:10、1:5、1:2、1:1 等,包括局部构造详图(如墙身、楼梯等详图)、局部平面图(如住宅的厨房、卫生间等平面图),以及装饰构造详图(如墙面的墙裙做法、门窗套装饰做法)等建筑详图。

一　墙身详图

墙身详图也叫墙身大样图,其实质是建筑剖面图的局部放大图,主要表达了墙身与地面、楼面、屋面的构造连接情况以及檐口、门窗顶部、窗台、勒脚、防潮层、散水、明沟等的尺寸、材料、做法等构造情况,是砌墙、室内外装修、门窗安装、编制施工预算等的重要依据。

在多层建筑中,若各层的构造情况一样时,可只画墙脚、檐口和中间层(含门窗洞口)三个节点,按上下位置整体排列,如图 15-8 所示。由于门窗一般均有标准图集,为简化作图采用折断省略画法,因此门窗在洞口处出现双折断线(该部位图形高度变小,但标注的窗洞竖向尺寸不变)。有时墙身详图不以整体形式布置,而把各个节点详图分别单独绘制,也称为墙身节点详图。

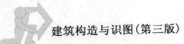

墙身详图应按剖面图的画法绘制,被剖切到的结构墙体用粗实线(b)绘制,装饰层轮廓用细实线绘制($0.25b$),在断面轮廓线内画出材料图例。

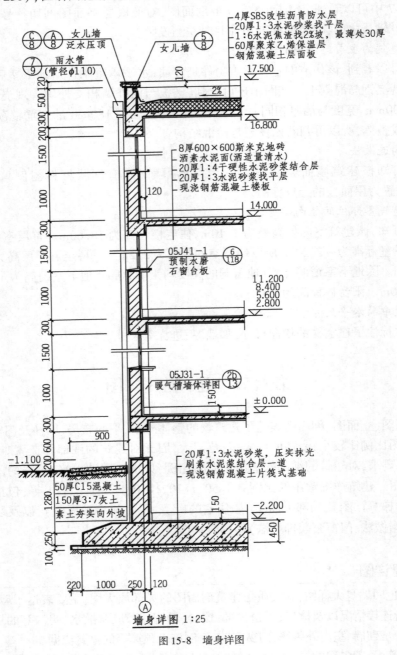

墙身详图 1:25

图 15-8　墙身详图

(一)墙身详图的主要内容

(1)表明墙身的定位轴线及编号,墙体的厚度、材料及其与轴线的关系。

(2)表明墙脚的构造做法。墙脚构造包括勒脚、散水(或明沟)、防潮层(或地圈梁)以及首层地面等的构造。

（3）表明各层梁、板等构件的位置及其与墙体的联系，构件表面抹灰、装饰等做法内容。

（4）表明檐口部位的做法。檐口部位做法包括封檐构造（如女儿墙或挑檐）、圈梁、过梁、屋顶泛水构造、屋面板、屋面保温、防水等构造做法。

（5）图中的详图索引符号等。

（二）墙身详图的识读

现以图15-8为例，按照自下而上的顺序说明墙身详图的识读方法和步骤。

1. 了解该墙的位置、厚度及其定位

根据轴线编号Ⓐ可知该墙为外纵墙，墙厚370mm，定位轴线与墙外表面相距250mm，与墙内表面相距120mm。

2. 熟悉竖向高度尺寸及标高

该墙身详图外侧标注一道竖向尺寸，标注了从室外地面至女儿墙顶的各部分尺寸。在楼地面和屋顶板底标注标高，中间层楼面因代表了中间若干楼板层，其标高采用2.800m、5.600m、8.400m、11.200m上下叠加方式简化表达。图下标注了板式基础的尺寸和地下室地面标高等。

3. 识读墙脚构造

从图中可知，该住宅楼有地下室，地下室底板为450mm厚的钢筋混凝土底板，地下室地面用多层构造引出线表达其做法；地下室顶板即首层楼板为现浇钢筋混凝土板。楼板下地下室的窗洞高为600mm，洞口上方为圈梁兼过梁，圈梁高300mm。

图中散水的做法是：下面素土夯实并找坡，上面150mm厚3:7灰土，最上面50mm厚C15混凝土压实赶光。一层窗台下暖气槽做法详见05J3中的相应详图。

4. 看清各层梁、板、墙的关系

如图15-8所示，各层楼板下方的钢筋混凝土圈梁与楼板现浇为一体，且为圈梁兼过梁的构造，梁截面宽度为370mm、高度300mm。楼地层做法在楼层位置标注，分层做法如图所示。

5. 详细识读檐口部位的构造

如图15-8所示，该檐口为女儿墙檐口，檐口圈梁与屋面板现浇为一体。女儿墙厚240mm、高500mm，上部钢筋混凝土为压顶（厚度最大处为120mm，顶部向屋面一侧倾斜）。该楼屋顶做法是：现浇钢筋混凝土屋面板，上面铺60mm厚聚苯乙烯泡沫塑料板保温层，1:6水泥焦渣找坡2%，最薄处厚30mm，在找坡层上做20mm厚1:2.5水泥砂浆找平层，上做4mm厚SBS改性沥青防水层。檐口位置的雨水管、女儿墙泛水压顶均采用标准图集05J5中的相应详图。

二 楼梯详图

楼梯是建筑中构造比较复杂的部位，需要用详图表达出各部位的尺寸和构造做法。楼梯详图一般包括楼梯平面图、楼梯剖面图和节点详图三部分内容。

（一）楼梯平面图

楼梯平面图的形成方法与建筑平面图的相同，其实质就是建筑平面图中在楼梯间部分的

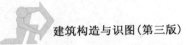

放大,一般用 1∶50 的比例绘制,通常只画底层、中间层和顶层三个平面图。

底层平面图是从第一个平台下方剖切的,将第一跑楼梯段断开(用倾斜成 30°、45°的折断线表示),因此只画半跑楼梯,用箭头表示上、下行的方向。中间层平面图须画出被剖切的向上的梯段,还要画出由该层向下行的完整梯段及中间平台。顶层平面图是从顶层房间窗台顶部剖切,由于未剖切到楼段,因此图中应画出完整的楼梯段和平台,在梯口处应注"下"字及箭头。

楼梯平面图中,除了注出楼梯间的开间和进深尺寸、楼地面和平台面标高尺寸外,还须注出各细部的详细尺寸。通常把梯段长度尺寸与每个踏步宽度尺寸合并写在一起,如"280×7 = 1960",表示该楼梯每一踏面宽为 280mm,有 7 个踏面,梯段水平投影长为 1960mm。画图时,应将三个平面图放在同一张图纸上,做到互相对齐,便于识读。

现以图 15-9 住宅楼梯平面图,说明楼梯平面图的识读方法。

1. 了解楼梯在建筑中的平面位置

如图 15-9 可知该楼梯反映的是两部楼梯,分别位于横轴③~⑤与⑨~⑪范围内以及纵轴ⓒ~ⓔ的区域中。

2. 熟悉楼梯的平面形式和楼梯段、楼梯井、休息平台、位置及踏步宽度和数量

由图可以看出,该楼梯为双跑平行楼梯。在地下室和一层平面图上,去地下室的梯段有 7 个踏面,踏面宽 280mm,楼梯段宽 1050mm、梯段水平投影长 1960mm,楼梯井宽 60mm。在标准层和顶层平面图上每个梯段有 8 个踏步,每个踏步面宽为 280mm,楼梯平台宽度为 1200mm,楼梯井宽为 60mm。两条细线表示的是楼梯栏杆。

3. 了解楼梯间处的墙、柱、门窗平面位置及尺寸

由图可以看出,该楼梯间外墙和两侧内墙厚 370mm,平台上方设门窗洞口,洞口宽度均为 1200mm,窗口居中。

4. 了解楼梯走向以及楼梯段起步的位置

由图可以看出,楼梯走向用箭头表示。地下室起步台阶的定位尺寸为 800mm,其他各层的定位可自行分析。

5. 了解各层平台的标高

由图可以看出,一层出入口处地面标高为 - 0. 940,其余各层休息平台标高分别为 1. 400m、4. 200m、7. 000m、9. 800m,在顶层平面图上看到的平台标高为 12. 600m。

6. 了解楼梯剖面图的剖切位置

从一层楼梯平面图中可以看到 3-3 剖切符号,表达出楼梯剖面图的剖切位置和剖视方向。

(二)楼梯剖面图

楼梯剖面图是用假想的铅直剖切平面通过各层的一个梯段垂直剖开,向另一未剖到的楼梯段方向投影所作的剖面图。如果楼梯各层都为等跑梯段,中间各层楼梯构造又相同,则剖面图可只画出底层、顶层剖面,中间部分可用折断线省略。楼梯剖面图的绘图比例一般与楼梯平面图相同,主要表达楼梯踏步、平台的构造与连接,以及栏杆的形式及相关尺寸。

在楼梯剖面图中应注明各层楼地面、平台、楼梯间门、窗洞口的标高,踏步踢面的高度、数量以及栏杆高度等。

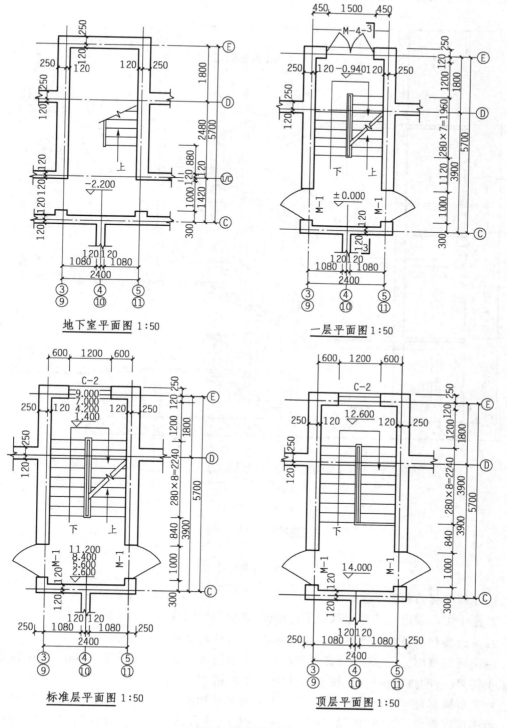

地下室平面图 1:50

一层平面图 1:50

标准层平面图 1:50

顶层平面图 1:50

图 15-9　楼梯平面图

图 15-10 所示为一楼梯剖面图,识读时应从以下几个方面进行。

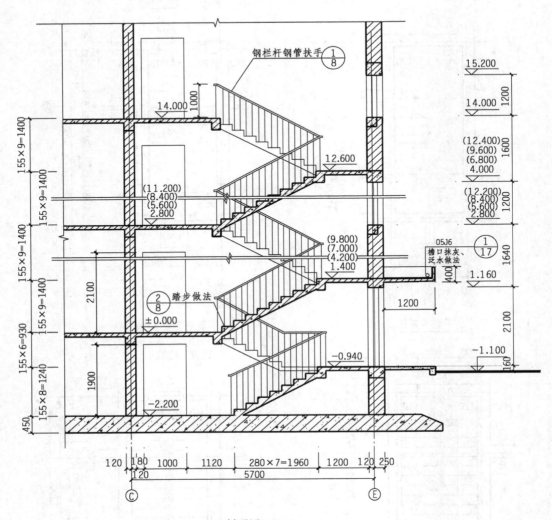

3-3剖面图 1:50

图 15-10　楼梯剖面图

1.了解楼梯的构造类型

从图中可以看出该楼梯为双跑平行楼梯、现浇钢筋混凝土板式结构。

2.熟悉楼梯在竖向和进深方向的有关标高、尺寸和详图索引符号

由图可以看出,该楼梯间层高 2.800m、地下室层高 2.200m,进深 5.700m。图中扶手上有一索引符号,表明该楼梯栏杆、扶手选自 05J8 中的做法。

3.了解楼梯段、平台、栏杆、扶手等相互间的连接构造

由图可以看出,该楼梯的梯段板放在平台梁上,平台梁将力传至楼梯间横墙上。栏杆、扶手构造在详图中表示。

4. 明确踏步的宽度、高度及栏杆的高度

由图可以看出,每个梯段的竖向尺寸也采用乘积的形式来表达,如"155×8=1240"表示地下室梯段的踏步高155mm,踏步个数为8,梯段垂直高为1240mm。楼梯栏杆高为1000mm。

(三)楼梯节点详图

楼梯节点详图主要包括栏杆详图、扶手详图以及踏步详图。它们分别用索引符号与楼梯平面图或楼梯剖面图联系。如图15-11所示为栏杆、扶手和踏步做法详图。

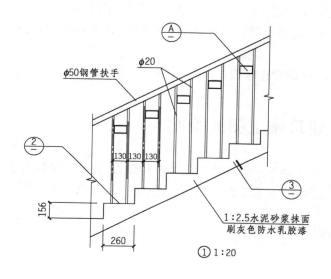

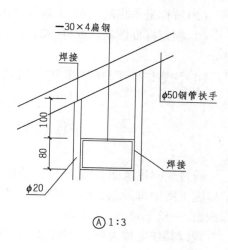

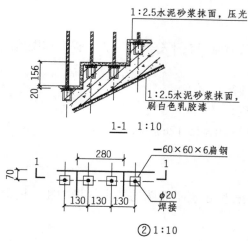

图 15-11　楼梯详图

三 选用标准图集中的详图

在建筑施工图中,对大量重复出现的构配件如门窗、台阶、面层做法等,通常采用标准设计,即由国家或地方编制的一般建筑常用的构件和配件详图,供设计人员选用,以减少不必要的重复劳动,如前述的用于华北地区的05J标准图等。

在读图时要学会查阅这些标准图集。查阅标准图集和查字典的方法一样,根据施工图中的说明或索引符号进行查找,查找步骤如下:

(1)根据图中标注的索引符号,看清标准图集的名称、编号,找到所选用的图集。

(2)看标准图集的说明,了解设计依据、适用范围、选用条件、施工要求及注意事项。

(3)根据标准图集内配件、构件的代号,找到所需要的配件、构件详图,看懂做法、构造和尺寸。

(4)注意该详图与相邻构配件的联系,明确交接做法。

第七节　建筑施工图的绘制

通过绘制建筑施工图,一方面能进一步加强学生识读建筑施工图的能力,使学生更深入地了解施工图中每条线、每个图例、代号的意义,学会施工图的图示表达;另一方面能培养学生认真细致、一丝不苟的工作作风。

现以某住宅楼为例,说明绘制建筑施工图的步骤。

一 建筑平面图的绘制步骤

(一) 画底图

画底图时一般用2H或H铅笔,图线宜细、淡,不分线型。为了提高作图速度,可先画同一方向的图线,再画另一方向的图线。

(1)画墙身定位轴线,如图15-12a)所示。

(2)画墙身轮廓线,如图15-12b)所示。

(3)画门窗洞口、楼梯、散水等细部。如图15-12c)所示。

(二) 加深图线

(1)检查全图无误后,擦去多余线条,按建筑平面图的要求加深加粗,并标注轴线、尺寸、门窗编号、剖切符号等。

(2)写图名、比例及其他文字内容。

汉字写长仿宋字,图名字高一般为7～10号字,图内说明一般为5号字,写前最好打格或垫字格,以求匀称、美观。尺寸数字字高通常用3.5号。字形要工整、清晰不潦草。

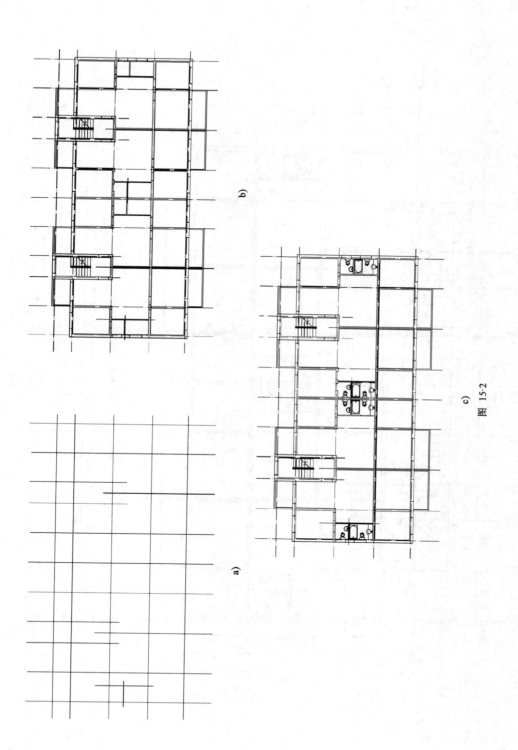

b)

c)

a)

图 15-2

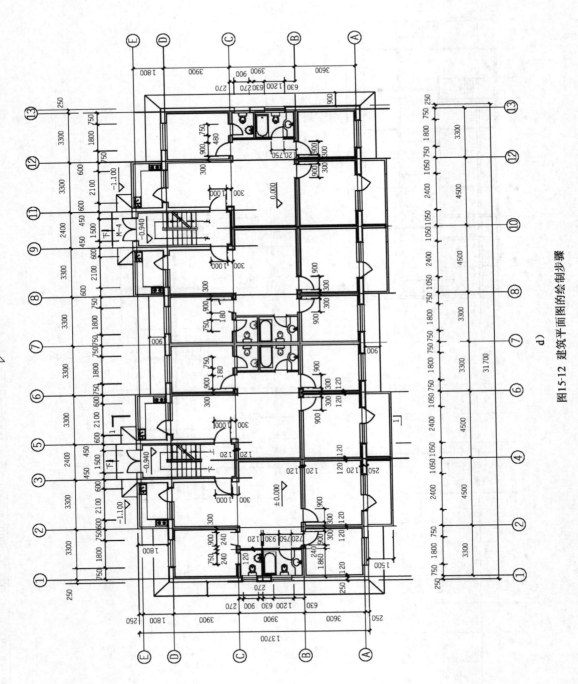

图15-12 建筑平面图的绘制步骤

d)

二 建筑立面图的绘制步骤

（1）画室外地坪线、外墙边线和屋檐线，如图 15-13a）所示。

（2）画各层门窗洞口线，如图 15-13b）所示。

（3）画墙面细部，如阳台等，如图 15-13c）所示。

（4）画门窗细部分格，墙面装修分格线等。

（5）检查无误后，按建筑立面图所要求的图线加深、加粗，并标注标高、首尾轴线、墙面装修说明文字、图名和比例。说明文字可用 5 号字，图名 7～10 号字。

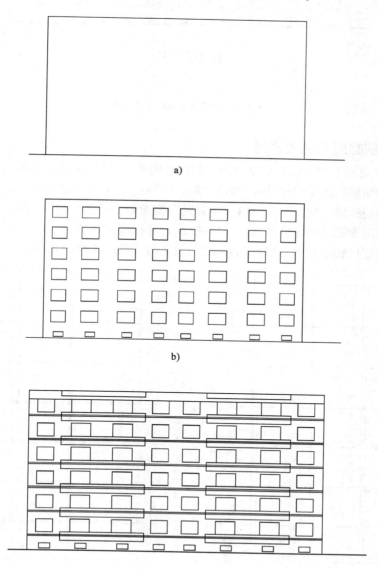

a)

b)

c)

图　15-13

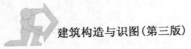

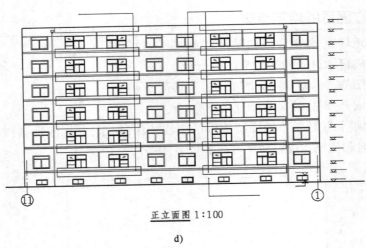

正立面图 1:100

d)

图 15-13　建筑立面图的绘制步骤

三　建筑剖面图的绘制步骤

根据底层平面图上剖切符号确定剖面图的图示内容,还应特别注意投影关系。

(1)画被剖切到的墙体定位轴线、墙体、楼板及阳台、雨篷等,如图 15-14a)所示。

(2)在被剖切的墙上画门窗洞口以及可见的门窗投影,如图 15-14b)所示。

(3)按建筑剖面图的图示方法加深加粗图线,标注标高和尺寸。

(4)最后对定位轴线编号,并写图名、比例、说明等,如图 15-14c)所示。

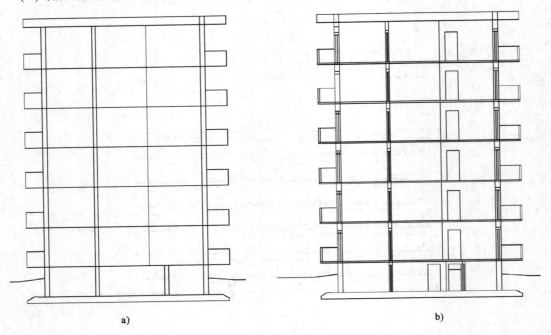

a)　　　　　　　　　　　　　　　　　　b)

图　15-14

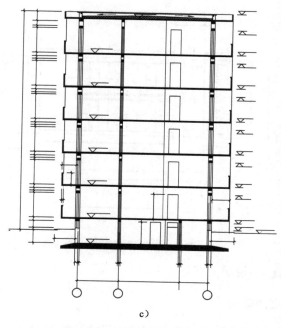

c)

图 15-14　建筑剖面图的绘图聚

四 楼梯详图的画法

(一)楼梯平面图的画法

（1）根据楼梯间的开间、进深尺寸,画楼梯间定位轴线、墙身以及楼梯段、楼梯平台的投影,如图 15-15a)所示。

（2）用平行线等分楼梯段,画出各踏面的投影,如图 15-15b)所示。

（3）画出栏杆、楼梯折断线、门窗等细部内容,并画出定位轴线,标出尺寸、标高和楼梯剖切符号等,如图 15-15c)所示。

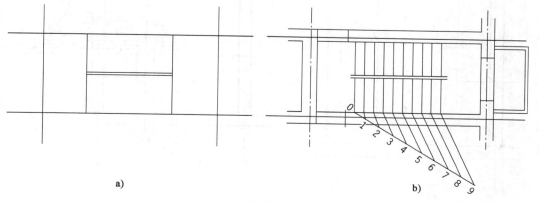

a)　　　　　　　　　　　　　　　　　　　　b)

图　15-15

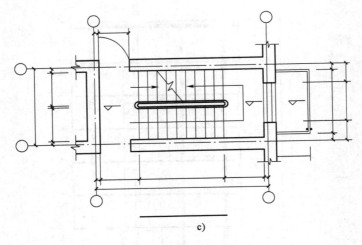

图 15-15　楼梯平面图的绘制步骤

(4)写出图名、比例、说明文字等。

(二)楼梯剖面图的画法

(1)画定位轴线及各楼面、休息平台、墙身等高线,如图 15-16a)所示。

(2)用平行线等分的方法,画出梯段剖面图上各踏步的投影,如图 15-16b)所示。

(3)画楼地面、楼梯休息平台的厚度以及其他细部内容,如图 15-16c)所示。

(4)检查无误后,加深、加粗并画详图索引符号,最后标注尺寸、图名等。

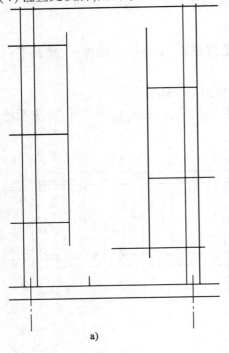

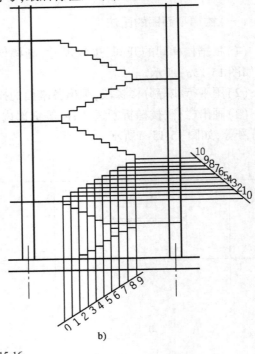

图　15-16

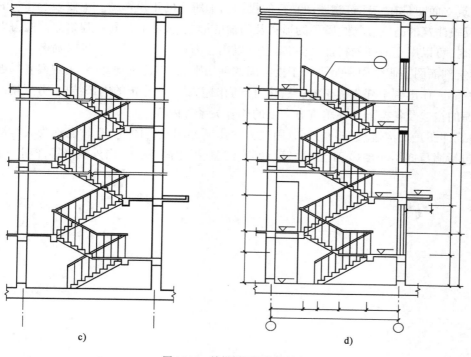

c)

d)

图 15-16　楼梯剖面图的绘制步骤

◀ 本 章 小 结 ▶

　　1. 建筑工程图是把对整个房屋建筑的设计意图按专业分工表达出来的图样,包括建筑施工图(建施)、结构施工图(结施)、设备施工图(设施)、装饰装修施工图(装施)。

　　2. 建筑施工图是建筑工程图中最基本的部分,主要表明房屋建造的规模、规划位置、外部形状、内部布局、细部构造等,是建筑施工放线、砌墙、安装门窗、室内外装修和编制施工预算、施工组织设计以及施工监理的主要依据。建筑施工图包括首页图、总平面图、建筑平面图、立面图、剖面图及构件详图等。

　　3. 首页图是一套建筑施工图的第一页图纸,包括设计说明、图纸目录、工程做法、门窗表、选标准图集的编号等内容。

　　4. 总平面图是显示新建建筑在建筑用地范围内的位置及周围环境的图样。主要表明新建建筑的具体位置、平面轮廓形状、占地大小、朝向、室内外标高和周围环境的地形地貌、道路、绿化的布置等。

　　5. 建筑平面图是用一个假想的水平剖切平面,沿窗台顶面水平剖开整幢建筑,移出剖切平面上方的部分,把剖切平面以下的部分投影到水平面上,所得的水平剖面图。建筑平面图主要表达建筑的平面形状、内部布局、墙身厚度、门窗位置及尺寸等内容,包括底层平面图、标准层平面图、顶层平面图和屋顶平面图。

6. 建筑立面图是在与建筑物墙面平行的投影面上所作的正投影图。主要表示建筑的外形和外貌,反映建筑的高度、层数、屋顶的形式及门窗的形式、大小和位置。建筑立面图可以用墙面朝向命名,可以用立面图的特征来命名,也可以用立面首尾定位轴线的编号命名。

7. 建筑剖面图是假想用一个平行于投影面的剖切平面,将建筑剖开,移去观察者与剖切平面之间的部分,作出剩余部分的正投影。建筑剖面图主要表示建筑的内部结构、分层情况和层高、楼地面的构造及各构配件在垂直方向上的相互关系等内容。

8. 建筑详图是把构造较复杂的部分用较大的比例绘制成的图样,有时也称为大样图或节点详图,包括墙身详图和楼梯、阳台、雨篷、台阶、门窗、卫生间、厨房、内外装修等详图。

第十六章
建筑装饰装修施工图

【学习目标】

了解建筑装饰装修施工图的组成、特点；熟悉识读该类图纸应具备的基本知识；掌握识读建筑装饰装修施工图的方法和步骤。

【职业能力目标】

积累建筑装饰装修施工图的基本知识，具备识读建筑装饰装修施工图的基本技能。

第一节　建筑装饰装修施工图的基本知识

建筑装饰装修施工图是按照装饰装修设计方案所确定的空间造型、尺度、选材、构造做法等，遵守建筑及装饰装修设计规范要求编制的，是指导装饰装修施工和造价管理、工程监理等的主要技术文件。

一　建筑装饰装修施工图的特点

建筑装饰装修施工图与建筑施工图的图示原理相同，制图时需遵守现行《房屋建筑制图统一标准》（GB/T 50001—2010）的规定，采用制图标准规定的图线和图例符号，并标注必要的文字、标高和尺寸等。

建筑装饰装修施工图有自身的特点，主要体现在以下两方面：

（1）装饰装修施工图采用的图例大都具有形象性。

（2）由于建筑装饰装修选材广泛，构造做法多，而目前国家在装饰装修方面的标准图集少、图示标准不统一，故导致装饰装修详图多。

二　建筑装饰装修施工图的组成

建筑装饰装修施工图一般由设计说明、平面布置图、楼地面平面图、吊顶平面图、墙柱立面图、装饰装修构造详图(节点图)等组成。其中平面平置图、楼地面平面图、吊顶平面图、墙柱立面图为基本图样,表明装饰装修的主要做法和基本要求;装饰装修详图是反映细部施工做法的图样,用于表达凹凸变化、基层与面层的相互连接、细部尺寸、工艺要求等。一套图纸中,以基本图在前、详图在后的顺序进行排列。

三 建筑装饰装修施工图的制图标准

(一)图样的比例

建筑装饰装修施工图所使用的比例如表 16-1 所示。绘图时优先采用常用比例,可用比例是指常用比例不易表达时所选用的比例。

建筑装饰装修施工图的绘制比例   表 16-1

序 号	图 样 名 称	常 用 比 例	可 用 比 例	备 注
1	装饰装修平面布置图、楼地面平面图、吊顶平面图、墙柱立面装饰装修图、墙柱面装饰装修剖面详图等	1:50、1:100、1:150	1:40、1:60、1:80	一般情况下,一个图样应选用一种比例
2	装饰装修详图	1:1、1:2、1:5、1:10、1:20	1:3、1:4、1:6、1:15、1:25、1:30	

(二)图例符号

建筑装饰装修施工图应遵守《房屋建筑制图统一标准》(GB/T 50001—2010)的要求,此外还有专门用于装饰装修的平面图例,这些图例大都与实物非常相像,易于识别,如表 16-2 所示。

建筑装饰装修施工图常用平面图例   表 16-2

图 例	名 称	图 例	名 称	图 例	名 称
	单扇门		其他家具(写出名称)		盆花
	双扇门		双人床及床头柜		地毯
	双扇内外开弹簧门				嵌灯
					台灯或落地灯
	四人桌椅		单人床及床头柜		吸顶灯
					吊灯

图　例	名　　称	图　例	名　　称	图　例	名　　称
	沙发	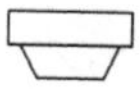	电视机		消防喷淋器
	各类椅凳		帘布		烟感器
	衣柜		钢琴	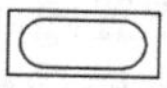	浴缸
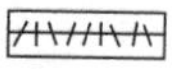		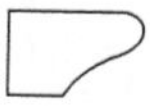			脸面台
					座式大便器

（三）字体图线等其他制图要求

建筑装饰装修施工图中字体、图线的要求与建筑施工图的相同，这里不再赘述。

（四）图纸目录和设计说明

装饰装修施工图的目录位于整套图纸的第一页（有时采用 A4 幅面专设目录页）。目录包括图别、图号、图纸名称、采用标准图集代号、备注等，如图 16-1 所示。图别中的"装施"即指装饰装修施工图；图号中的"1"即为图纸的第一页。

在装饰装修施工图中，一般应将工程概况、设计风格、材料选用、施工工艺、注意事项及施工图不易表达的内容加以文字表达，形成设计说明，如图 16-1 所示。

某会议室装饰装修施工图首页
图纸目录

图别	图号	图纸内容	图纸幅面	备注	图别	图号	图纸内容	图纸幅面	备注
装施	1	平面布置图	A3		装施	5	C向立面图	A3	
装施	2	吊顶平面图	A3		装施	6	D向立面图	A3	
装施	3	吊顶剖面图、详图	A3		装施	7	立面详图	A3	
装施	4	A、B向立面图	A3						

设计说明

本工程为某会议室装饰装修施工图。按业主认可的效果图设计绘制。为便于施工，特编制说明如下。
1. 吊顶采用轻钢龙骨（不上人）、封纸面石膏板，板缝、板面批腻刮白（板缝贴绷带）、罩白色乳胶漆3遍。钢筋吊杆φ6，间距900。
2. 墙柱面采用30×40木龙骨，罩防火涂料2遍。基层为九厘板，面层板选用应遵照相应施工图要求。
3. 所有木作面罩透明聚脂清漆6遍，色泽均匀、漆膜饱满、表面光洁。
4. 地面选用驼黄色混纺地毯。窗台板选用杭灰大理石厚30mm，板外缘倒圆角，精抛光处理。
5. A、C向饰面微晶玻璃6mm厚，磨砂效果并须钢化处理。安装时须采用胶粘法施工，刷胶均匀、粘贴牢固。B向用玻璃钉固定，打眼、磨边后须钢化处理。
6. 所有装饰装修材料应符合《民用建筑工程室内环境污染控制规范》(GB 50325—2010)要求。
7. 施工中必须遵守《建筑装饰装修工程施工质量验收规范》(GB 50210—2001)。

图 16-1　装饰装修施工图首页

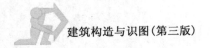

第二节　平面布置图

 形成与图示方法

装饰装修平面布置图的形成方法与建筑平面图相同，常用比例为 1∶50、1∶100 和 1∶150。图中剖切到的墙柱轮廓用粗实线（b）表示；未剖到但能看到的内容用细实线（$0.25b$）表示，如家具、地面分格、台阶、门扇开启线等。

 图示内容

平面布置图是装饰装修施工图的主要图样。它主要表达室内的家具布置、绿化与陈设的布局、设计尺寸及选材等内容，体现室内的功能分区，是确定装修空间平面尺度、形体定位的主要依据。

平面布置图的主要图示内容有：

（1）建筑平面尺寸、墙柱位置、门窗位置与代号、门的开启方向等。

（2）活动家具的平面位置。

（3）室内陈设、绿化美化等的布置。

（4）内视投影符号。

内视投影符号又称立面指向符号，是在平面布置图中用于表示墙面装饰立面图时所编的投影方向符号，分为单面、双面和四面内视投影符号。内视投影符号中圆的直径为 10 ~ 12mm，涂黑的直角端的指向为墙面投影方向，圆圈中的 A、B、C、D 字母表示所指向四个墙面的编号，编号一般按顺时针从上至下进行，如图 16-2 所示。

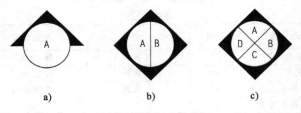

a)　　　　　　　b)　　　　　　　c)

图 16-2　内视投影符号

a）单面内视符号；b）双面内视符号；c）四面内视符号

（5）现场制作的固定家具、设施的定形与定位尺寸。

（6）房间的平面尺寸、轴线编号等。

（7）索引符号、图名、必要的说明等。

 识读方法

现以某会议室装饰装修图（图 16-3、图 16-4）为例说明平面布置图的识读方法。

图 16-3　某会议室效果图

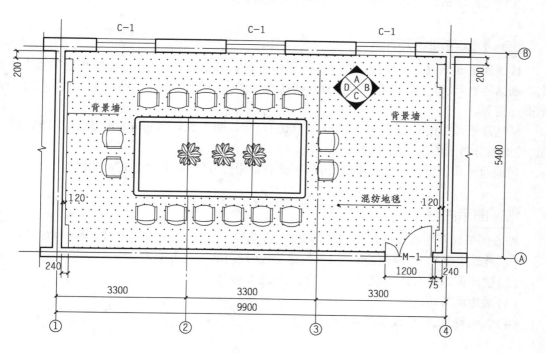

平面布置图 1:50

图 16-4　某会议室平面布置图

（1）了解房间的位置、形状、功能布局，熟悉其基本内容。如由图中的轴线的间距，可知房间的位置及大小，并了解家具、装饰形体（如背景墙）的布置、门的开设位置及尺寸等。

（2）识读图中的内视投影符号。根据平面布置图中的内视投影符号可了解到，将对应有四个内墙立面图,A、B、C、D 四个字母表示内视投影的四个墙面分别为Ⓑ、④、Ⓐ、①轴的内墙面。

(3)识读图中的基本装饰装修做法。该会议室地面为混纺地毯,会议桌椅布置在左中位置,"M-1"为子母门,①、④轴墙面饰有背景墙。

(4)识读图中的详细尺寸。如图 16-3 中门洞尺寸 1200mm,背景墙的厚度为 120mm 等。

(5)识读图中的说明文字、索引符号。

平面布置图决定了装饰装修空间的功能及流线布局,是吊顶、墙面设计的基本依据。平面布置图确定后便可进行楼地面平面图(即地面拼花图)、吊顶平面图、墙柱立面图及装饰详图的绘制。

第三节 楼地面平面图

当楼地面铺贴有拼花、详细分格及高差变化要求时,应绘制其平面图。

一 形成与图示方法

楼地面平面图也称地面拼花图。它同平面布置图的形成过程一样,区别在于楼地面平面图不画活动家具、绿化布置等内容。只画楼地面装饰分格图案,标注地面材质、颜色、尺寸和楼地面标高等。

楼地面平面图的常用比例为 1:50、1:100、1:150。图中剖切到的墙柱轮廓用粗实线(b)表示,楼地面分格线用细实线(0.25b)表示。

当地面平面图设计比较简单时,可与平面布置图合并绘制,并加必要说明即可。

二 图示内容

楼地面平面图主要反映地面的装饰分格、拼花样式、材料选用等情况,图示内容如下:

(1)建筑平面尺寸、墙柱位置、门窗位置与代号、门的开启方向等。

(2)楼地面的材料选用、颜色、分格尺寸与地面标高等。

(3)楼地面拼花造型。

(4)索引符号、图名及必要说明。

三 识读方法

首先明确地面分格尺寸、拼花样式,然后注意材料品种、颜色和规格。图 16-3 中的平面布置图内容简单,故与楼地面平面图合并画出,图中楼地面为混纺地毯。图 16-5 所示为某客厅地面石材拼花图,楼地面大面铺设的是 800×800 幼点白麻花岗石,中央为拼花图案,具体做法见详图索引符号引出的详图。

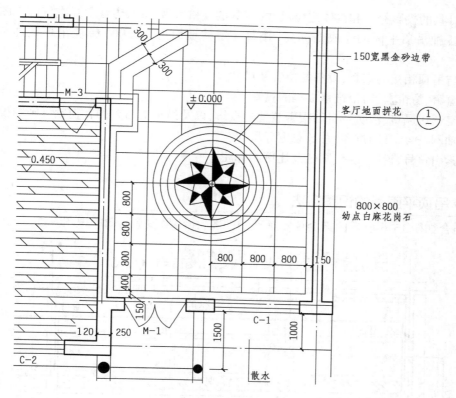

图 16-5 为某客厅地面石材拼花图

第四节　吊顶平面图

吊顶平面图是反映房间装修后吊顶的平面形状、灯具位置、材料选用、尺寸标高等内容的图样。

一 形成与图示方法

吊顶平面图是假想用一个水平剖切平面,沿房屋吊顶下方门窗洞口位置进行剖切,移去下面部分后,对剩余的墙体与吊顶等所作的镜像投影。

吊顶平面图常用比例为 1∶50、1∶100、1∶150。图中剖切到的墙、柱等轮廓用粗实线(b)表示;未剖切到但能看到的吊顶造型轮廓、灯具、风口等用细实线($0.25b$)表示。

二 图示内容

(1)建筑平面尺寸、墙柱位置及门窗洞口的投影。门洞口只画洞口边线不画门扇及其开启线,洞口边线应为两条细线。

(2)吊顶的造型、选用的材料做法和说明。

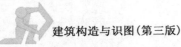

(3)灯具的投影符号和具体定位尺寸(灯具的规格型号、安装方法等见电气施工图)。

(4)各种吊顶平面的完成面标高(按每一层楼地面为±0.000标注吊顶装饰装修面的标高)。

(5)与吊顶相接的家具、设备的位置及尺寸。

(6)窗帘、窗帘盒、窗帘帷幕板等的投影。

(7)空调送风口、消防及自动报警装置的投影,以及吊顶上布置的音视频设施的投影等。

(8)轴网符号、开间进深、总长总宽等尺寸。

(9)索引符号、说明文字、图名及比例的标注。

三 吊顶平面图的识图方法

现结合如图16-6所示的某会议室吊顶平面图,介绍吊顶平面图的识图方法。

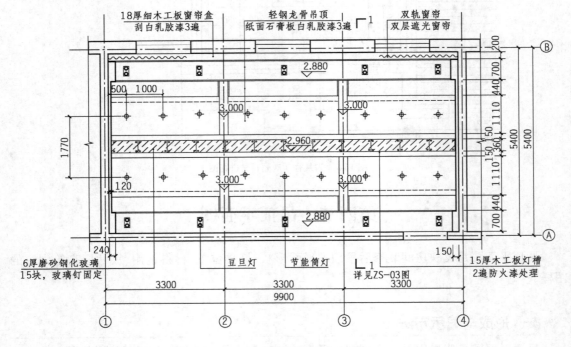

吊顶平面图 1:50

图16-6 吊顶平面图

1.了解该房间所在的位置,识读无剖切符号

从图16-6看出,房间进深为5400,开间方向为3300的三开间。图中在○3轴线的右侧有1-1剖切符号标注,代表对整个吊顶进行全剖切,且在装施03图中反映该剖面图(剖切符号旁的"ZS"代表"装施")。

2.识读吊顶平面造型、灯具布置及吊顶面标高

该吊顶主要有三组纵向吊顶造型,其余部分倾斜。灯具主要有节能筒灯和豆旦灯,其中虚线代表暗槽灯带的位置。中间造型吊顶标高为 2.96m,两边标高为 2.88m,梁底标高为 3.00m。

3.识读吊顶尺寸与做法

该吊顶正中位置为贯通左右方向 6mm 厚的磨砂钢化玻璃吊顶,宽为 360mm,两侧的斜面吊顶投影宽度为 1100mm,分别布置 9 盏筒灯,两列筒灯的间距为 1770mm。另两组豆旦灯靠 Ⓐ、Ⓑ轴线墙布置,采用轻钢龙骨纸面石膏板造型,宽度为 700mm。

4.识读图中各窗口的窗帘及窗帘盒的构造做法

图中靠Ⓑ轴一侧有窗帘及轨道,且通长设置。窗帘盒用木工板制作,上刷白色乳胶漆,宽度 200mm。

5.识读图中与吊顶相接的墙面线脚处理

图中在①、④轴墙体一侧有背景墙,且延伸至吊顶,造型突出墙面为 120mm 和 240mm。

第五节 墙柱立面图

一 墙柱立面图的形成与图示方法

墙柱立面图是按内视投影符号的指向,将墙体装饰装修面层向直立投影面所作的正投影图。墙柱立面图的名称,应根据平面布置图中内视投影符号的编号或字母确定(如 A 向立面图)。

墙柱立面图的常用比例为 1:50,可用比例为 1:30、1:40 等。

墙柱立面图的外轮廓用粗实线(b)表示,墙面上的门窗及凸凹于墙面的造型用中实线(0.5b)表示,其他图示内容、尺寸标注、引出线等用细实线(0.25b)表示。

二 墙柱立面图的图示内容

墙柱立面图用于反映墙体面层的装饰装修设计、尺寸、材料、色彩等做法内容,是装饰装修施工图中的主要图样之一,是确定墙面做法的主要依据。具体图示内容如下:

(1)墙柱立面装饰装修轮廓线,有吊顶时可画出吊顶、叠级、灯槽等剖切到的轮廓线(用粗实线表示),墙面与吊顶的收口形式,可见的灯具投影图形等。

(2)墙面装饰装修造型及陈设(如壁挂、工艺品等),门窗造型及分格,墙面灯具、暖气罩等装饰装修内容。

(3)装饰装修选材、立面的高度尺寸和标高、做法说明等。图外一般标注 1～2 道竖向及水平尺寸,并需标注楼地面、吊顶等部位的装饰装修标高。图内一般应标注主要装饰装修造型的定形、定位尺寸。做法标注采用细实线引出,引出位置加圆点表示。

(4)附墙的固定家具及造型(如背景墙、壁柜等)。如有必要,还应画出立面对应的局部平面图,以利对造型凸出、凹进做法的理解。

(5)索引符号、说明文字、图名及比例等。

三 墙柱立面图的识图方法

现结合图 16-7、图 16-8 所示的某会议室墙柱立面图,说明其识读步骤。

(1)首先明确要识读的墙柱立面图所属的房间,弄清房间中绘制有哪几个内视投影符号。查找图 16-4 中的内视投影符号,看出图中绘制了四面内视投影符号,按顺时针方向用 A、B、C、D 进行编号。

(2)查看所选的装饰装修墙面在平面上有无凸凹变化,注意识读其定形、定位尺寸。对照图 16-4,可以看出,B 向立面图反映了背景墙的做法,背景墙中间大部分厚度为 120mm,两侧厚度为 240mm。

(3)详细识读墙柱立面图,注意墙面造型的尺寸、范围、选材、颜色等做法。由图 16-7 可知,C 向立面图反映了会议室大门所在墙面的造型和装修做法。墙面自上而下的做法分别是微晶玻璃、海吉布、樱桃木踢脚线。海吉布贴面后刷 3 遍浅米黄乳胶漆饰面。墙面水平方向 7850mm 范围进行 5 等分,等分处由竖向装饰带分割(由图纸第 7 页中 2 号详图反映装饰带做法)。下方平面图反映了 A 向墙面的凹凸变化和材料做法,如装饰带凸出墙面 40mm,宽为 60mm,采用木工板包樱桃木饰面板。

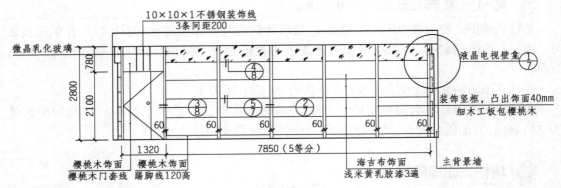

A向立面图 1:50

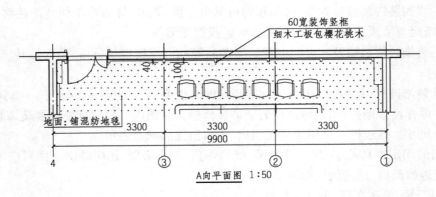

A向平面图 1:50

图 16-7 C 向立面图

图 16-8 的 B 向立面是主背景墙,下方配置了平面图,用于理解该造型变化。墙面中央为微晶玻璃造型,用玻璃钉固定。两侧为电视墙,凹龛内设有监控用电视机,做法为木龙骨上饰纸面石膏板再刷乳胶漆。电视墙和玻璃造型分别凸出 240mm 和 120mm。造型上部为 LED 电子屏(横幅),下部为樱桃木踢脚线。

(4)仔细核对各部位尺寸、标高。注意核对各立面图中的分尺寸之和是否等于总尺寸,明确各装饰装修体的定形、定位尺寸及标高尺寸,以便工人施工制作。如图 16-8 所示电视背景墙的高度 2880mm 为"300""1500""960"和"120"之和;左右两侧凹龛的定形尺寸均为700mm、右侧的定位尺寸为 200mm。

(5)注意索引符号所反映的内容。如图 16-8 所示 LED 电子屏和玻璃墙面的剖面索引符号。

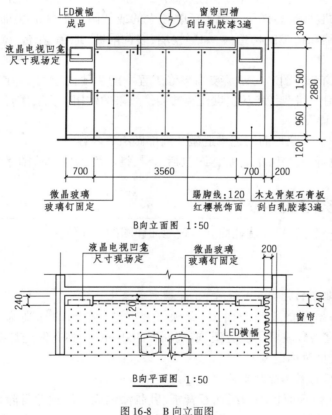

图 16-8 B 向立面图

第六节 装饰装修详图

 装饰装修详图的形成与图示方法

由于平面布置图、地面平面图、墙体立面装饰装修图、吊顶平面图等的绘图比例一般较小,很多装饰装修造型、构造做法、材料选用、细部尺寸等无法表达清晰,满足不了装饰装修施工的

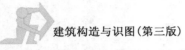

需要,故须放大比例画出详细图样,形成装饰装修详图。

在装饰装修详图中,被剖切到的装饰装修形廓线用粗实线(b)表示,未剖到但能看到的投影内容用细实线($0.25b$)表示,门窗洞口等凸凹轮廓用中实线($0.5b$)表示。当装饰装修形体的体量和面积较大,并且造型变化较多时,通常需先画出平、立、剖面详图来反映装饰装修造型的基本内容(如准确的外部形状、标高、尺寸、凸凹变化、与结构的连接方式等)。选用比例一般为$1:10 \sim 1:50$。当该形体在上述比例画出的图样不够清晰时,须要选择$1:1 \sim 1:10$的大比例绘制。

二 装饰装修详图的分类

装饰装修详图按其表达的内容分为以下几类。

(1)吊顶详图。主要用于反映吊顶构造、做法,一般为剖面图或断面图。

(2)墙柱面装饰装修造型详图。用于反映独立的或依附于墙柱的装饰装修造型,是表现装饰装修的艺术氛围和情趣的构造体,如影视墙、装饰隔断、地台、花台、壁龛、栏杆造型等的图样。

(3)门、窗及门窗套详图。门窗是装饰装修工程中的主要内容之一,其形式多样,在墙体装饰装修中起着分割空间、明确流线、烘托装饰装修效果的作用。主要图样有门窗及门窗套立面图、剖面图和节点详图。

(4)楼地面详图。反映地面的艺术造型及细部做法等内容。

(5)小品及饰物详图。小品、饰物详图包括水景、指示牌、织物等的制作图。

三 装饰装修详图的识读

装饰装修详图一般按吊顶、墙柱面、门窗、地面详图的顺序编排。

(一)吊顶详图

1. 先看吊顶各部分的标高及其尺寸,了解造型的变化规律

图16-9所示为吊顶的1-1剖面图,反映了吊顶左、右侧的标高为2.88m、水平宽为700mm。中间为钢化磨砂玻璃吊顶造型,玻璃面宽360mm,两侧有发光灯槽(暗槽灯带)。其他位置为斜面做法,呈对称设置。

2. 再看吊顶所用材料和连接做法

从图16-9可知,吊顶面板均为纸面石膏板、乳胶漆饰面。吊顶龙骨除斜面外均为轻钢龙骨架。从详图①可见灯槽处木龙骨直接连接到楼板,右侧磨砂玻璃吊顶(内有筒灯)采用轻龙骨架、用吊杆连接到楼板。

3. 明确细部尺寸和材料做法

从详图①、Ⓐ可见,灯槽底宽150和檐口高80(即两40之和,下方的40是至梁底的高度,梁只是刮白),磨砂玻璃吊顶内部发光顶的高度为200mm。玻璃安装采用详图Ⓐ的角钢做支撑,角钢上打圆孔用木螺丝固定于木工板,再用玻璃钉安装磨砂玻璃(详图①中表示),玻璃应磨边后钢化、再行安装。

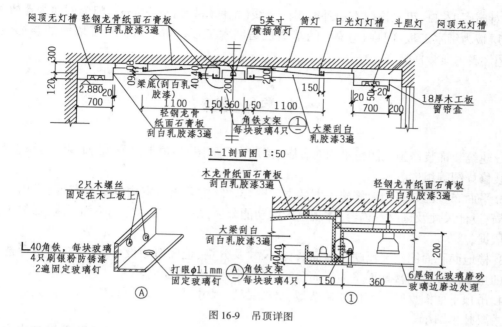

图 16-9　吊顶详图

（二）墙柱面详图

墙柱面详图在识读时应与立面图上的索引符号对应起来，如图 16-10 所示的详图即由图 16-7 中的"$\frac{4}{8}$"索引而来，反映的内容为墙面微晶玻璃和下方海吉布装修之间的连接做法。

（三）门窗及门窗套详图

图 16-11 所示的是 A 立面大门门套的装饰做法。在 A 立面（图 16-7 中）找到门套$\frac{3}{8}$索

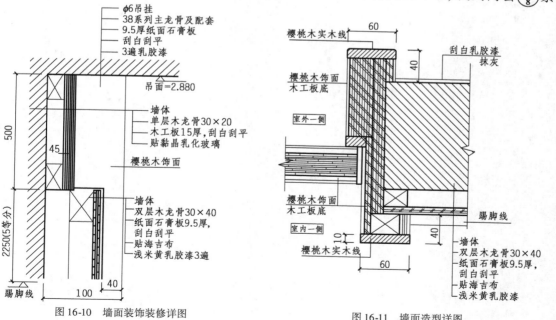

图 16-10　墙面装饰装修详图　　　　　　　图 16-11　墙面造型详图

引,再对照图 16-11,可知该门有内外两组门套线(也称贴脸),宽60mm。门套侧面为樱桃木饰面,基层板为细木工板,门扇(左侧)的基层也是细木工板。右下角标注了墙面的装饰做法。图中区代表木龙骨横断面。

◀ 本 章 小 结 ▶

1. 建筑装饰装修施工图由平面布置图、楼地面平面图、吊顶平面图、墙面装饰装修立面图、装饰装修详图等组成。

2. 平面布置图是装饰装修施工图的主要图样。它主要表达室内的家具布置、绿化与陈设的布局、设计尺寸及选材等内容,体现室内的功能分区,是确定装修空间平面尺度、形体定位的主要依据。

3. 楼地面平面图主要反映楼地面选材、尺寸及分格、地面造型设计等内容,是指导选材及施工的主要图样。当楼地面平面较简单时,可与平面布置图合并表达。

4. 吊顶平面图反映了室内顶棚造型、材料做法、尺寸、标高、设备布置等内容,是施工过程中的主要技术图纸。

5. 墙柱立面图是反映墙(柱)面装饰装修施工做法、材料选用、造型尺寸等设计内容的图样,在识图时须对照平面布置图中的内视投影符号,分清墙柱面的所属编号进行识读。

6. 装饰装修详图是反映装饰装修详细构造做法的图样,采用较大比例绘制。通常有吊顶详图、装饰装修造型详图、门窗及门窗套详图、楼地面做法详图、小品及饰物详图等。

附录 A
某建筑施工图

读图说明：

1. 这里选编的是××大学经济信息学院教学楼的建筑施工图,作为学完本教材后识图训练之用。

2. 限于篇幅,选编了其中的主要图样。

3. 由于受印刷制版所限,图形大小随教材页面尺寸缩小,读图时以图上尺寸和标注的比例为准。

350

门窗表

门窗代号	洞口尺寸 宽×高	数量	采用图集号 图集名称	选用型号	备注
C-1	1800×1800	72	0514-1	3PC-1818	塑钢窗
C-2	2100×1800	8	0514-1	3PC-2118	塑钢窗
C-3	1500×1500	7	0514-1	3PC-1515	塑钢窗
M-1	1000×2400	3	0514-1	1PM-1024	夹板门
M-2	1800×2400	63	0514-1	1PM-1024	夹板门
M-3	1500×2400	4	0514-1	GFM01-1524	乙级防火门

设 计 说 明

1. 本工程建筑面积3216m²，局部六层，钢筋混凝土框架结构。
2. 框架填充端为MU7.5灰渣砖，M5混合砂浆，门窗洞口四周用240厚同强度实心粘土砖砌筑。
3. 钢筋混凝土楼面应比同层标准构件或现场现浇梁设计结果制作。
4. 卫生间楼地面应比同层楼地面降低2mm。
5. 门窗安装在墙中心线上，窗台板为中国黑花岗岩板材，长度等于洞口宽，宽度为150，厚度为20。
6. 施工时遵守现行施工及验收规范。

图 纸 目 录

序号	图别	图号	图纸内容	备注
1	建施	01	设计说明、工程做法、门窗表	
2	建施	02	一层平面图	
3	建施	03	二至五层平面图	
4	建施	04	门厅层平面图	
5	建施	05	正立面图	
6	建施	06	背立面图	
7	建施	07	左侧立面图	
8	建施	08	1-1剖面图、檐口详图	
9	建施	09	屋顶造型平面图、立面图	
10	建施	10	屋顶造型详图	
11	建施	11	层粘造型详图	

工程名称	××大学经济信息学院 教学楼		设计号	03-16
××建筑设计研究所	专业负责	设计	图别	建施
			图号	01
图纸名称	设计说明 工程做法 门窗表			
项目负责	专业负责	设计	制图	
审定	校核			

工 程 做 法 表

序号	部位	做法	索引图集代号
1	大门雨篷	正立面雨篷造型，香槟色铝塑板装饰（详图见装饰施工图）	
2	其他雨篷	水泥砂浆抹面，刷白色外墙乳胶漆	05J1外21
3	外墙面	外墙面水泥砂浆抹面，刷外墙乳胶漆（颜色见立面图或现场定）	05J1外24
4	挑檐口	水泥砂浆抹面，刷白色外墙乳胶漆	05J1外21
5	大门台阶	混凝土台阶铺80~120条石	05J1台8
6	其他门台阶	混凝土台阶，水泥砂浆抹面	05J1台8
7	散水	混凝土散水	05J1散2
8	其他雨篷底	水泥石灰青砂浆抹面，白色外墙乳胶漆饰面	05J1顶4
9	屋面	改性沥青柔性油毡防水层，冷粘法	05J1屋5
10	屋面保温	60厚聚苯乙烯保温板	
11	地面	铺800×800×5全瓷剖光砖，藕荷色	05J1地19
12	楼面	铺800×800×5全瓷剖光砖，藕荷色	05J1地10
13	踢脚线	中国黑花岗石踢脚线，150高	05J1踢27
14	卫生间地面	铺防滑地砖300×300，现场定颜色	05J1地50
15	卫生间楼面	铺防滑地砖300×300，现场定颜色	05J1楼27
16	卫生间墙面	贴白色瓷砖200×300，1800高	05J1内墙8
17	其他内墙	混合砂浆找平，刮白色仿瓷涂料	05J1内墙3，涂27
18	顶棚	混合砂浆找平，刮白色仿瓷涂料	05J1顶2
19	窗台板	花岗岩窗台板，长同洞口，圆角剖光	详图见建施2
20	楼梯踏步	铺全瓷剖光台阶，颜色同楼面	05J1楼10
21	墙裙	走廊、门厅、楼梯间等，灰白色	05J1裙11
22	外墙勒脚	帖仿蘑菇石外墙面，砖灰色，1450高	05J1外墙25
23	木作油漆	木作面批腻刮平，罩灰白色调和漆二遍	05J1涂1

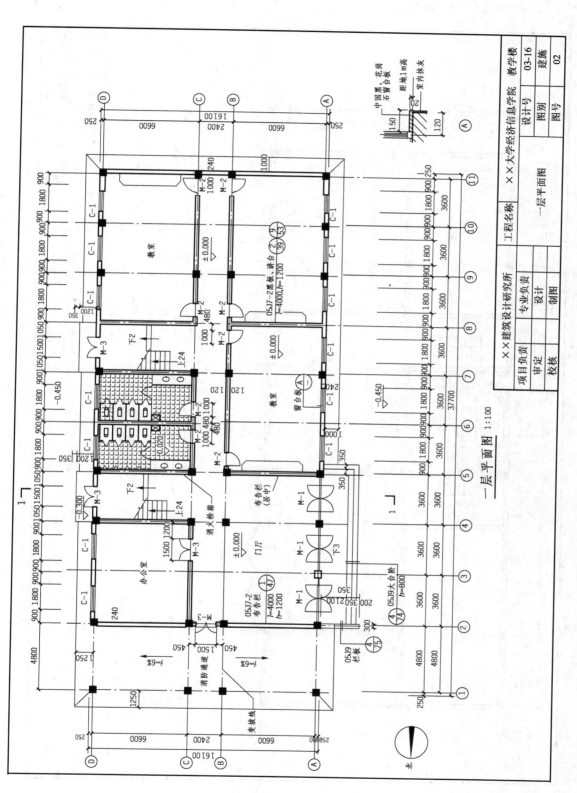

一层平面图 1:100

Architectural Construction and Architectural Recognition Graph

附录A 某建筑施工图

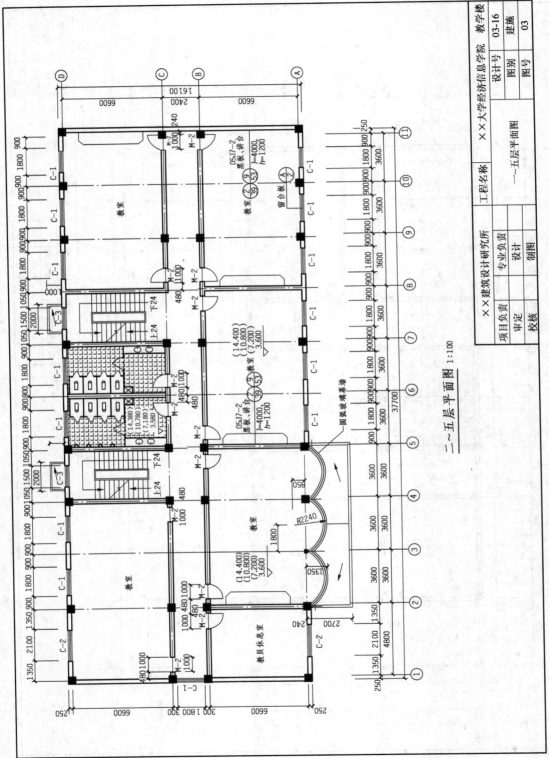

二～五层平面图 1:100

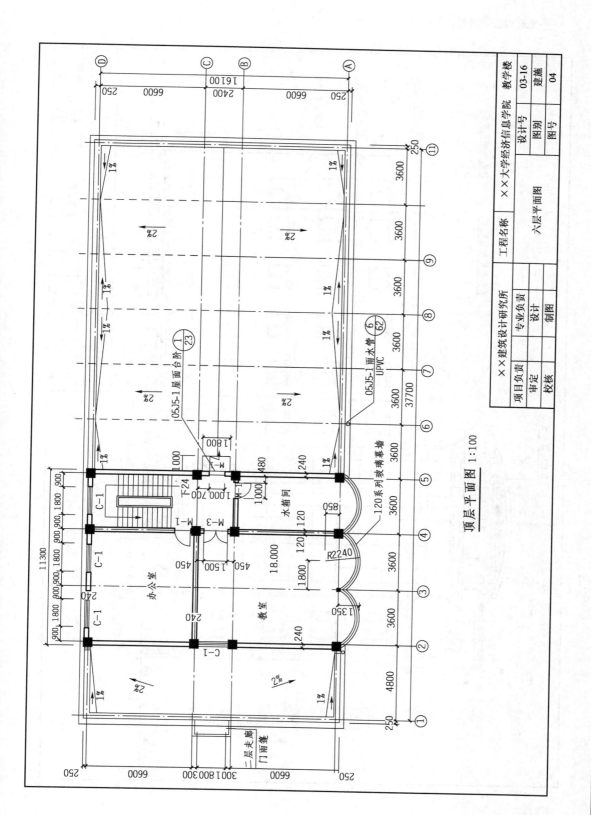

顶层平面图 1:100

附录A 某建筑施工图

Architectural Construction and Architectural Recognition Graph

354

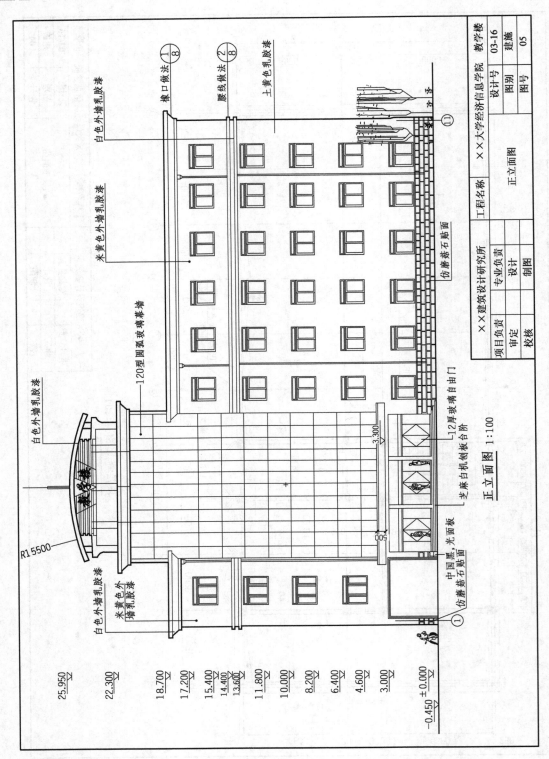

正立面图 1:100

工程名称	×× 大学经济信息学院	教学楼		设计号	03-16
	正立面图			图别	建施
				图号	05

×× 建筑设计研究所	项目负责	专业负责		
	审定	设计		
	校核	制图		

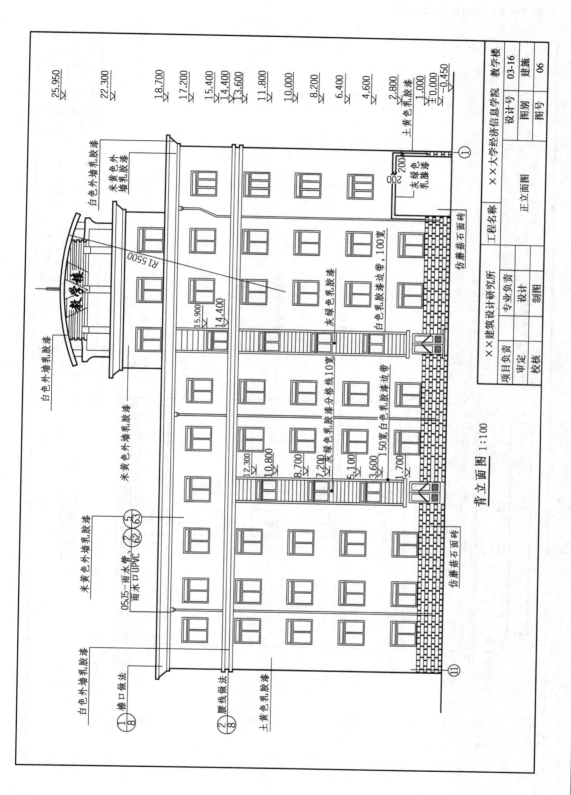

正立面图 1:100

青立面图 1:100

白色外墙乳胶漆

白色外墙乳胶漆

米黄色外墙乳胶漆

05J5－雨水管，（2）5
雨水口UPVC 62 63

① 檐口做法
    8

② 腰线做法
    8
土黄色乳胶漆

白色外墙乳胶漆

25.950

22.300

18.700
17.200
15.400
14.400
3.600
11.800
10.000
8.200
6.400
4.600
2.800
1.000
±0.000
−0.450

白色外墙乳胶漆
米黄色外墙乳胶漆

R15500

教学楼

白色外墙乳胶漆

米黄色外墙乳胶漆

15.900
14.400

灰绿色乳胶漆边带，100宽

白色乳胶漆

灰绿色乳胶漆分格线10宽

白色乳胶漆边带

50宽白色乳胶漆边带

12.300
10.800
8.700
7.200
5.100
3.600
1.700

仿磨砺石面砖

仿磨砺石面砖

灰绿色
乳胶漆
500~200

土黄色乳胶漆

工程名称	××大学经济信息学院	教学楼		
设计号			03-16	
图别			建施	
图号			06	
××建筑设计研究所		正立面图		
项目负责	专业负责			
审定	设计			
校核	制图			

355

Architectural Construction and Architectural Recognition Graph

附录A 某建筑施工图

356

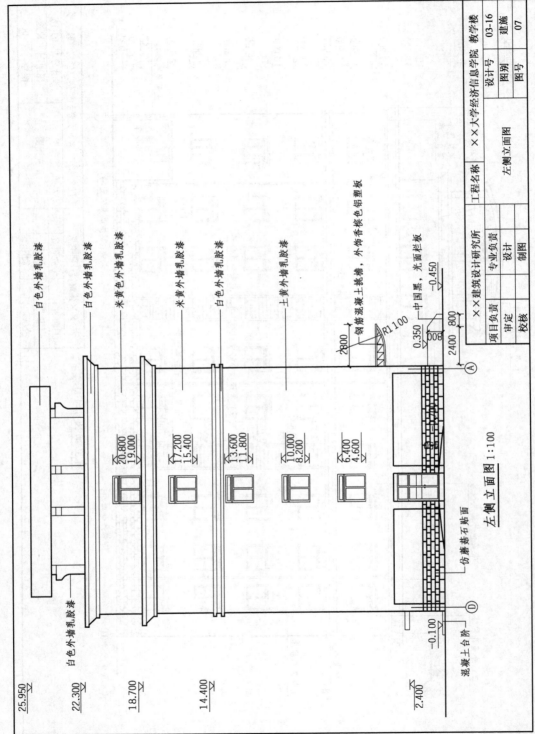

左侧立面图 1:100

混凝土台阶

仿薄蔬石贴面

白色外墙乳胶漆

白色外墙乳胶漆

白色外墙乳胶漆

米黄色外墙乳胶漆

米黄外墙乳胶漆

白色外墙乳胶漆

土黄外墙乳胶漆

钢筋混凝土挑檐，外饰香槟色铝塑板

中国黑，光面栏板

工程名称	××大学经济信息学院	教学楼	设计号	03-16
××建筑设计研究所	专业负责		图别	建施
	设计	左侧立面图	图号	07
项目负责	制图			
审定				
校核				

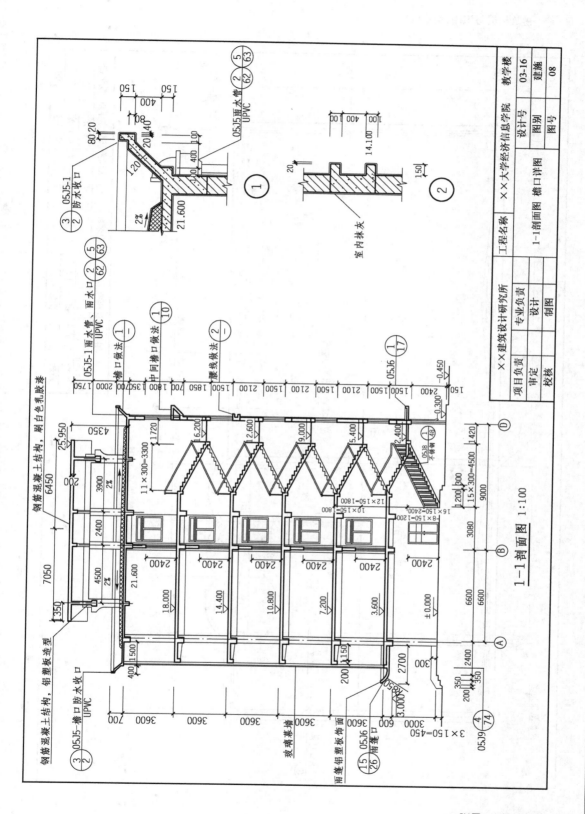

1—1 剖面图 1:100

附录A 某建筑施工图

Architectural Construction and Architectural Recognition Graph

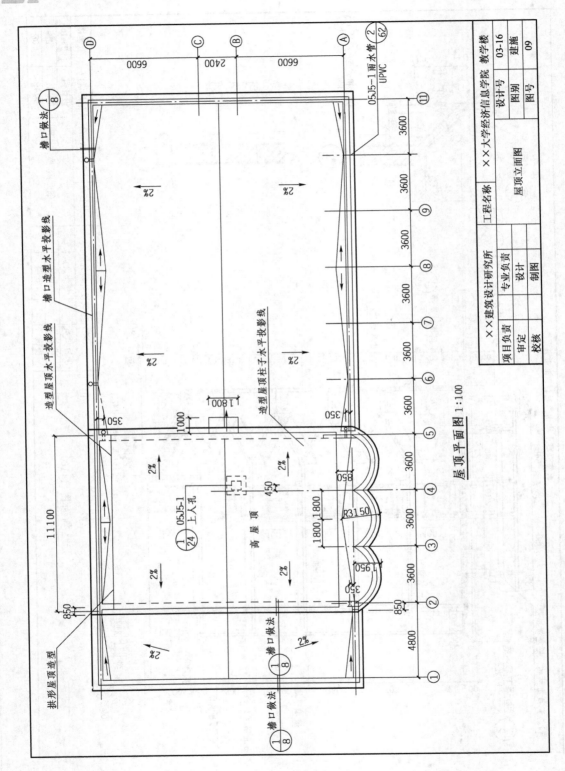

屋顶平面图 1:100

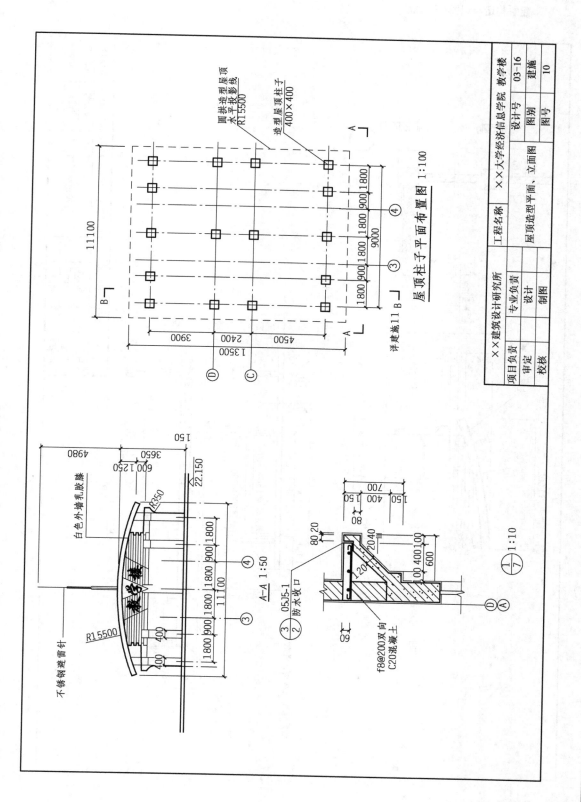

屋顶柱子平面布置图 1:100

圆拱造型屋顶水平投影线 R15500

造型屋顶柱子 400×400

11100

1800 900 1800 1800 900 1800
9000

1800 900 1800 1800 900 1800
9000

D

C

3900 2400 4500 3900
13500

详建施11 B

A-A 1:50

白色外墙乳胶漆

R15500

不锈钢避雷针

教学楼

22.150

R350

4980
3650
600 1250
150

1800 900 1800 1800 900 1800
11100

400 400

05J5-1
③ 防水收口
②

700
400 100 150
150
80
80.20
20.40
1.20
00 400 100
600
60

f8@200双向
C20混凝土

①/7 1:10

××建筑设计研究所		工程名称	××大学经济信息学院 教学楼		
项目负责		专业负责		设计号	03-16
审定		设计		图别	建施
校核		制图		图号	10
			屋顶造型平面、立面图		

359

Architectural Construction and Architectural Recognition Graph

360

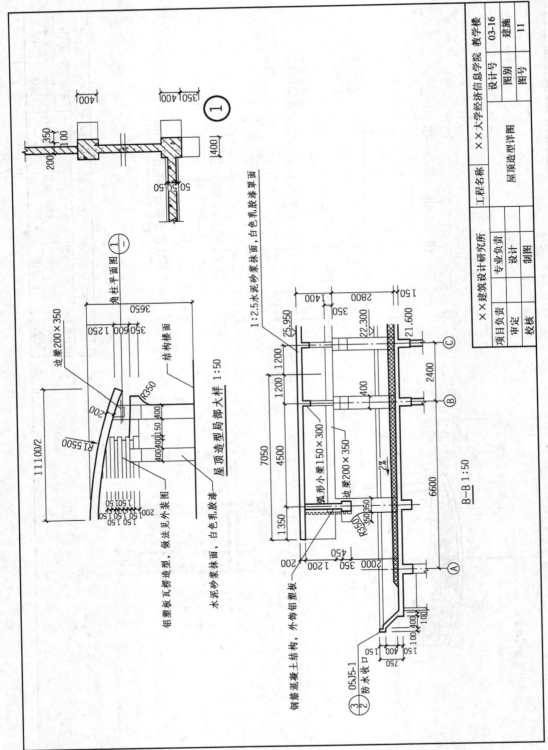

角柱平面图（一）

1:2.5水泥砂浆抹面，白色乳胶漆罩面

屋顶造型局部大样 1:50

水泥砂浆抹面，白色乳胶漆罩面

铝塑板瓦楞造型，做法见外装图

水泥砂浆抹面，白色乳胶漆罩面

钢筋混凝土结构，外饰铝塑板

① 防水收口 05J5-1

B—B 1:50

弧形小梁150×300

边梁200×350

X×建筑设计研究所	工程名称	X×大学经济信息学院	教学楼
专业负责		设计号	03-16
项目负责	设计	图别	建施
审定	制图	图号	11
校核	屋顶造型详图		

附 录 B
某装饰装修施工图

读图说明：

1. 这里选编的是××大学经济信息学院报告厅的装饰装修施工图，作为学完本教材后识图训练之用。

2. 限于篇幅，选编了其中的主要图样。

3. 由于受印刷制版所限，图形大小随教材页面尺寸缩小，读图时以图上尺寸和标注的比例为准。

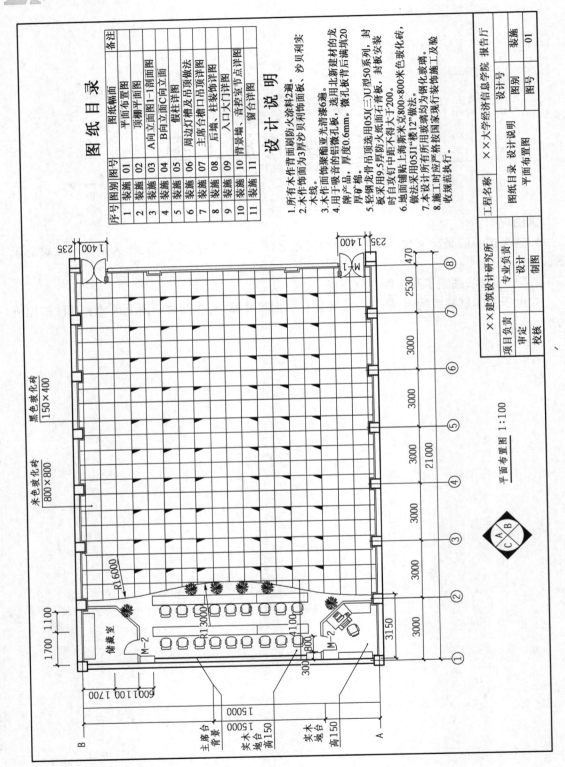

362

图纸目录

序号	图别	图号	图纸幅面	备注
1	装施	01	平面布置图	
2	装施	02	顶棚平面图	
3	装施	03	A向立面图1-1剖面图	
4	装施	04	B向立面C向立面	
5	装施	05	假柱详图	
6	装施	06	周边灯槽及吊顶做法	
7	装施	07	主席台檐口吊顶详图	
8	装施	08	后墙、柱装饰详图	
9	装施	09	音控室节点详图	
10	装施	10	背景墙	
11	装施	11	窗台详图	

设 计 说 明

1. 所有木作背面刷防火涂料2遍。
2. 木作饰面为3厚沙贝利实木线。
3. 木作面饰聚酯亚光清漆6遍。
4. 用于吸音的铝微孔板，选用北新建材的龙牌产品，厚度0.6mm，微孔板背后满填20厚矿棉。
5. 轻钢龙骨吊顶选用05J(三)U型50系列，封板采用9.5厚防火纸面石膏板，封板安装时自攻钉中距不得大于200。
6. 地面铺贴上海斯米克800×800米色玻化砖，做法采用05J1"楼12"做法。
7. 本设计所有所用玻璃均为钢化玻璃。
8. 施工时应严格按国家现行装饰施工及验收规范执行。

黑色玻化砖 150×400

米色玻化砖 800×800

平面布置图 1:100

平面布置图

工程名称	××大学经济信息学院　报告厅	设计号		装施
图纸目录　设计说明 平面布置图		图别	装施	
		图号	01	

××建筑设计研究所	专业负责		设计		制图	
××设计负责						
项目负责	审定					
	校核					

储藏室

主席台背景

实木地台 高150

实木地台 高150

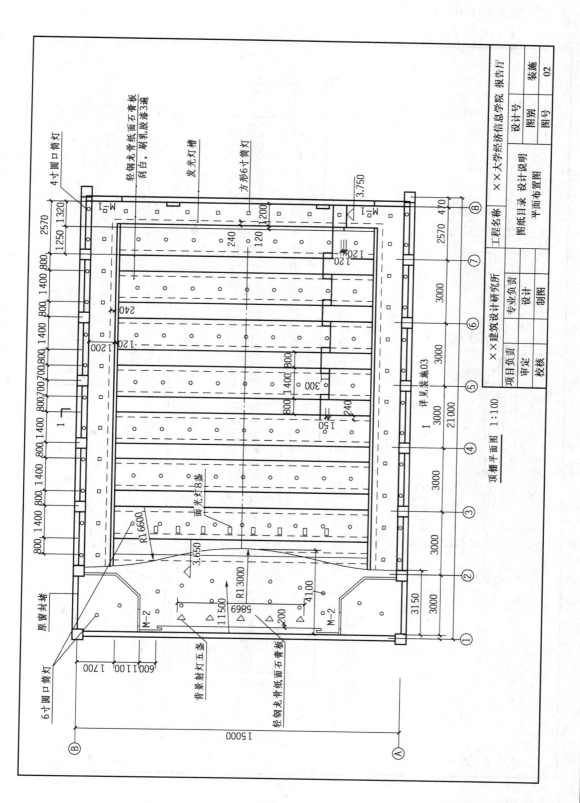

顶棚平面图 1:100

工程名称	××大学经济信息学院 报告厅		设计号	
	××建筑设计研究所		图别	装施
图纸目录 设计说明		专业负责	图号	02
平面布置图		设计		
项目负责		制图		
审定				
校核				

Architectural Construction and Architectural Recognition Graph

附录B 某装饰装修施工图

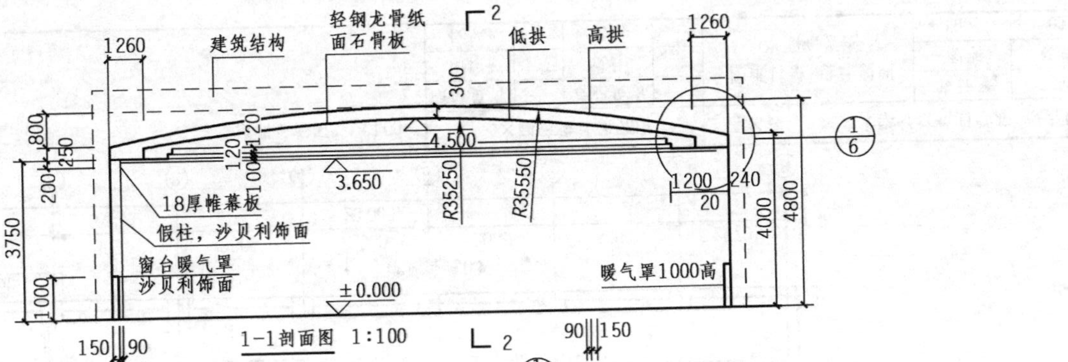
1260
建筑结构
轻钢龙骨纸面石膏板
2
低拱
高拱
1260
300
4.500
3.650
R35250
R35550
1200
240
20
18厚帷幕板
假柱，沙贝利饰面
窗台暖气罩
沙贝利饰面
±0.000
暖气罩1000高
4000
4800
3750
1000
150
90
2

1-1剖面图 1:100

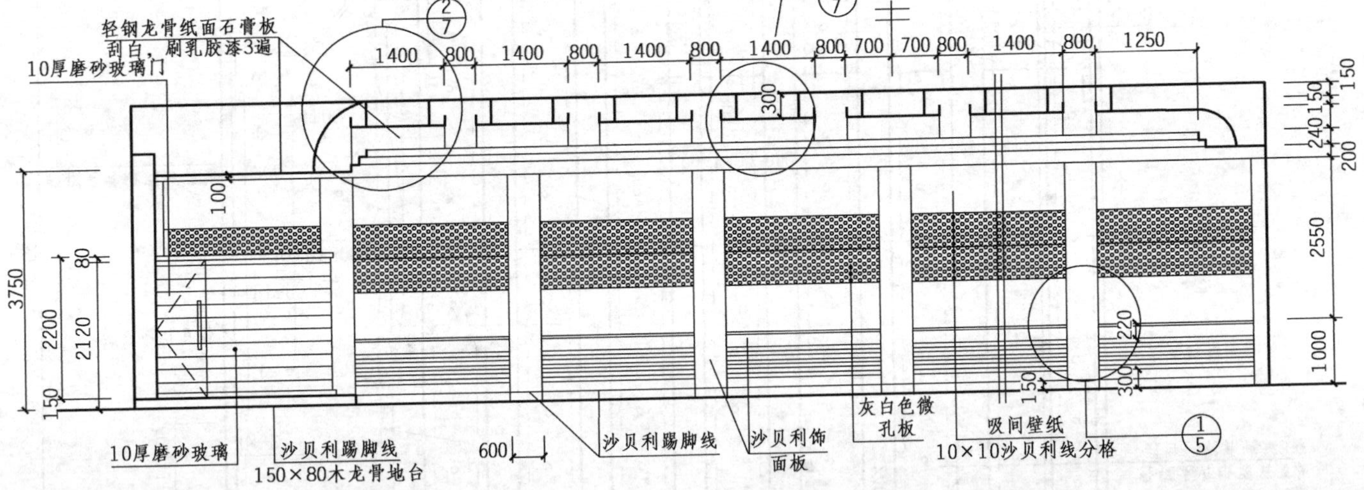
轻钢龙骨纸面石膏板
刮白，刷乳胶漆3遍
10厚磨砂玻璃门
1400
800
1250
700
300
100
2550
1000
3750
2200
2120
80
150
220
10厚磨砂玻璃
沙贝利踢脚线
150×80木龙骨地台
600
沙贝利踢脚线
沙贝利饰面板
灰白色微孔板
吸间壁纸
10×10沙贝利线分格

A向立面图 1:70

(2-2剖面图)

××建筑设计研究所		工程名称	××大学经济信息学院 报告厅		
项目负责	专业负责	图纸目录 设计说明 平面布置图		设计号	
审定	设计			图别	装施
校核	制图			图号	03

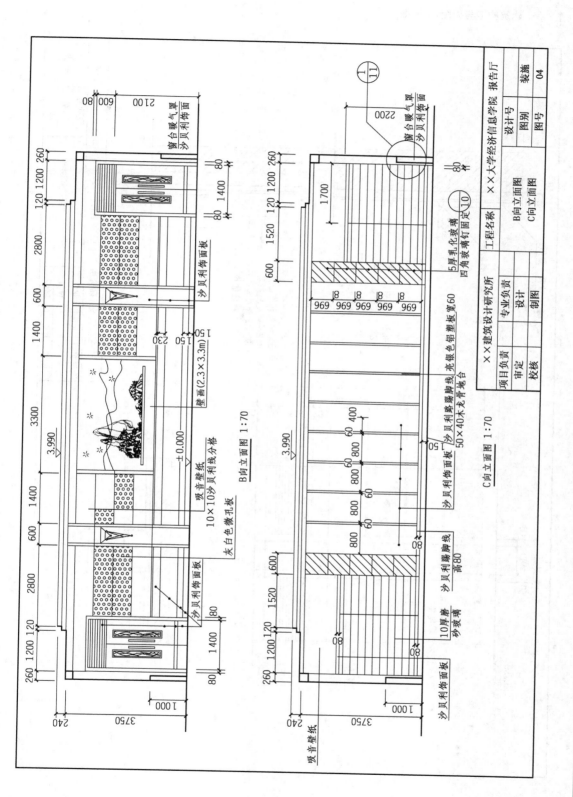

B向立面图 1:70

C向立面图 1:70

窗台暖气罩面

沙贝利饰面

沙贝利饰面板

壁面(2.3×3.3m)

吸音壁纸

10×10沙贝利线分格

灰白色微孔板

沙贝利饰面板

吸音壁纸

10厚磨砂玻璃

沙贝利踢脚线 高80

沙贝利饰面板

窗台暖气罩面

沙贝利饰面

5厚乳化玻璃

四角玻璃钉固定 ⑩

沙贝利踢脚线 亮银色铝塑板宽60

50×40木龙骨地台

沙贝利饰面板

工程名称	××大学经济信息学院 报告厅	设计号	
		图别	装施
	B向立面图	图号	04
	C向立面图		
专业负责			
项目负责	设计		
审定	制图		
校核			

××建筑设计研究所

365

附录B 某装饰装修施工图

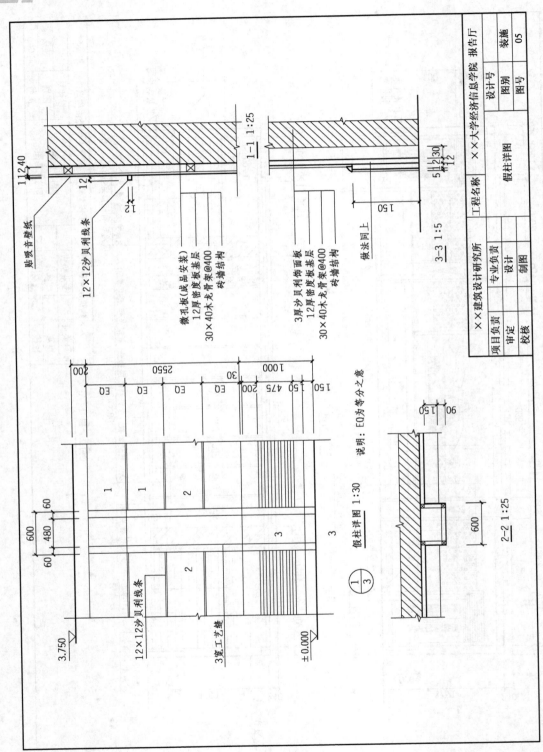

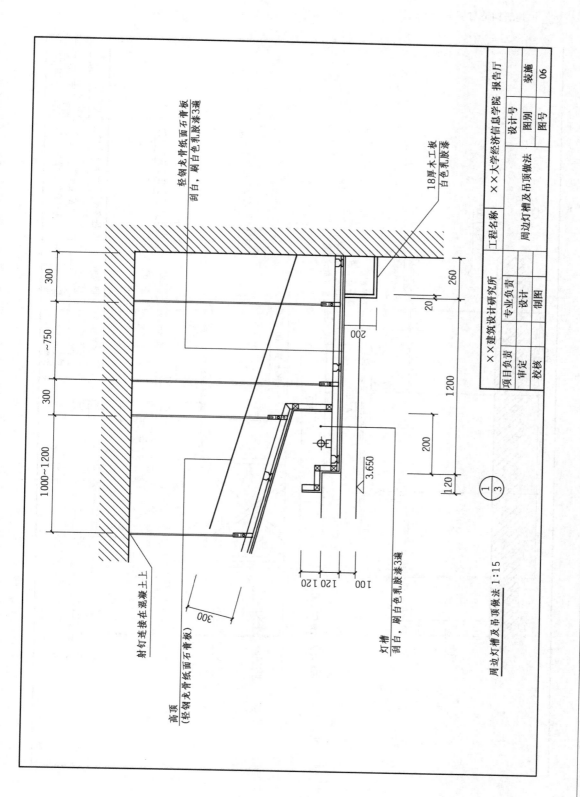

周边灯槽及吊顶做法 1:15

轻钢龙骨纸面石膏板
刮白，刷白色乳胶漆3遍

18厚木工板
白色乳胶漆

300

~750

300

1000~1200

射钉连接在混凝土上

吊顶
（轻钢龙骨纸面石膏板）

300

灯槽
刮白，刷白色乳胶漆3遍

100 120 120

3.650

200

200

1200

260

20

120

$\frac{1}{3}$

×× 建筑设计研究所			工程名称	×× 大学经济信息学院 报告厅	设计号		
项目负责		专业负责		周边灯槽及吊顶做法		图别	装施
审定		设计				图号	06
校核		制图					

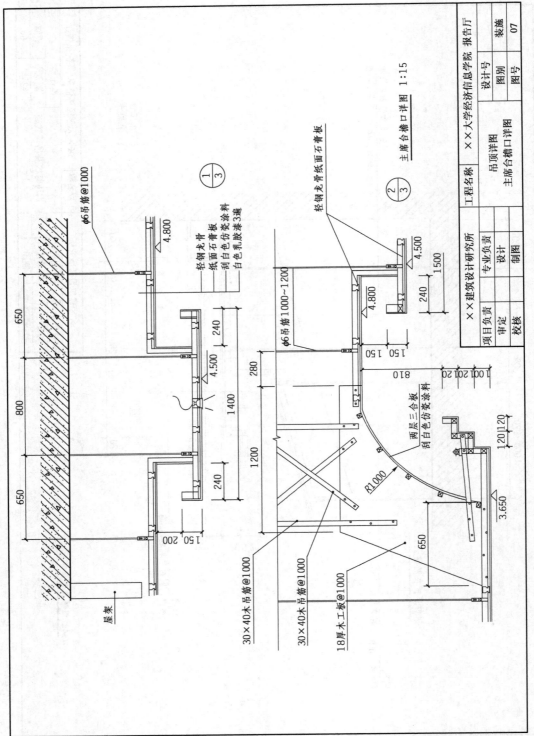

φ6吊筋@1000

4.800

轻钢龙骨
纸面石膏板
刮白色仿瓷涂料
白色乳胶漆3遍

①/③

650

240

4.500

800

1400

240

650

150 200

屋架

φ6吊筋1000~1200

280

1200

650

轻钢龙骨纸面石膏板

②/③

4.500

1500

240

4.800

150 150

810

100 200 20

两层三合板
刮白色仿瓷涂料

R1000

120 120

3.650

30×40木吊筋@1000

30×40木吊筋@1000

18厚木工板@1000

主席台檐口详图 1:15

工程名称	××大学经济信息学院	报告厅	设计号	
			图别	装施
吊顶详图			图号	07
主席台檐口详图				

××建筑设计研究所		
项目负责	专业负责	
审定	设计	
校核	制图	

参考文献

［1］ 卢传贤.土木工程制图［M］.2 版.北京:中国建筑工业出版社,2006.

［2］ 钱可强.建筑制图［M］.4 版.北京:化学工业出版社,2002.

［3］ 王强,张小平.建筑工程制图与识图［M］.北京:机械工业出版社,2003.

［4］ 魏艳萍.建筑制图与阴影透视［M］.2 版.北京:中国电力出版社,2004.

［5］ 赵研.建筑识图与构造［M］.北京:中国建筑工业出版社,2004.

［6］ 白丽红.建筑识图与构造［M］.北京:机械工业出版社,2009.

［7］ 高远,张艳芳.建筑构造与识图［M］.北京:中国建筑工业出版社,2004.

［8］ 舒秋华.房屋建筑学［M］.2 版.武汉:武汉理工大学出版社,2002.

［9］ 李必瑜.房屋建筑学［M］.武汉:武汉理工大学出版社,2000.

［10］ 张英,郭树荣.建筑工程制图［M］.2 版.北京:中国建筑工业出版社,2006.

［11］ 姜忆南,李世芬.房屋建筑教程［M］.2 版.北京:化学工业出版社,2004.

［12］ 陈保胜.建筑结构选型［M］.上海:同济大学出版社,2004.

高职高专土建类专业系列教材图书目录

序号	书号 978-7-114-	书名	著译者	定价(元)
1	12631-4	建筑材料与检测(第三版)	宋岩丽	42.00
2	16618-1	建筑工程计量与计价(第4版)	蒋晓燕	58.00
3	08462-1	建筑工程施工图实例图集	蒋晓燕	38.00
4	12637-6	建筑法规(第三版)	马文婷、隋灵灵	42.00
5	14863-7	建筑识图与构造	董罗燕	42.00
6	13098-4	建筑识图与构造技能训练手册(第二版)	金梅珍	38.00
7	12663-5	地基与基础(第三版)	王秀兰	38.00
8	12644-4	建筑工程质量与安全管理	程红艳	36.00
9	12920-9	建设工程监理概论(第三版)	杨峰俊	35.00
10	13880-5	建筑工程技术资料管理(第三版)	李媛	40.00
11	13913-0	新平法识图与钢筋计算(第二版)	肖明和	43.00
12	13672-6	建筑装饰装修工程预算(第三版)	吴锐	43.00
13	13558-3	建筑装饰装修工程预算习题集与实训指导(第三版)	吴锐	30.00
14	13648-1	园林绿化工程预算	吴锐	38.00
15	13979-6	建筑构造与识图(第三版)	张艳芳	48.00
16	13687-0	建筑构造与识图习题与实训(第三版)	张艳芳	26.00
17	13311-4	建筑工程预算(第三版)	王晓薇	38.00
18	13157-8	建筑工程预算实训指导书与习题集(第三版)	程颢 罗淑兰	25.00
19	13220-9	建筑结构(第二版)	盛一芳 刘敏	52.00
20	08947-3	建筑工程CAD(第二版)	张小平	36.00
21	09269-5	建筑施工技术(第二版)	危道军	49.00
22	10863-1	工程测量	王晓平	39.00
23	09684-6	建筑工程质量事故分析与处理(第二版)	余斌	39.00
24	16619-8	钢结构构造与识图(第2版)	马瑞强	48.00
25	08602-1	广联达工程造价类软件实训教程—案例图集(第二版)	广联达公司	25.00
26	08579-6	广联达工程造价类软件实训教程—图形软件篇(第二版)	广联达公司	20.00
27	08580-2	广联达工程造价类软件实训教程—钢筋软件篇(第二版)	广联达公司	15.00
28	18305-8	Python土力学与基础工程计算	马瑞强	68.00